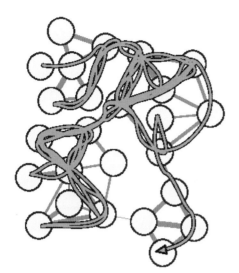

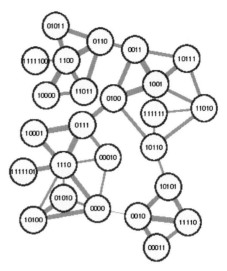

1111100 1100 0110 11011 10000 11011 0110 0011 10111 1001 0011
1001 0100 0111 10001 1110 0111 10001 0111 1110 0000 1110 10001
0111 1110 0111 1110 111101 1110 0000 10100 0000 1110 10001 0111
0100 10110 11010 10111 1001 0100 1001 10111 1001 0100 1001 0100
0011 0100 0011 0110 11011 0110 0011 0100 1001 10111 0011 0100
0111 10001 1110 10001 0111 0100 10110 111111 10110 10101 11110
00011

(a)   (b)

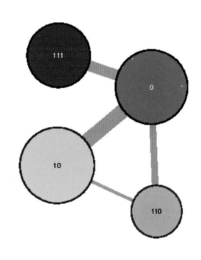

111 0000 11 01 101 100 101 01 0001 0 110 011 00 110 00 111 1011 10
111 000 10 111 000 111 10 011 10 000 111 10 111 10 0010 10 011 010
011 10 000 111 0001 0 111 010 1010 010 1011 11000 10 011 010
110 111 110 1011 111 01 101 01 0001 0 110 111 00 011 110 111 1011
10 111 000 10 000 111 0001 0 111 010 1010 010 1011 11000 10 011

(c)   (d)

图 4-37   Infomap 工作流程[22]

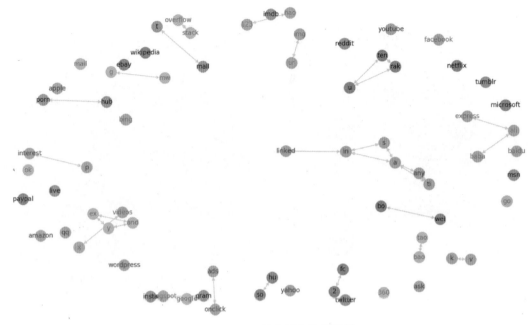

图 4-46　Alexa 域名词典挖掘结果

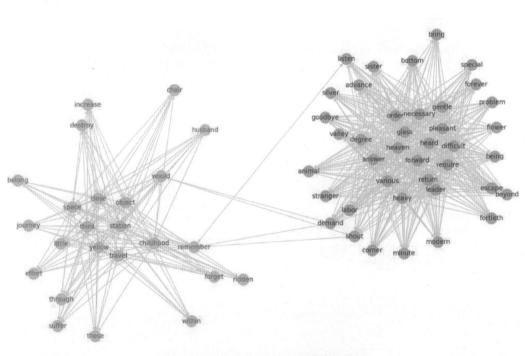

图 4-47　词典型 DGA 域名词典挖掘结果

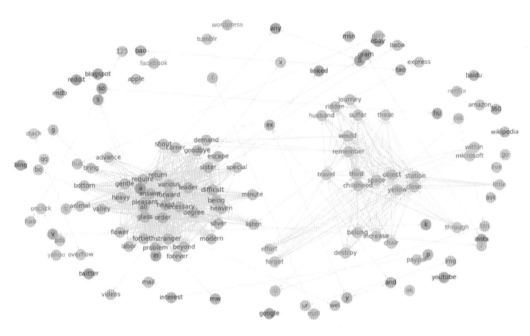

图 4-48　混合域名词典挖掘结果

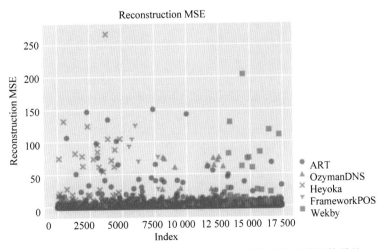

图 5-9　五种类型域名经过 LSTM 自编码器训练后的时序重构误差

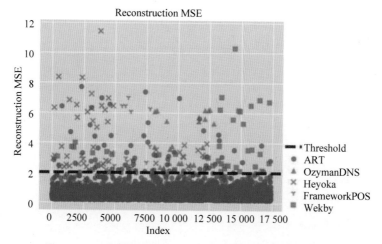

图 5-10　五种类型域名经过异常自编码器检测的重构误差

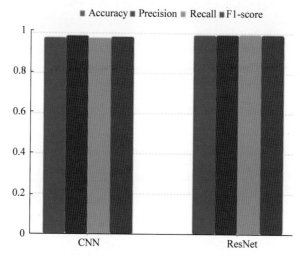

图 6-8　All Known 情况下空间维度模型性能

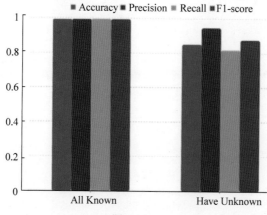

图 6-9(b)

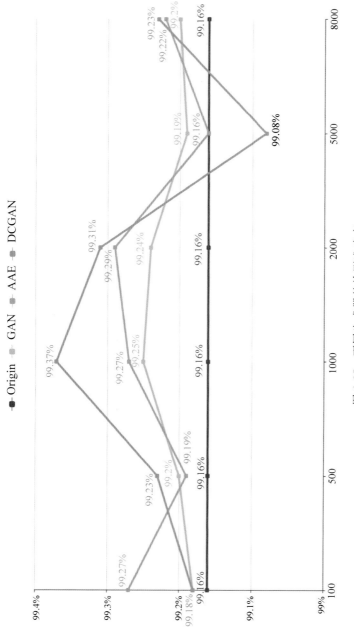

图 6-27　不同生成器的检测准确率

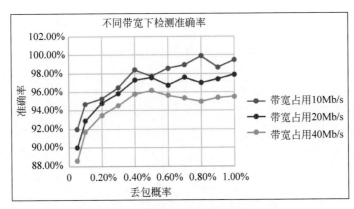

图 7-9　不同带宽占用情况下的准确率

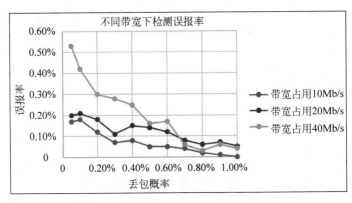

图 7-10　不同带宽占用情况下的误报率

Botnet
检测原理、方法与实践

◎ 邹福泰 易平 章思宇 胡煜宗 著

清华大学出版社

北京

内 容 简 介

本书从原理、方法和实践应用三个角度出发，分别介绍了基于 Fast-Flux 与 DNS 失效特征、基于 DGA 恶意域名、基于 DNS 隐蔽隧道、基于深度学习特征的僵尸网络检测，以及针对僵尸网络的追踪溯源。本书还详细介绍了如何将知识图谱、反馈学习、图神经网络、生成式对抗网络等前沿技术应用于僵尸网络检测，进一步提高检测精度与告警能力。

本书可作为高等院校网络空间安全、信息安全、计算机、电子信息等专业的教材，也可作为研究所、IT 公司中僵尸网络研究者的参考书。

图书在版编目（CIP）数据

Botnet 检测原理、方法与实践/邹福泰等著.—北京：清华大学出版社，2023.4
ISBN 978-7-302-61861-4

Ⅰ.①B… Ⅱ.①邹… Ⅲ.①计算机网络－安全技术 Ⅳ.①TP393.08

中国版本图书馆 CIP 数据核字(2022)第 174829 号

责任编辑：付弘宇 薛 阳
封面设计：刘 键
责任校对：焦丽丽
责任印制：刘海龙

出版发行：清华大学出版社
      网 址：http://www.tup.com.cn，http://www.wqbook.com
      地 址：北京清华大学学研大厦 A 座 邮 编：100084
      社 总 机：010-83470000 邮 购：010-62786544
      投稿与读者服务：010-62776969，c-service@tup.tsinghua.edu.cn
      质量反馈：010-62772015，zhiliang@tup.tsinghua.edu.cn
      课件下载：http://www.tup.com.cn，010-83470236
印 装 者：三河市科茂嘉荣印务有限公司
经 销：全国新华书店
开 本：185mm×260mm 印 张：13 插 页：3 字 数：308 千字
版 次：2023 年 5 月第 1 版 印 次：2023 年 5 月第 1 次印刷
印 数：1～2000
定 价：59.00 元

产品编号：094348-01

前言

　　僵尸网络(Botnet)作为近年崛起的新兴恶意软件,由于其传播快、危害大、影响范围广等特点,已经严重威胁到互联网的生态环境以及国家网络空间安全,因此如何检测与追踪僵尸网络是网络安全领域的重要研究内容之一。从僵尸网络的生命周期来看,可以分为初次感染、二次注入、C&C通信、实施恶意行为、控制维持五个阶段,根据每个阶段的不同特点,可以设计多种检测与溯源方法。良好的僵尸网络检测能力可以有效提高网络空间的安全性,减少重要网络资源被攻击者侵占的可能性。

　　本书在介绍僵尸网络概念、特点以及一些僵尸网络常用的隐蔽通信技术的基础上,侧重介绍作者近十年的研究成果。本书从僵尸网络检测的原理、方法以及如何进行实践应用三个角度出发,分别介绍了基于Fast-Flux与DNS失效特征、基于DGA恶意域名、基于DNS隐蔽隧道、基于深度学习特征的僵尸网络检测,以及针对僵尸网络的追踪溯源。本书还详细介绍了如何将知识图谱、反馈学习、图神经网络、生成式对抗网络等前沿技术应用于僵尸网络检测,进一步提高检测精度与告警能力。

　　本书在注重介绍僵尸网络检测的原理与方法的同时,也提供了一些可理解、可复现的实验过程,力求让读者易读、易懂,在学习了本书以后,可以掌握僵尸网络检测领域的常用实验方法,能更快地从事僵尸网络相关研究。

　　本书既可作为高等院校网络空间安全、信息安全、计算机、电子信息等专业的教材,也可作为研究所、IT公司中僵尸网络研究者的参考书。

　　本书成果与写作过程得到了国家重点研发计划(2017YFB0802300,2018YFB0803503,2020YFB1807500)的持续资助和国家自然科学基金重点项目(61831007)的资助,在此表示衷心的感谢。

　　本书由邹福泰、易平、章思宇及胡煜宗合著,由邹福泰统稿和审定。由于时间仓促,作者水平有限,书中欠妥和纰漏之处在所难免,恳请读者和同行不吝指正。

邹福泰

2022年12月

于上海交通大学

目 录

第1章

僵 尸 网 络

　　僵尸网络(Botnet)[1]可以被认为是网络中被攻击者夺取了控制权的部分用户主机，这些受僵尸程序感染的用户主机被称为 Bot。所有的 Bot 由一个或多个被称为 Botmaster 的攻击者控制[2]。Botmaster 控制多组 Bot 组成僵尸网络后，利用僵尸网络多组分布的特点实施广泛的犯罪活动，这些活动除了较为常见的分布式拒绝服务(Distributed Denial of Service，DDoS)攻击以外，还包括垃圾邮件、加密勒索、网络钓鱼、点击欺诈、恶意软件分发等恶意攻击行为，严重威胁互联网的生态环境以及国家网络空间安全。

　　2017 年，Necurs[3-5]僵尸网络几小时内发送了四万多封恶意邮件用以传播 JAFF 勒索软件，向数以千计的受害者勒索了共 2047 个比特币。2018 年，门罗币挖矿僵尸网络 Smominru[6]感染了全球 3000 万个计算机系统，并破坏 50 万台用于加密采矿的计算机。2019 年，蛰伏了 6 个月的 Emotet 僵尸网络再次大规模地出现在网络上，通过垃圾邮件诱使用户下载携带木马程序的附件，实现控制用户主机并窃取用户主机中机密信息数据的目的[7]。Destil 安全研究实验室发布的《2019 恶意僵尸报告》显示[8]，2019 年僵尸网络流量在全球互联网流量中占比近 40%。此外，据 FBI 估计，每年有 5 亿台计算机受到僵尸网络感染，在全球造成的损失约为 1100 亿美元[9]。

1.1　僵尸网络简介

　　僵尸网络是指由若干受僵尸病毒感染，且 C&C 服务器控制的可联网设备组成的网络，这些可联网设备可以是计算机、移动设备，也可以是物联网设备。僵尸网络的传播性很强，且往往具有一定的规模，并且在功能和结构上都可以扩展，操纵僵尸网络的攻击者可以借助僵尸网络实施各种恶意行为，一旦发动攻击，将会给网络空间安全带来极大的威胁。

1.1.1　僵尸网络的组成

　　僵尸网络通常由如下成员组成。

　　(1) 僵尸主机(Bot)：僵尸主机是被僵尸病毒感染的可联网设备(计算机、移动设备以及物联网设备等)，受 C&C 服务器控制，是实施各种类型的恶意行为的主体。

　　(2) 命令与控制服务器(Command and Control Server，C&C Server)：命令与控制服务器也叫作 C&C 服务器，是直接控制僵尸主机的服务器，负责向僵尸主机发布各种命令,包括更新、发动攻击等。此外,它还负责统计僵尸主机的 IP、数量和在线状态等。

（3）命令与控制信道（Command and Control Channel，C&C Channel）：命令与控制信道是 C&C 服务器命令、控制僵尸主机的信道,该信道的传输层一般为传输控制协议（Transmission Control Protocol，TCP）,目前已知的信道协议有因特网中继聊天协议（Internet Relay Chat，IRC）、超文本传输协议（Hyber Text Transport Protocol，HTTP）、对等网络协议（Peer to Peer，P2P）等,而攻击者为了躲避检测,会采用加密协议作为 C&C 信道协议。

（4）加载服务器（Loader）：加载服务器是僵尸网络中负责给僵尸主机加载恶意模块的服务器,对于大多数僵尸网络而言,C&C 服务器也充当了加载服务器的角色。

（5）跳板（Stepping Stone）：跳板是僵尸网络攻击者为了躲避追踪、隐藏自己真实 IP 地址而设置的网络代理,也可以是多重 SSH 或 Telnet 登录的中继服务器。对于一些僵尸网络而言,C&C 服务器也充当了跳板的角色。

（6）登台服务器（Staging Server）：登台服务器是用来存储僵尸网络窃取到的敏感数据的服务器。对于一些僵尸网络而言,登台服务器的功能由 C&C 服务器实现。

（7）攻击者（Botmaster）：攻击者是指真正操控僵尸网络的人或组织。

1.1.2　僵尸网络的分类

僵尸网络依照其分类依据的不同有多种分类方法,目前主要的分类依据包括拓扑结构、体系结构、通信协议、感染机制、攻击目的和攻击手段等[10]。

（1）拓扑结构。

僵尸网络拓扑是僵尸网络互联的网络结构。僵尸网络的拓扑结构可以分为四种类型：星状、分层结构、多服务器和随机。

（2）体系结构。

C&C 体系结构是 Botmaster 向僵尸网络发出命令并接收报告所采用的结构。僵尸网络 C&C 体系结构通常包括三种：集中式、P2P 和混合式。

（3）通信协议。

僵尸网络使用不同的通信协议进行通信并传输信息。僵尸网络根据其通信协议,可分为 IRC 僵尸网络、HTTP 僵尸网络、P2P 僵尸网络和 DNS 僵尸网络。

（4）感染机制。

攻击者可以使用各种类型的方法来分发特定的 Bot 程序。僵尸网络的感染机制可分为三种：Web 下载、社会工程和自动执行感染。

（5）攻击目的。

僵尸网络依据不同的攻击目的,可分为信息收集、分布式计算、服务中断、信息欺诈和传播恶意软件。

（6）攻击手段。

僵尸网络依据不同的攻击手段,可分为网站钓鱼、分布式拒绝服务攻击、点击欺诈、垃圾邮件、信息/身份窃取、勒索软件、流量监听和键盘记录等。

僵尸网络分类如图 1-1 所示。

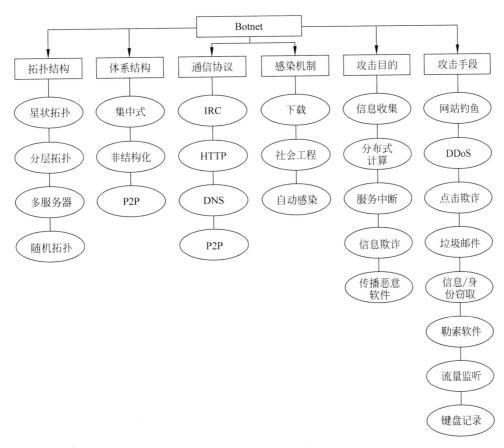

图 1-1　僵尸网络分类

1.2　僵尸网络的特征

对于僵尸网络的检测和防御一直以来都是学术界和工业界的重点研究方向,为了更好地检测以及追踪溯源僵尸网络,需要进一步了解僵尸网络的特征。本节首先对三种结构的僵尸网络进行详细分析,接着进一步研究僵尸网络的网络特征和行为特征。

1.2.1　僵尸网络的结构

僵尸网络从结构上可以分为集中式、P2P 和混合式三种。

(1) 传统的僵尸网络一般采用集中式结构,集中式结构的网络拓扑如图 1-2 所示。僵尸网络中仅有一个 C&C 服务器,是典型的客户/服务器模式,攻击者通过控制 C&C 服务器间接地操控僵尸网络。集中式僵尸网络的一个缺陷是一旦 C&C 服务器出现故障或者被网络运营商封杀,那么整个僵尸网络就会瘫痪,即“单点失效”。

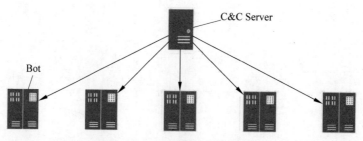

图 1-2　集中式僵尸网络结构

（2）为了克服集中式僵尸网络的"单点失效"的弱点，一些攻击者开发出了 P2P 僵尸网络结构。在这种结构中，每个节点既是客户端，又是服务器，其网络拓扑如图 1-3 所示。僵尸网络攻击者控制一部分僵尸主机，命令与控制指令由这些僵尸主机传播给邻近的僵尸主机，直至僵尸网络中的所有僵尸主机都收到了命令与控制指令。

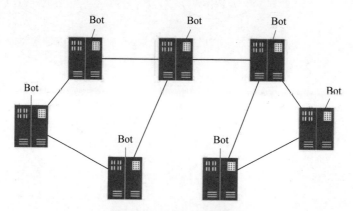

图 1-3　P2P 僵尸网络结构

（3）混合式结构的僵尸网络既有集中式僵尸网络的特征又有 P2P 僵尸网络的特征，可以是整体呈现集中式特征，C&C 服务器之间呈现 P2P 结构，也可以是整体 P2P 结构，在局部上呈现集中式结构。该结构的僵尸网络拓扑如图 1-4 所示。

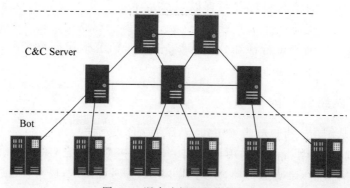

图 1-4　混合式僵尸网络结构

1.2.2　僵尸网络的生命周期

僵尸主机的生命周期[11,12]按照时间顺序可以分为初次感染、二次注入、与 C&C 服务器建立连接、实施恶意行为、维护和更新五个阶段。僵尸网络的生命周期如图 1-5 所示。

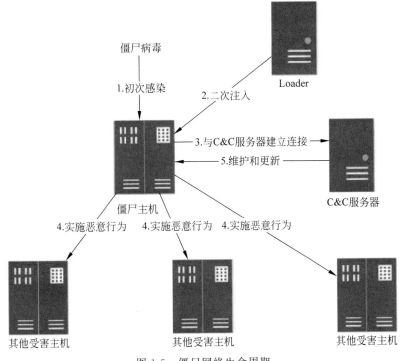

图 1-5　僵尸网络生命周期

（1）在初次感染阶段，僵尸网络通过钓鱼邮件附件下载、钓鱼网站文件下载、可移动磁盘等方式感染受害主机，使其变为僵尸主机。一般而言，初次感染阶段的僵尸程序仅起到感染的作用，真正实施恶意行为的恶意软件会在二次注入阶段下载。

（2）在二次注入阶段，僵尸主机运行恶意程序在特定的网站上下载并执行恶意软件，一般通过 FTP、HTTP 或者 P2P 等协议进行下载，而最近几年出现的非硬盘接触式的僵尸病毒则会直接将恶意代码从服务器加载到内存中执行，并不会在硬盘中留下痕迹，这也给基于主机的僵尸网络检测带来了挑战。

（3）在与 C&C 服务器建立连接阶段，僵尸主机会根据僵尸程序中的硬编码或者 DGA 算法找到 C&C 服务器的域名，与 C&C 服务器建立连接。

（4）在实施恶意行为阶段，僵尸主机从 C&C 服务器获取命令，根据命令加载恶意行为模块，实施恶意攻击。

（5）在维护和更新阶段，C&C 服务器要求僵尸主机保持活跃，攻击者也会对僵尸程序做出更新，为其添加一些新的功能或者修复一些 bug。此阶段可以保证攻击者对整个僵尸网络的控制。

1.2.3 僵尸网络 C&C 信道特征

在僵尸网络中,C&C 服务器需要实时地统计在线的僵尸主机数量和状态,而僵尸主机也需要从 C&C 服务器获取命令,因此,每隔一段固定的时间,僵尸主机就会与 C&C 服务器进行一次通信,这也是 C&C 服务器能够控制僵尸网络的主要机制,这种通信现象也被称为"心跳"。

C&C 信道主要有两个特征:在时间方面,僵尸主机与 C&C 服务器的通信时间间隔较为固定,而正常的网络访问行为则会表现得较为随机;在空间方面,僵尸主机每次获取命令或者上传信息的数据量都很相似,通常只包含几个数据包,这也是区分 C&C 信道流量与正常流量的一个重要依据。

由于僵尸主机与 C&C 服务器的通信模式较为固定,所以不论是基于单个节点还是基于整个网络进行僵尸网络的检测,C&C 信道的时间和空间特征都是检测的重要依据。

1.2.4 僵尸网络恶意行为特征

现代僵尸网络可以实施一种或者多种恶意行为,常见的恶意行为有:发送垃圾邮件、分布式拒绝服务攻击、恶意挖矿、勒索、隐私数据窃取(屏幕截图、监听键盘输入、控制摄像头、窃取邮箱账号密码、窃取文件等)以及通过反向 TCP 获取宿主机的 shell 等。在以上几种恶意行为中,根据受害主机与宿主机的关系可以分为两类:受害主机与宿主机是同一主机、受害主机与宿主机不是同一主机。根据恶意行为实施过程中僵尸主机在僵尸网络中的交互层次,可以分为与 C&C 交互和与僵尸网络攻击者交互两类,其中,与僵尸网络攻击者的交互通常要经过跳板。表 1-1 列举了僵尸网络恶意行为的分类。

表 1-1　僵尸网络的恶意行为分类

恶 意 行 为	受害主机与宿主是否是同一主机	交 互 层 次
DDoS	否	C&C 服务器
垃圾邮件	否	C&C 服务器
挖矿	是	攻击者
勒索	是	攻击者
数据窃取-屏幕截图	是	攻击者
数据窃取-键盘记录	是	攻击者
数据窃取-控制摄像头	是	攻击者
数据窃取-窃取账号密码	是	攻击者
数据窃取-窃取文件	是	攻击者
TCP 反向 shell	是	攻击者

1.2.5 僵尸网络跳板特征

攻击者为了隐藏自己的真实 IP 地址,在控制 C&C 服务器或者通过僵尸网络窃取敏感数据时会设置若干个"跳板"。

跳板的实现方式和类型有很多,在控制 C&C 服务器时,可以通过多重 SSH、多重

Telnet 或者多重 HTTP 代理实现。对于一些针对性比较强的僵尸网络,例如针对政府、银行、科研机构等重要机构的僵尸网络,攻击者会通过 TCP 反向 shell 获取到受害主机的 shell,从而达到入侵受害主机的目的,在这种场景下,一般攻击者使用 SSH 协议作为跳板协议;对于实施的数据窃取攻击,在数据泄露阶段,为了隐藏登台服务器的真实 IP 地址,攻击者会在僵尸主机与登台服务器之间设置若干跳板,一般通过 HTTP 代理、shadowsocks 代理或 TOR 网络等方式实现。

通过以上分析可以知道,僵尸网络中所使用的跳板协议多为加密协议,因而基于数据包内容的被动跳板检测算法会失效,而基于数据包内容的主动跳板追踪算法会破坏加密数据包的完整性,导致双方无法通信,无法达到跳板追踪的目的。而从时序角度出发,跳板大多都是充当代理的角色,对于接收到的数据包会实时地转发给下一跳,因而数据包之间延迟特征可以保留在跳板之间,这也是追踪跳板的主要依据。

1.3　传统的僵尸网络检测技术

1.3.1　网络入侵检测系统

针对僵尸网络的检测通常采用网络入侵检测系统(network intrusion detection system,NIDS)来实现。网络入侵检测系统通过实时监听网络通信中的数据表来收集流量数据,通过事先编写的检测规则进行匹配分析,从而发现僵尸网络正在进行的网络入侵行为。网络入侵检测系统的基本结构如图 1-6 所示,一般的网络入侵检测系统由入侵检测引擎和多个数据采集器组成,数据采集器将网络流量采集后汇总到分析引擎,分析引擎基于策略库评判这些网络数据是否存在风险。

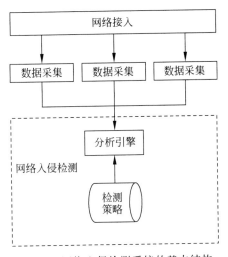

图 1-6　网络入侵检测系统的基本结构

基于网络的入侵检测系统的优点在于它具有很高的实时性,一旦发现入侵行为就可以立即告警并采取应对措施,而且这种系统不会占用操作系统的性能,独立于被保护的主机进行部署使用。但是它也有一些缺点,最大的缺点在于系统的检测能力完全依赖于检测策略的质量,因此在防护僵尸网络这类日新月异的攻击手段时,需要经常更新检测策略,成本很高,而且无法应对新出现的僵尸网络家族。

1.3.2　Snort 简介

Snort[13]是一种开放源码的网络入侵检测系统,与昂贵且复杂的商业入侵检测系统相比,它占用资源少,易于安装,可扩展性强,性能稳定。截至目前,Snort 的被下载次数已达数百万,被全世界公认为使用最广泛的入侵检测软件。Snort 的基本结构如图 1-7 所示,主要由以下四大软件模块组成。

(1) 数据包嗅探模块:负责监听网络数据包。

(2) 预处理模块:使用相应的插件来检查原始数据包,从中发现原始数据的行为,如端口扫描、IP 碎片等。数据经过预处理后才传到检测引擎。

(3) 检测模块:这是 Snort 的核心模块,当数据包经过预处理模块后,检测引擎通过预先设置的规则检查数据包,一旦发现数据包中的内容与某条规则相匹配,就通知报警模块。

(4) 报警/日志模块:将经过检测引擎检查的 Snort 数据以某种形式输出,报警信息可以通过网络和 Socket、SMB、SNMP 协议传送给日志文件或存入数据库。

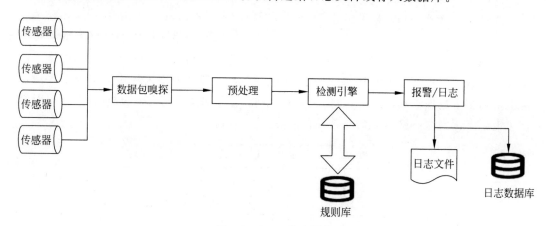

图 1-7　Snort 基本结构

借助 Snort 的强大功能,可以将僵尸网络的流量行为编写为 Snort 规则,当检测到网络流量中包含这些特定的字符或路径时,即可触发警报,拦截僵尸网络的流量。以下是一条示例规则,通过它可以对访问指定控制服务器的网络流量进行拦截。

alert tcp any any ─> any any (content:"http://1. 2. 3. 4/xyz. php? action = ";
Content:"getcmd"; distance:0; flowbits:set, IDS; msg:Autosig; sid:100001;)

小　　结

本章介绍了目前互联网中危害严重的僵尸网络这类恶意软件,简要介绍了僵尸网络的分类、组成和生命周期。本章还重点介绍了僵尸网络的运作机理和通信特征、恶意行为特征以及在躲避审查上的跳板特征,通过这些特征,可以了解安全研究人员如何针对僵尸网络运作的不同阶段对于僵尸网络进行检测识别,并进一步追踪溯源。此外,本章还简要介绍了入侵检测系统的结构和传统的基于 Snort 规则的僵尸网络检测。第 2 章将介绍目前僵尸网络所广泛利用的 DNS 和僵尸网络在 DNS 中的行为特征,第 3~7 章将对近年来针对僵尸网络的 DGA 域名检测、C&C 隐蔽隧道检测、恶意行为检测和跳板机追踪溯源等前沿研究与实践方法进行介绍。

参 考 文 献

[1]　VANIA J, MENIYA A, JETHVA H B. A review on botnet and detection technique [J]. International Journal of Computer Trends and Technology,2013,4(1):23-29.

[2]　NAIR H S,EWARDS V S E. A study on botnet detection techniques[J]. International Journal of Scientific and Research Publications,2012,2(4).

[3]　ANTONAKAKIS M, APRIL T, BAILEY M, et al. Understanding the mirai botnet[C]. 26th USENIX Security Symposium,2017:1093-1110.

[4]　KESSEM L. The Necurs Botnet: A pandora's box of malicious spam [J]. Security Intelligence,2017.

[5]　CHECKPOINT R T. JAFF-A New Ransomware is in town,and it's widely spread by the infamous Necurs Botnet[J]. Checkpoint Research Team,2017.

[6]　SIGLER K. Crypto-jacking: how cyber-criminals are exploiting the crypto-currency boom[J]. Computer Fraud & Security,2018,(9):12-14.

[7]　SophosLabs Research Team. Emotet exposed: looking inside highly destructive malware[J]. Network Security,2019,(6):6-11.

[8]　Distil Networks. 2019 Bad Bot Report[J]. Distil Networks,2019:1-30.

[9]　STEVENSON A. Botnets infecting 18 systems per second,warns FBI[J]. V3. Cok,UK,2014,16.

[10]　AMINI P, ARAGHIZADEH M A, AZMI R. A survey on Botnet: Classification, detection and defense[C]. 2015 International Electronics Symposium(IES),IEEE,2015:233-238.

[11]　OUJEZSKY V, HORVATH T, SKORPIL V. Botnet C&C traffic and flow lifespans using survival analysis[J]. International Journal of Advances in Telecommunications, Electrotechnics, Signals and Systems,2017,6(1):38-44.

[12]　JUN B,KOCHER P. The Intel random number generator[J]. Cryptography Research Inc. white paper,1999,27:1-8.

[13]　张翔,张吉才,王韬,等. 开放源代码入侵检测系统——Snort 的研究[J]. 计算机应用,2002,22(11):96-97.

第 2 章

基于僵尸网络 DNS 行为的检测原理

DNS 作为 Internet 的基础设施,也被僵尸网络广泛利用。从通过域名定位控制服务器,到利用 DNS 特性构建 IP-Flux、Domain-Flux 和 DNS 隧道躲避检测,恶意软件与 DNS 的关系愈发紧密。本章首先简要介绍 DNS 系统的基本运作原理,接着介绍僵尸网络在其生命周期内是如何利用 DNS 进行建立通信、命令分发、信息窃取等行为,此后章节将介绍如何根据这些 DNS 异常行为设计检测僵尸网络的方法与实践。

2.1 域 名 系 统

DNS(Domain Name System,域名系统)是互联网最为关键的基础设施之一,它将域名与 IP 地址相互映射。DNS 是一个全球分布、松散一致、可扩展、可靠、动态的数据库,由域名空间、域名服务器和解析器(客户端)组成[1]。DNS 的数据在本地维护,但可以在全球范围内查询。远端服务器的 DNS 数据在本地可作为缓存,从而提高 DNS 的性能。没有一台计算机拥有全部的 DNS 数据。僵尸网络通常会利用 DNS 进行一些隐蔽信道建立、C&C 指令传递等行为,由于 DNS 的流量通常可以通过企业防火墙的过滤,并且利用 DNS 的特性藏匿攻击者的真实地址,躲避审查,因此本章简要介绍 DNS 的组成以及原理,为本书后面基于僵尸网络的 DNS 行为的检测原理打下理论基础。

2.1.1 域命名空间

RFC 1034[2] 和 RFC 1035[3] 详细描述了 DNS 的设计与实现。DNS 数据库将域名空间组织成树状结构(见图 2-1),树的根节点即 DNS Root,由一个空的标签表示。域(Domain)是一个名字空间,例如,"cn"下的所有对象都属于"cn"域。域管理员可创建子域并将管理子域的责任委托给他人,在父域中维护一个子域的链接,称为委派(Delegation)。通过委派,域名空间被划分为一个个管理空间,称为区(Zone)。

域名(Domain Name)由一系列标签(Label)构成,标签之间用点分隔。树状结构的根节点即 DNS 根,用一个空的标签表示。标签内通常只含英文字母(a~z)、数字(0~9)和连字符("-"),并且不以连字符作为起始或结尾。一个标签最大长度为 63B,域名长度不超过 255B。域名中英文字母大小写不敏感。

完全限定域名(Fully Qualified Domain Name,FQDN)以空的标签(根区)结尾,唯一地确定了从根区开始所有域的层次。

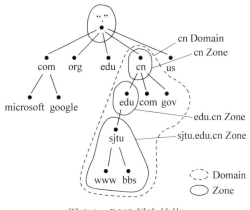

图 2-1　DNS 层次结构

对于域名 www. sjtu. edu. cn,称 cn 为顶级域、edu. cn 为二级域名、sjtu. edu. cn 为三级域名,以此类推。

顶级域(Top-Level Domain,TLD)又可分为通用顶级域名(generic TLD,gTLD)、国家或地区代码顶级域名(country code TLD,ccTLD)和基础设施顶级域名。gTLD 中 com、net、org 和 info 开放给所有人注册,biz、name 和 pro 供商业、个人和专业用途使用,而赞助的顶级域名,如 gov、edu、mil 等只能由特定的机构注册。ccTLD 为两个字母长度的国家和地区代码,如 cn、us、hk、tw。基础设施顶级域名 arpa 用于支持互联网基础设施,例如 DNS 反向解析等。

国际化域名(Internationalized Domain Name,IDN)用于支持域名中使用非英文的字符(如中文),将它们通过 Punycode 编码为 ASCII 字符串。例如,域名"上海交通大学. 中国."编码为"xn--fhq9n72yzjcw49adq1c. xn--fiqs8s. "。顶级域名中,国际化域名国家代码顶级域(IDN ccTLD)有". 中国"". 中國"等。

2.1.2　域名服务器

域名系统中的 DNS 服务器可分为授权域名服务器(Authoritative Name Server)和缓存域名服务器(Caching Name Server)。授权服务器提供域管理员设置的区记录原始数据,缓存服务器又称递归服务器(Recursive Name Server),为客户端提供递归域名解析服务。授权服务器一般又配置为主(Master)服务器和从(Slave)服务器,后者通过自动更新机制从主服务器获取区记录。根域名服务器(Root Name Servers)是负责 DNS 根区的服务器,目前世界上有 13 组根服务器([a-m]. root-servers. net),同一组的服务器通过 Anycast 路由。

域名解析流程如图 2-2 所示,递归域名服务器接受客户端的域名查询请求,为其进行从 DNS 根逐层向下的迭代查询。递归服务器内已预先配置了根服务器的 IP 地址,称为根提示(Root Hints)。域名解析服务使用 UDP 和 TCP 端口号 53。

DNS 中的数据以资源记录(Resource Record)为单位,每个资源记录都由类型(Type)、类别(Class)、TTL(Time-to-Live)和数据组成,TTL 决定了资源记录在非授权服务器上缓存的最长时间。一个域名同一类型的所有资源记录 RRSet，是 DNS 数据的最小传输单元。

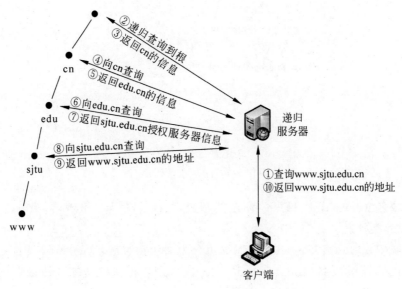
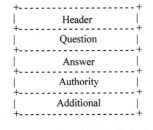

图 2-2　域名解析流程

2.1.3　DNS 报文格式

DNS 报文由 DNS 头部（Header Section）、问题段（Question Section）、回答段（Answer Section）、授权段（Authority Section）和附加段（Additional Section）5 部分构成（见图 2-3）。DNS 头部的长度固定为 12B。问题段包含客户端发往服务器的查询请求，回答段为服务器对该问题回答的资源记录。授权段包含指向授权的资源记录，附加段通常为粘连记录，以及 EDNS0 OPT 资源记录。

```
+----------------------+
|        Header        |
+----------------------+
|       Question       |
+----------------------+
|        Answer        |
+----------------------+
|      Authority       |
+----------------------+
|      Additional      |
+----------------------+
```

图 2-3　DNS 报文格式

DNS 头部格式如图 2-4 所示。一个 16b 的、随机的事务 ID（Transaction ID，TXID）用于匹配查询和响应报文，QR 位则用于区分查询和响应报文，AA 标志位表示回答是否来自授权服务器。

RCODE 是一个表示响应状态的代码，其常用的取值有以下几种。

- No Error(0)：解析成功。
- FormErr(1)：查询报文格式错误。
- ServFail(2)：服务器故障导致解析失败，例如，配置错误、授权服务器无响应等状况。
- NXDomain(3)：域名不存在。
- Refused(5)：查询被拒绝，例如，递归服务器限制请求源 IP 地址。

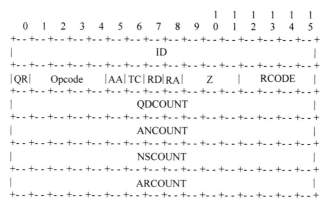

图 2-4　DNS 头部格式

2.1.4　资源记录

DNS 中的数据以资源记录(Resource Record, RR)为单位,每个资源记录都由类型 (TYPE)、类别(CLASS)、TTL(Time-to-Live)和数据(RDATA)组成(见图 2-5),TTL 决 定了资源记录在非授权服务器上缓存的最长时间。一个域名同一类型的所有资源记录 (RRSet),是 DNS 数据的最小传输单元,即当同一类型资源记录(RR)存在多条时,在 DNS 数据传输时无法单独传输其中一条,而是将所有同类型的资源记录(RRSet)一起 传输。

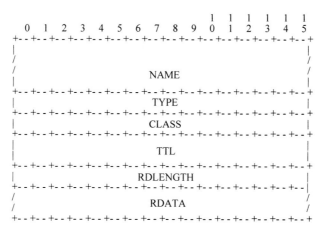

图 2-5　DNS 资源记录格式

不同类型(TYPE)的资源记录存储不同含义、长度和格式的数据,在互联网中提供不 同的应用。经常使用的资源记录类型有以下几种。

- A (1):域名的 IPv4 地址(Address)。
- AAAA (28):域名的 IPv6 地址。
- CNAME (5):规范名称(Canonical NAME),将域名指向另一个名称。
- MX (15):邮件交换(Mail eXchange)记录,配置域名的 SMTP 服务器。

- TXT（16）：存储任意的字符串。
- PTR（12）：域名指针，用于 IP 地址到域名的反向解析。
- NS（2）：域名的授权服务器（Name Server）域名。

2.2　早期僵尸网络的 DNS 应用

早期的僵尸网络使用预置在程序内部的固定的一个或多个 IP 地址来连接控制服务器。由于 IP 地址易于被封锁，因而僵尸网络后来转向使用域名解析，在程序内硬编码指向 C&C 的一个或多个域名。为了降低成本，僵尸网络作者经常使用注册费用较低的国家和地区的 ccTLD，或者使用 No-IP[4]、DynDNS[5] 和 3322.org[6] 等提供的免费域名。

针对僵尸网络 C&C 使用的 IP 地址和域名，互联网上有多个组织发布僵尸网络域名和 IP 地址黑名单，如 DNS-BH[7] 和 MDL[8] 等。此外，也可以通过 DNSBL（DNS-based BlackList）技术提供查询的黑名单。相关研究[9] 中的 SQUEEZE 系统则研究了基于沙盘（Sandbox）提取恶意软件备用（Fail-over）C&C 的技术，增强了自动产生黑名单的覆盖率。

2.3　逐步演变的 Fast-Flux 技术

Fast-Flux 是一类僵尸网络使用的 DNS 技术，它将僵尸网络控制的主机组建成类似于 CDN 的具有负载均衡和高可用性的代理网络，为非法的服务（如钓鱼网站等）提供内容的重定向或代理，从而将真正存放恶意内容的服务器隐藏在其之后，使之更加难以被发现和屏蔽[10]。这种非法的代理网络通常称为 Fast-Flux 服务网络（Fast-Flux Service Network，FFSN）。

图 2-6 显示了一个 Fast-Flux 域名的解析结果[11]，其特点是域名同时指向多个 IP 地址，并且随着时间的推移，域名绑定的 IP 地址集合不断变化。这种技术也可以称为 IP-Flux。为了实现 IP 地址的快速变换，Fast-Flux 域名资源记录的 TTL 通常较低。同时，由于僵尸网络感染分布在世界各地，Fast-Flux 域名的 IP 地址在地理位置上也较为分散，与 CDN 选择离用户最近的数据中心的特性不同。

```
;; QUESTION SECTION:
;datevalentinesearcher.info.      IN  A

;; ANSWER SECTION:
datevalentinesearcher.info.  600  IN  A   108.214.176.172
datevalentinesearcher.info.  600  IN  A   190.137.61.29
datevalentinesearcher.info.  600  IN  A   219.78.251.233
datevalentinesearcher.info.  600  IN  A   24.197.176.153
datevalentinesearcher.info.  600  IN  A   85.221.223.148

;; AUTHORITY SECTION:
datevalentinesearcher.info.  86400 IN  NS  ns2.vseprokote.info.
datevalentinesearcher.info.  86400 IN  NS  ns3.vseprokote.info.
datevalentinesearcher.info.  86400 IN  NS  ns1.vseprokote.info.
datevalentinesearcher.info.  86400 IN  NS  ns4.vseprokote.info.
datevalentinesearcher.info.  86400 IN  NS  ns5.vseprokote.info.
```

图 2-6　Fast-Flux 域名示例

Fast-Flux 又可以进一步分为 Single-Flux 和 Double-Flux 两类。Single-Flux 仅变换域名的 A 记录(2.1.4 节中所提到的资源记录表示域名的 IPv4 地址),是较为简单的一种形式。Double-Flux 域名的 NS 也由 FFSN 节点充当,因此,Double-Flux 域名的 NS 的 IP 地址也会快速变换。

2.4　域名生成算法

Fast-Flux 技术实现的 IP-Flux 使得 IP 地址封锁无法奏效,但由于 Fast-Flux 域名本身是固定的,依然难以应对域名黑名单的封锁。于是,恶意软件作者设计了基于域名生成算法(DGA)的 Domain-Flux 来应对域名屏蔽。DGA 域名最初作为僵尸网络中受感染机器与 C&C 服务器通信的一种手段被提出,在该技术发展初期,往往作为 P2P 通信信道的备用机制。

2.4.1　DGA 工作原理

DGA 以一个特定的参数作为种子(Seed),如时间、热门网站的内容等,来初始化一个伪随机算法,自动生成大量的域名进行尝试。恶意软件作者只需计算获得相同的域名列表,并选择其中几个进行注册,即可让恶意软件通过 DGA 生成的域名定位到 C&C。

如图 2-7 所示,受感染的僵尸主机可能会创建数千个域名,并会尝试与其中的一部分联系,以进行更新或接收命令。在未混淆的恶意软件二进制文件中嵌入 DGA 而不是先前生成的(由命令和控制服务器生成的)域名列表,可以防止通信使用的域名被网络黑名单设备提前记录并拦截,从而导致进出站通信被阻断。该技术由蠕虫 Conficker.a 和.b 家族推广,它们最初每天产生 250 个域名。从 Conficker.c 开始,该恶意软件每天生成 60 000 个域名,并尝试与 600 个域名联系,如果恶意软件控制器每天仅注册一个域名,则该恶意软件每天就有 0.5% 的可能性被更新。为了防止受感染的计算机更新其恶意软件,执法部门每天需要预先注册 60 000 个新域名。从僵尸网络所有者的角度来看,他们只需要注册每个僵尸程序每天查询的多个域名中的一个或几个域名。

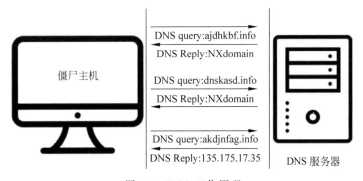

图 2-7　DGA 工作原理

最近,该技术已被其他恶意软件作者采用。截至 2019 年,基于 DGA 的最流行的前五种犯罪软件家族是 Conficker、Murofet、BankPatch、Bonnana 和 Bobax。DGA 还可以组合词典中的单词以生成域名,这些词典可以用恶意软件进行硬编码,也可以从可公开访问的来源获取。由字典 DGA 生成的域由于与合法域相似而趋于更难检测。

2.4.2　DGA 域名生成方法

根据生成算法不同,DGA 域名大致可以分为基于算术方法、基于哈希方法、基于置换方法和基于词典方法四种类别[12]。

（1）基于算术方法生成的 DGA 域名:域名生成算法计算一串可以直接对应于可打印 ASCII 码的数值用以生成域名,或者是在一个或多个硬编码数组中设置一系列偏置值用以确定组成域名的字符。这一类 DGA 域名是最为常见的一类 DGA 域名。

（2）基于哈希方法生成的 DGA 域名:域名生成算法利用哈希值的十六进制摘要来生成域名。在实际情况中,MD5 和 SHA-256 算法都是常用的哈希算法。

（3）基于置换方法生成的 DGA 域名:域名生成算法基于一串原始域名串,通过排列该字符串中所有可能的字符排列组合来生成一系列域名。

（4）基于词典方法生成的 DGA 域名:域名生成算法维护一个或多个单词词典,通过随机组合词典中的一个单词序列生成域名。单词词典可以被直接硬编码在恶意代码中,也可以在域名生成算法运行时动态地从网络中获取。这样方法生成的域名看上去不太具有随机性,伪装的能力相较于其他类型的域名更强。

在这四类 DGA 域名中,前三种类别的 DGA 域名往往是一串字母和数字的随机组合,在字符串统计特征和语义特征上与正常域名有明显的区别。本节的检测对象为基于词典方法生成的 DGA 域名。图 2-8 显示了几种 DGA 生成域名的例子[13-15]。

weajodrsrtd .org	00a8cf363ddca6b75e1b5c781b0ba226.co.cc	beanfesting
arwhhxbzs.ws	00a8cf363ddca6b75e1b5c781b0ba226.cz.cc	suinglying
xxbklqf.com	150224dce21c1056c5140bdfb2e1e8c2.co.cc	rhodangle
stmdkvh.net	150224dce21c1056c5140bdfb2e1e8c2.cz.cc	underin
xsdipwpm.biz	2675589750ef32cc7fe75d7ff8e3fcbd.co.cc	anthrocytic
hrydvo.com	2675589750ef32cc7fe75d7ff8e3fcbd.cz.cc	sual
sijtefvz.com	4bc53ed6c2c5a32606588c1d72d16a59.co.cc	underbidness
haawxowl.biz	4bc53ed6c2c5a32606588c1d72d16a59.cz.cc	interfensive
glrpcwffs.info	5c099914bf7eaacb8aab1cab73cdd90b.co.cc	arterier
llbuzksub.info	5c099914bf7eaacb8aab1cab73cdd90b.cz.cc	unbuckishly
eetqinjluk.org	7ffea8c792bb81efca737acc44861bc3.co.cc	sulcateness
iqnwtsp.com	7ffea8c792bb81efca737acc44861bc3.cz.cc	lulosematic
qtimasj.info	85fd1f94d59ff6936e99c281f99a0953.co.cc	sulate
osqphsgllb.cn	85fd1f94d59ff6936e99c281f99a0953.cz.cc	digressioner
oabeokwh .net	936d16bf80262add68838f96677a9620.co.cc	anaculturis
(a) Conficker	(b) Bamital	(c) Kwyjibo

图 2-8　DGA 示例

2.4.3　DGA 域名种子分类

对于 DGA 域名种子,一般从时间依赖性和确定性两方面来进行分类[16]。

（1）时间依赖性:时间依赖性是指域名生成算法将时间信息作为计算生成域名的种子,时间信息可以包括受感染终端的系统时间、HTTP 响应报文的日期域等。因此,依赖于时间种子生成的域名只有在受感染终端对它们发起查询的时间段内有效。

（2）确定性：确定性是指 DGA 种子的可观测性和可用性。对于绝大部分已知的域名生成算法，算法内部与域名生成有关的参数在很大程度上都是已知的，因而可以计算出由这一算法可以生成的所有 DGA 域名。部分域名生成算法利用暂时不可确定的参数来防止 DGA 域名库被预测，例如，某一网页在将来某一时刻公布的信息等不可预测但可以公开获得的数据源。恶意软件家族 Bedep 利用欧洲中央银行每天公布的外汇参考汇率作为域名生成种子，Torpig 家族使用推特动态作为域名生成种子[17]。

如表 2-1 所示，根据随机种子时间依赖性和确定性，DGA 域名可以分为以下四类：不依赖时间的确定性 DGA 域名（TID）、依赖时间的确定性 DGA 域名（TDD）、不依赖时间的不确定性域名（TIN）、依赖时间的不确定性域名（TDN）。

表 2-1 基于种子特征的 DGA 域名分类

	不依赖时间	依 赖 时 间
确定性	TID	TDD
不确定性	TIN	TDN

2.5 DNS 隧 道

DNS 隧道的概念早在 1998 年就被提出[18]，2004 年，Dan Kaminsky 利用 DNS 传输任意数据的方法在安全界广泛传播[19]。

DNS 隧道使用 DNS 协议通过客户/服务器模式来建立恶意软件隐蔽数据传输的隧道。

DNS 隧道的原理如图 2-9 所示。首先，攻击者会注册一个域名，例如 dnstunnel.com。域名解析到的服务器被指向攻击者的服务器，且该服务器上已经安装了隧道恶意软件程序。

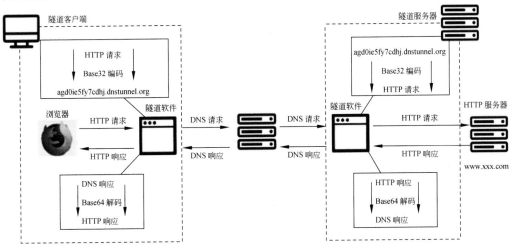

图 2-9 DNS 隧道原理

然后,攻击者利用恶意软件感染公司防火墙后面的计算机。由于防火墙始终允许 DNS 请求进出防火墙,因此受感染的计算机向 DNS 服务器发出的查询请求不会被拦截。DNS 解析服务器是将 IP 地址请求递归转发到根域名服务器和顶级域名服务器的服务器。

最后,DNS 解析器将查询请求路由转发到已经安装了 DNS 隧道程序的黑客攻击者的命令和控制服务器。通过 DNS 解析器在被控主机和攻击者之间建立了隐蔽连接。该隧道可用于包括泄露数据在内的各种恶意目的。由于攻击者和受害者之间并没有直接的连接,因此很难追踪到攻击者的计算机。

DNS 隧道已经存在了二十多年。表 2-2 列举了近年来常见的 DNS 隧道软件,可以看出,这类软件大量被应用是在 2008—2010 年期间。

表 2-2   近年的 DNS 隧道软件类型

年　　份	名　　称	平　　台
2000	NSTX	Linux
2004	OzymanDNS	Linux
2006	Iodine Protocal	Linux,Windows,macOS X
2008	TCP-Over-DNS	Linux,Windows,Solaris
2008	Split-brain	Linux
2009	Dns2tcp	Linux,Windows
2009	Heyoka	Windows
2010	DNScat2	Linux,Windows
2012	MagicTunnel	Android
2012	Element53	Android
2015	YourFreedom	Linux,Windows,macOS
2016	VPN-Over-DNS	Android

DNS 隧道将客户端向服务器传输的数据编码为一个域名的子域名标签,而服务器向客户端传输的数据则存储在回答的资源记录中。DNS 隧道的服务器即该域名的授权服务器。在请求主机名解析时,DNS 客户端会在权威名称服务器上进行迭代,直到到达正确的名称为止。一旦达到正确的 AuthNS,它便会回复与相应主机名相对应的答案。可以将主机名视为 AuthNS 的传入数据,例如,当请求 passw0rd. exfusion. com 时,用于 exfusion. com 的 AuthNS 获得输入 passw0rd。

在域名编码时,尽管域名大小写无关,但 DNS 服务器通常都会保留客户端请求的大小写顺序,因此,DNS 隧道的域名大多使用 Base64 编码。DNS 隧道回答常用的资源记录类型为 NULL 和 TXT,前者可存储任意二进制数据,后者一般为可打印的字符串。也有 DNS 隧道使用 CNAME、MX、SRV 和 A 记录。DNS 隧道有大量的开源实现,如 NSTX[20]、Iodine[21]、DNSCat[22]、Dns2tcp[23] 和 TCP-Over-DNS[24] 等。图 2-10 显示了一个典型的 DNS 隧道域名和 TXT 记录,截取自 TCP-Over-DNS 产生的流量。

由于大部分防火墙直接放行 DNS 的 UDP/53 端口,并且不会对其应用层数据进行检查,因此,部分隐蔽通道直接利用 UDP/53 端口进行任意数据传输。例如,Iodine 检测

```
;; ANSWER SECTION:
bkKDvJcXgfp1dgPlR1Vpq1d8cC9n5olMiHbkqorWMD-dtjVylQnihcTrNdMCu5K.
wejUt3DgeW4FE43f6-8UJEniK2lvrgJ7vq54jBRTUPvmHyTtEQovdIbc1gzEupP.
onlniX2QeaxNZAOpqRyXNzlHFLmnqdKIqV-il8CY48LaW-94QYedTezKqhwppbm.
sfRc6ryVeP9jhrndiWQ6b0qZZCKcWofRBnB1.tunnel-domain.com.          30 IN TXT
            "TqM1.>x7bq!Q+vC!XW&]##2:fEBJm6qVflNluGh?R3|MBYz/
            twPrn^Jq3!eYJ+{!C9p}9cOJkcLg>ORnpJz6w^|]`bIWS+}]
            3_xDY*9+o:EDKW'7]c0"Il,Xw/h0EDG}cdWd|'f-O3'=yOB
            k&stx:TBnVxEheu7`u']UXsh$E$Zk^>1f:CsJ{GFzne2d3Q#
            29a3h!flSu1!E"
```

图 2-10　DNS 隧道资源记录示例

到客户端能与隧道域名 NS 直接通信时,即使用 Raw UDP 模式。PSUDP[25] 则采用在合法 DNS 报文末尾附加隧道数据的方法进行通信,避免了数据包无法解析为合法 DNS 报文的问题。

　　DIETRICH 等[26] 在 2011 年首次发现可以利用 DNS 隧道作为 C&C 的僵尸网络,使 DNS 隧道这一安全问题再次引起人们的关注。DNS 隧道的引入将是 C&C 从 IRC、HTTP 发展到 P2P 之后一个新的变化。

小　　结

　　本章介绍了 DNS 的运作机理与僵尸网络在 DNS 中的滥用,包括僵尸网络在建立通信的阶段如何使用 Fast-Flux 算法,DGA 生成域名来逃避黑名单的审查,从而定位 C&C 服务器。本章具体介绍了 DGA 算法的分类和工作原理,DGA 作为僵尸网络使用最广泛的 DNS 技术,近年来针对僵尸网络所使用的 DGA 域名进行检测、注销的研究也层出不穷。此外,本章还介绍了僵尸网络在建立通信之后,如何利用 DNS 协议进行消息的传输,DNS 隧道作为僵尸网络数据传输的手段,近年来也是研究的热点之一,同时也是检测僵尸网络流量行为特征的重要方法。此后的章节将针对如何检测僵尸网络在 DNS 上的滥用的前沿研究方法以及实践手段进行介绍。

参 考 文 献

[1] CONRAD D. A Quick Introduction to the Domain Name System[C]. In Proceedings of the ITU ENUM Workshop,Geneva,Switzerland,2001.

[2] IETF. RFC 1034 Domain Names-Concepts and Facilities[DB/OL]. [2012-3-22]. http://www.ietf. org/rfc/rfc1034. txt.

[3] IETF. RFC 1035 Domain Names-Implementation and Specification[DB/OL]. [2011-8-16]. http:// www.ietf. org/rfc/rfc1035. txt.

[4] Vitalwerks Internet Solutions,LLC. No-IP[EB/OL]. [2013-6-10]. http://www. noip. com/.

[5] Dyn Inc. DynDNS[EB/OL]. [2013-6-10]. http://dyn. com/.

[6] 3322 动态域名. 公云[EB/OL]. [2013-6-10]. http://www. pubyun. com/.

[7] DNS-BH Malware Domain Blocklist[DB/OL]. [2013-6-10]. http://www. malwaredomains. com/.

[8]　Malware Domain List[DB/OL]. [2013-6-10]. http://www. malwaredomainlist. com/.

[9]　NEUGSCHWANDTNER M，COMPARETTI P M，PLATZER C. Detecting Malware's Failover C&C Strategies with SQUEEZE[C]. In 27th Annual Computer Security Applications Conference，Orlando，FL，USA，2011：21-30.

[10]　HOLZ T，GORECKI C，RIECK K，et al. Measuring and Detecting Fast-Flux Service Networks [C]. In 15th Annual Network and Distributed System Security Symposium，San Diego，CA，USA，2008.

[11]　Arbor Networks，Inc. ATLAS Summary Report：Global Fast Flux[R/OL]. [2013-6-11]. http://atlas. arbor. net/summary/fastflux.

[12]　SOOD A K，ZEADALLY S. A taxonomy of domain-generation algorithms[J]. IEEE Security & Privacy，2016，14(4)：46-53.

[13]　CRAWFORD H，AYCOCK J. Kwyjibo：Automatic Domain Name Generation[J]. Software-Practice and Experience，2008，38 (14)：1561-1567.

[14]　GEIDE M. Another Trojan Bamital Pattern[R/OL]. (2011-5-6) [2013-6-10]. http://research. zscaler. com/2011/05/another-trojan-bamital-pattern. html.

[15]　ThreatExpert. ThreatExpert Report (MD5：87136c488903474630369e232704fa4d)[DB/OL]. (2012-7-7) [2013-6-10]. http://www. threatexpert. com/report. aspx? md5＝87136c488903474630369e232704fa4d.

[16]　BARABOSCH T，WICHMANN A，LEDER F，et al. Automatic extraction of domain name generation algorithms from current malware[C]//Proceedings of NATO Symposium IST-111 on Information Assurance and Cyber Defense，Koblenz，Germany，2012.

[17]　STONE-G B，COVA M，CAVALLARO L，et al. Your botnet is my botnet：analysis of a botnet takeover[C]//Proceedings of the 16th ACM conference on computer and communications security，2009：635-647.

[18]　PEARSON O. DNS Tunnel-through bastion hosts[EB/OL]. (1998-4-13) [2013-6-11]. http://archives. neohapsis. com/archives/bugtraq/1998_2/0079. html.

[19]　KAMINSKY D. The Black Ops of DNS[C]. In Black Hat USA 2004，Las Vegas，USA，2004.

[20]　GIL T M. NSTX(IP-over-DNS)[CP/OL]. [2013-6-11]. http://thomer. com/howtos/nstx. html.

[21]　ANDERSSON B，EKMAN E. iodine[CP/OL]. [2013-6-11]. http://code. kryo. se/iodine/.

[22]　PIETRASZEK T. DNScat [CP/OL]. [2013-6-11]. http://tadek. pietraszek. org/projects/DNScat/.

[23]　DEMBOUR O. Dns2tcp[CP/OL]. [2013-6-11]. http://www. hsc. fr/ressources/outils/dns2tcp/index. html. en.

[24]　VALENZUELA T. tcp-over-dns [CP/OL]. [2013-6-11]. http://analogbit. com/software/tcp-over-dns.

[25]　BORN K. PSUDP：A Passive Approach to Network-Wide Covert Communication[C]. In Black Hat USA 2010，Las Vegas，USA，2010.

[26]　DIETRICH C J，ROSSOW C，FREILING F C，et al. On Botnets that use DNS for Command and Control[C]. In 7th European Conference on Computer Network Defense，Gothenburg，Sweden，2011：9-16.

第3章

基于 Fast-Flux 和 DNS 失效的 检测方法与实践

本章介绍如何利用僵尸网络在域名系统中的特征,对其进行检测和发现。根据僵尸网络的两个特征(在建立通信过程中采用 Fast-Flux 服务,容易产生 DNS 失效请求),介绍两种检测方法与实践效果。

3.1 检测僵尸网络的 Fast-Flux 服务

3.1.1 Fast-Flux 服务网络

在互联网上,大型网站为了提高服务的可用性和访问速度,在全球多个地点设置数据中心,建立内容分发网络(CDN),并通过 DNS 将客户端引导到距离最近的服务器,同时,通常为域名设置多个 IP 地址(A 记录),通过循环 DNS(Round-Robin DNS)机制,随机切换记录顺序,客户端可任意选择一个 IP 进行访问,达到负载均衡的效果。

同样地,非法组织为了提高钓鱼网站等恶意站点的可用性和访问速度,采取类似手段,将僵尸机组织成 Fast-Flux 服务网络(FFSN),提供与 CDN 相似的高可用性和负载均衡。在 FFSN 中,僵尸机起到了对 HTTP、DNS 等服务及僵尸网络 C&C 的代理作用。在对这些非法站点探测时,只能发现 FFSN 中僵尸机的 IP 地址,而无法得知隐蔽在 FFSN 背后的实际的服务器(Mothership)地址。

CDN 和 FFSN 均采用 DNS 技术提供冗余和负载均衡,即在域名解析的结果中包含多个 IP 地址,并使用较低的 TTL(Time-to-Live)使得 IP 地址可以较快地变化。

Fast-Flux 又可分为两类。Single-Flux 是其中较为简单的一种形式,是指将 FFSN 中僵尸机的 IP 地址作为域名的 A 记录,并设置非常短的 TTL,使同一个域名的解析的目的地址不断变化。如图 3-1 所示为 Fast-Flux 工作原理,客户端进行 DNS 解析时,DNS 缓存服务器向 Fast-Flux 域名的授权服务器查询,Fast-Flux DNS 服务器从僵尸网络中随机选取几个僵尸机的 IP 地址,作为域名的 A 记录返回。客户端得到 DNS 解析结果后,通过被选中的几个僵尸机中的一台的代理,获得 FFSN 站点提供的内容。

Double-Flux 是较为复杂的一种形式,不仅和 Single-Flux 一样具有不断变化的 A 记录,还将 FFSN 中的僵尸机 IP 地址用于域名的 NS(域名服务器)。如图 3-1(b)所示,Double-Flux 将 FFSN 的授权域名服务器也隐藏在 FFSN 之后,DNS 缓存服务器与 Fast-Flux 域名授权服务器之间的请求、响应也通过僵尸机进行转发,提供了额外的一层保护。

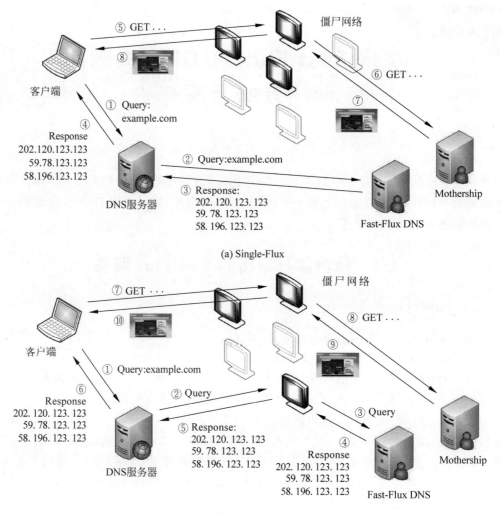

(a) Single-Flux

(b) Double-Flux

图 3-1　Fast-Flux 工作原理

3.1.2　Fast-Flux 域名特征

根据 DNS 回答数据包的内容,提取可区分合法域名和 Fast-Flux 域名的如下特征参数。

n_A(一次查询返回 A 记录的数量):Fast-Flux 域名通常返回超过 5 个 A 记录,以保证其中至少有一个主机在线。

n_{ASN}(A 记录所属的不同自治系统的数量):使用 CDN 技术的域名 A 记录通常属于同一自治系统,FFSN 感染的僵尸机分布于不同的 ISP,因此 A 记录对应多个 ASN。

n_{NS}(一次查询返回 NS 的地址数量):Double-Flux 由 FFSN 自身提供授权域名解析,因此通常返回较多的 NS 记录,而每个 NS 也有较多的 A 记录。

n_{NSASN}:域名 NS 的地址所属的不同自治系统的数量。

$\mathrm{TTL_A}$（域名 A 记录的 TTL）：CDN 和 FFSN 域名通常具有较低的 TTL，以便快速变化 A 记录的 IP 地址，达到负载均衡和故障恢复。

$\mathrm{TTL_{NS}}$（域名 NS 的地址的 TTL）：Double-Flux 域名的 NS 的地址也具有很低的 TTL。

QNAME（请求的域名）：域名本身的特征，如经常被僵尸网络利用的顶级域名（TLD）。

以一个活跃的 Fast-Flux 域名 www. elainestephen. com 为例，该域名的解析结果如图 3-2 所示，是一个典型的 Single-Flux 类型的 Fast-Flux。该域名一次解析返回 20 个 A 记录，TTL 为 20s，即 $n_A=20$，$\mathrm{TTL_A}=20$。将 A 记录的 IP 地址反向解析，并查询其自治系统号（ASN），结果如表 3-1 所示。20 个 IP 地址属于 14 个自治系统（$n_{ASN}=14$），来自 9 个不同的国家。

```
;; QUESTION SECTION:
;www.elainestephen.com.          IN     A

;; ANSWER SECTION:
www.elainestephen.com.   20   IN    A    189.15.28.59
www.elainestephen.com.   20   IN    A    189.200.175.216
www.elainestephen.com.   20   IN    A    200.77.16.110
www.elainestephen.com.   20   IN    A    200.83.90.190
www.elainestephen.com.   20   IN    A    200.92.112.227
www.elainestephen.com.   20   IN    A    201.132.72.192
www.elainestephen.com.   20   IN    A    201.246.123.238
www.elainestephen.com.   20   IN    A    24.242.224.104
www.elainestephen.com.   20   IN    A    41.103.82.126
www.elainestephen.com.   20   IN    A    83.34.110.137
www.elainestephen.com.   20   IN    A    88.29.65.213
www.elainestephen.com.   20   IN    A    90.168.95.237
www.elainestephen.com.   20   IN    A    92.251.149.131
www.elainestephen.com.   20   IN    A    177.25.170.164
www.elainestephen.com.   20   IN    A    186.78.47.35
www.elainestephen.com.   20   IN    A    186.102.46.62
www.elainestephen.com.   20   IN    A    186.129.144.81
www.elainestephen.com.   20   IN    A    186.198.200.112
www.elainestephen.com.   20   IN    A    187.46.90.108
www.elainestephen.com.   20   IN    A    187.119.196.208

;; AUTHORITY SECTION:
elainestephen.com.       20   IN    NS   ns0.dynamic-domains.com.
elainestephen.com.       20   IN    NS   ns2.dynamic-domains.com.
```

图 3-2　Fast-Flux 域名 www. elainestephen. com 解析结果

表 3-1　域名 www. elainestephen. com IP 地址反向解析及 ASN 查询结果

IP 地址	反向解析 PTR 记录	ASN	国家
189. 15. 28. 59	189-015-28-059. xd-dynamic. ctbcnetsuper. com. br.	16735	BR
189. 200. 175. 216	189. 200. 175. 216. static. metrored. net. mx.	28534	MX
200. 77. 16. 110	customer-GDL-16-110. megared. net. mx.	13999	MX
200. 83. 90. 190	pc-190-90-83-200. cm. vtr. net.	22047	CL
200. 92. 112. 227	customer-GDL-112-227. megared. net. mx.	13999	MX
201. 132. 72. 192	customer-PUE-72-192. megared. net. mx.	13999	MX
201. 246. 123. 238	201-246-123-238. baf. movistar. cl.	7418	CL
24. 242. 224. 104	cpe-24-242-224-104. tx. res. rr. com.	11427	US

IP 地址	反向解析 PTR 记录	ASN	国家
41. 103. 82. 126		36947	DZ
83. 34. 110. 137	137. Red-83-34-110. dynamicIP. rima-tde. net.	3352	ES
88. 29. 65. 213	213. Red-88-29-65. staticIP. rima-tde. net.	3352	ES
90. 168. 95. 237		12479	ES
92. 251. 149. 131	92. 251. 149. 131. threembb. ie.	21327	IE
177. 25. 170. 164		26599	BR
186. 78. 47. 35	186-78-47-35. baf. movistar. cl.	7418	CL
186. 102. 46. 62		27921	CO
186. 129. 144. 81	186-129-144-81. speedy. com. ar.	22927	AR
186. 198. 200. 112		26615	BR
187. 46. 90. 108	108. 90. 46. 187. isp. timbrasil. com. br.	26615	BR
187. 119. 196. 208	ip-187-119-196-208. user. vivozap. com. br.	26599	BR

3.1.3 检测算法

Holz[1]提出了称为 Flux-Score 的 Fast-Flux 域名检测算法,如下:

$$1.32 \cdot n_A + 18.54 \cdot n_{ASN} > 142.38$$

Flux-Score 的计算仅使用了 n_A 和 n_{ASN} 两个参数,没有对 TTL_A 等区分 Fast-Flux 域名和合法域名的关键参数加以考虑。Campbell[2]指出,Flux-Score 公式用于实际网络流量后,误报问题非常明显。因此需要对公式进行如下修改,增加额外一项以进一步区分 CDN 和 FFSN。

$$\left(\frac{n_{ASN}}{n_A}\right)(1.32 \cdot n_A + 18.54 \cdot n_{ASN}) > b$$

Scharrenberg[3]指出,Flux-Score 在实际应用中存在严重的漏报,因而使用了如下逻辑表达式用于 Fast-Flux 域名的判断。

$$\text{isfastflux} = \left((n_A > 5) \wedge (TTL_A < 3600) \wedge \left(\frac{n_{ASN}}{n_A} \geq \frac{1}{4}\right)\right)$$

$$\vee \left((n_A < 5) \wedge (TTL_A < 30)\right)$$

Holz 还提出了根据一个域名多次查询的返回地址区分 FFSN 和 CDN 的方法。定义 fluxiness $\varphi = n_{IP}/n_{single}$,其中,$n_{single}$ 为一次 DNS 查询返回的 A 记录数量,n_{IP} 为多次查询返回的所有不同的 A 记录数量。$\varphi > 1$ 表示后续查询至少得到一个新的 A 记录,意味着极有可能是 CDN 或 FFSN。在长期监测特征中,CDN 域名只会观测到较少且数量有限的 IP 地址,而 FFSN 的 IP 地址数量会持续增长。

Flux-Score 算法(及其改进形式)的优点在于只需得到一次域名解析的结果,即可做出判断,但该方法的误报和漏报难以平衡,并且只用到域名解析结果中有限的几个特征参数。长期监测计算域名 fluxiness 的方法判断 Fast-Flux 域名较为准确,但需要进行相当多次的 DNS 查询,对一个域名进行判断花费时间可能达几小时或几天。

将以上两种方法的特点综合考虑,可以得到如下 Fast-Flux 域名检测方法。

根据一次解析结果,设计规则将域名判为 Fast-Flux 域名、可疑域名和合法域名。其中,判为 Fast-Flux 域名的条件必须保证足够小的误报率,而判为可疑域名的条件则允许为了达到较高的检出率而产生一定数量的误报。对于可疑域名,继续进行探测,计算 fluxiness 等作为进一步判断是否属于 Fast-Flux 域名的依据。

通过对上海交通大学 DNS 服务器流量的分析,对 3.1.2 节所述的特征参数进行统计研究,制定了以下规则,用于 Fast-Flux 域名的实时检测。规则用逻辑表达式表述如下。

(1) $n_{ASN} \geqslant 7$;

(2) $(5 \leqslant n_{ASN} \leqslant 6) \wedge (n_A = n_{ASN})$。

符合以上任何一条规则的域名,且满足 $TTL_A < 4h$,直接判定为 Fast-Flux。

以上两条规则针对的是域名具有大量 A 记录且分布于不同 AS 的情况。规则(1)与 Holz 提出的 Flux-Score 公式的计算结果接近,规则(2)在引入误报数量极少的前提下大幅提升了 Fast-Flux 域名的检出率。

判为可疑域名的规则如下。

(1) $TTL_A = 0$;

(2) $(n_A \geqslant 5) \wedge (n_{ASN} \geqslant 2) \wedge (TTL_A \leqslant 600)$;

(3) QNAME regexp"^[0-9a-z]+.tk\$"(以及其他 TLD);

(4) $(n_{NSASN} \geqslant 3) \wedge (TTL_A \leqslant 600) \wedge (TTL_{NS} \leqslant 600) \wedge \neg (QNAME\ like\ "\%.\%.\%")$。

规则(3)将域名本身考虑在内,针对正常访问较少但经常被僵尸网络利用的 TLD 加以考虑,根据对僵尸网络常用 TLD 的统计,我们选定的可疑顶级域名为 tk,ws,uy,am,cl,be,tj,me,at。规则(4)主要考虑 NS 和附加记录的特征,是对 Double-Flux 类型的判断。

3.1.4　跟踪探测与可疑域名确定

以跟踪监测数据为依据,由程序自动将已经经过一定时间跟踪探测的可疑域名,判定为 Fast-Flux 或合法域名。数据库存储各域名在一段时间内解析得到的 IP 地址,自动判定使用以下三个特征:IP 地址数量 n_{IP}、fluxiness、IP 地址分布于不同的 16 位子网掩码的网络数量 $n_{prefix(IP,16)}$。

其中,n_{IP} 代表域名在一段时间内关联的主机数量;fluxiness 反映域名解析地址的变化率;$n_{prefix(IP,16)}$ 是一个与 n_{ASN} 作用相似的参数,表示域名解析地址的分布范围,其计算更为简便,无须进行 IP 地址到 ASN 转换。上述三个参数的值越大,域名为 Fast-Flux 的概率也越大。

选定的可疑域名跟踪探测时间最长为 48h,如果超过 48h 依然不能满足判定为 Fast-Flux 的条件,则认为是合法域名。

对实际 DNS 流量中检测到的 138 个 Fast-Flux 域名和被暂时判为可疑域名的 632 个合法域名进行两天的跟踪探测,以确定两者在 n_{IP}、fluxiness 和 $n_{prefix(IP,16)}$ 参数上的判定界限。根据实验数据分析(见图 3-3),选定判定 Fast-Flux 的规则为:

$$(n_{IP} \geqslant 50) \vee (fluxiness \geqslant 15) \vee (n_{prefix(IP,16)} \geqslant 10)$$

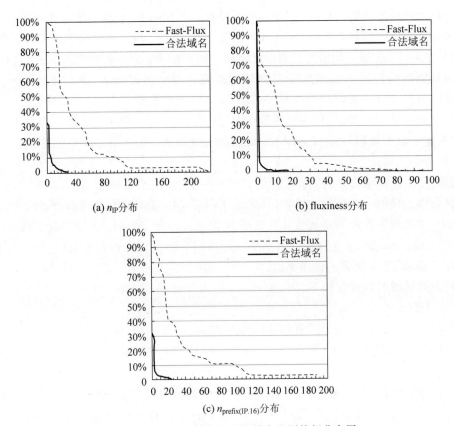

图 3-3　Fast-Flux 域名和可疑域名监测特征分布图

对测试所用的 138 个 Fast-Flux 域名和 632 个"可疑"的合法域名,达到 94.9% 的检出率和 2.8% 的误报率。

3.1.5　系统实现

Fast-Flux 检测系统分为 DNS 流量监测程序和域名探测程序。

DNS 流量监测程序使用 C 语言实现,利用 libpcap 截取网络流量,根据 3.1.3 节提出的 Fast-Flux 域名和可疑域名判断规则对 DNS 数据包进行分析,得到我们所关注的信息如下。

(1) 哪些域名是 Fast-Flux 域名和可疑域名。

(2) 哪些客户端查询了 Fast-Flux 域名和可疑域名。

将 DNS 域名递归解析简化表示为如图 3-4 所示的过程。根据图 3-4 中步骤③的数据包,应用规则分析域名解析结果的特征,因为③来自授权服务器的回答包含各记录原始的 TTL,而缓存服务器向客户端的回答④中的 TTL 一般小于原

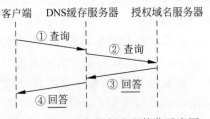

图 3-4　域名递归解析流程简化示意图

始值。我们并不根据客户端请求数据包①来记录客户端的查询日志,而根据④来记录客户端的请求,因为步骤④发生在该域名的分析过程③之后,这样就无须对①中所有的尚未分析的域名请求进行缓存。

Fast-Flux 和可疑域名判定规则中使用到了 A 记录 IP 地址的自治系统号,IP 地址到 ASN 的转换使用 GeoLite ASN 数据库进行。DNS 流量监测程序将上述检测结果存储到 MySQL 数据库中。

为了使探测效果最佳,对于各个域名应当以 TTL_A+1 秒为间隔进行查询,出于实现简便和降低服务器压力的考虑采取了固定的时间间隔。由于 DNS 流量监测程序对 Fast-Flux 和可疑域名 A 记录的 IP 地址已做了分析记录,域名探测程序只需实现 DNS 查询数据包发送,而无须等待和处理 DNS 回答,可降低探测程序的复杂度,避免对同一消息的重复处理。

对于根据 3.1.4 节的算法将可疑域名判定为 Fast-Flux 或合法的过程,使用 SQL 语句在数据库中完成。最后,与基于 IDS 的检测系统类似,利用一个 PHP 脚本将 Fast-Flux 检测系统的检测结果,转换为符合僵尸网络检测结果统一描述方法的检测报告。

3.1.6　实践效果评估

本节利用上海交通大学的两台 DNS 服务器的流量进行实时的 Fast-Flux 僵尸网络检测,Fast-Flux 检测系统监控的 DNS 请求来自近五万个客户端(根据独立 IP 地址),DNS 请求量为每秒 1000～4000 个。

对于相同的 DNS 流量,应用 3.1.3 节提到的现有检测算法,以及我们提出的检测算法,比较三种方法在实际 DNS 流量上的检测数和误报数,结果如图 3-5 所示。

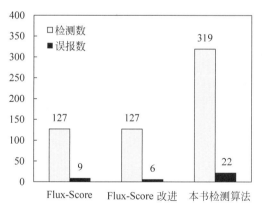

图 3-5　Fast-Flux 检测算法比较

其中,Flux-Score 算法检测到 127 个 Fast-Flux 域名,产生 9 个误报;对 Flux-Score 算法的改进,在不影响检测能力的情况下,减少了 3 个误报。我们提出并在本系统中使用的检测算法,在实验期间检测到 319 个 Fast-Flux 域名(不包括附加规则检测到的 1727 个 Conficker 僵尸网络域名,以及探测后判为 Fast-Flux 的可疑域名),检测数比前两种算法提高了 151%。我们提出的算法在实验期间产生的误报数量为 22 个,绝对数量高于基于 Flux-Score 的算法,但相对的误报率(6.4%)仍低于 Flux-Score 算法。

系统部署运行 180 天时间,总共检测到 Fast-Flux 域名 44 155 个。由于恶意域名存活期限较短,失效后的恶意域名表现为无法解析或不再变化 A 记录,本系统监测到每天活跃的域名为 1000～1200 个。通过对 Fast-Flux 域名的跟踪探测,系统记录了 Fast-Flux 服务网络节点 IP 地址 110 万个,每天活跃的 IP 可达 2 万个。

统计 Fast-Flux 域名最常用的顶级域名(见表 3-2),org、info 和 biz 是本系统检测到使用最多的顶级域名,其次是 ws、cc、cl、am 等国家顶级域名。

表 3-2　Fast-Flux 域名顶级域名统计

顶 级 域 名	比　　例	顶 级 域 名	比　　例
org	28.7%	cl	2.5%
info	27.3%	am	2.4%
biz	21.6%	uk	2.3%
ws	7.2%	us	1.7%
cc	2.9%	com	1.1%

通过对请求这些域名的客户端 IP 的记录,可掌握本系统监控的网络中 FFSN 的受害者的情况,他们可能是受到 Fast-Flux 僵尸程序的感染,也可能在互联网浏览过程中访问了 FFSN 提供的钓鱼网站,等等。系统只记录过去 14 天的客户端日志,在实验区前两周,系统监测到 FFSN 受害者主机地址 1408 个。

Conficker 是本系统监测到的影响最大的僵尸网络,监测范围内有 953 台主机感染了该蠕虫,占全部受害主机的 67.7%。由于采用了随机域名生成算法[4,5],Conficker 使用的域名数量众多,且每天生成数百个新域名,系统共检测到 Conficker 域名 43 071 个,占全部被检出域名的 97.5%。

ujhvg.com/vuytd.com 及其子域名可能用于发送垃圾邮件,是本系统探测到的规模最大的僵尸网络,半年时间累计探测到 91 万个 IP 地址。系统发现其在 2011 年 2 月 16～28 日经历了一个休眠期,4 月 15 日发现 vuytd.com 的新域名之后,每天新增 IP 数量超过 15 000 个(见图 3-6)。

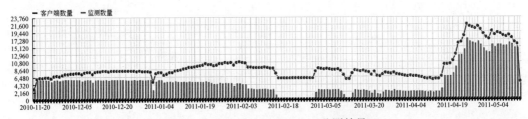

图 3-6　ujhvg.com/vuytd.com 监测结果

本系统发现另有多个 Fast-Flux 服务网络提供对色情网站和网页恶意代码的代理。例如,http://subcosi.com/count2.php 利用 FFSN 作 HTTP 重定向至一个含有恶意 Java Applet 和 JavaScript 的页面(见图 3-7),上海交通大学 DNS 客户端中有 10 个 IP 在最近两周请求过该域名。

图 3-7　subcosi.com 网页恶意代码

3.2　检测僵尸网络的 DNS 失效特征

3.2.1　DNS 失效原因

僵尸网络在建立通信的过程中,往往会产生失败的 DNS 查询,因此失效的 DNS 流量中包含大量僵尸网络信息。恶意软件造成 DNS 失效有两大原因:DGA 和已关闭的 C&C。本节重点研究如何检测已关闭的 C&C 域名,提出了基于失效 DNS 检测僵尸网络的方法,与以往大部分研究只能检测活跃的恶意软件不同,基于失效 DNS 的方法还能针对已经失去控制但依然活跃在用户机器上的恶意软件。

通常将 DNS 回答 RCODE 为 NOERROR 并且回答段有至少一个资源记录的 DNS 查询认为是成功回答的,而其余查询为未被回答的。本节的 DNS 失效研究并不关注 NODATA 的回答,即 RCODE 为 NOERROR 但回答段没有资源记录,因为这种情况经常出现在对域名 AAAA 记录的查询中。本节研究的 DNS 失效流量定义为 DNS 回答中 RCODE 不为 NOERROR 的所有查询响应。

以往有不少相关的利用 DNS 失败信息或进行 DNS 测量的研究。例如,Zhu[6] 等利用企业网络流量中的失效信息检测僵尸主机,结合了 DNS、HTTP、ICMP、SMTP、IRC 和 TCP 的失败率。Jiang[7] 等利用失败的 DNS 查询构建 DNS 失效图以检测木马、垃圾邮件和 Domain-Flux 等异常。Yadav[8] 等利用成功查询前后的失败查询来加速 Domain-Flux 恶意软件 C&C 服务器的检测。KALAFUT[9] 等研究了另一种现象——孤儿 DNS 服务器,及其在恶意活动中的作用。而 Gao[10] 等采集全球数百台 DNS 递归服务器的流量以进行性能和运作特性的分析,并提出了基于时间关联的恶意域名聚类算法,利用一组已知的恶意域名作为种子识别与之相关的未知恶意域名。

对 DNS 失效的研究分为两个步骤。首先,对常见的 DNS 失效原因进行分析和识别,以滤除与恶意软件无明显关联的失效查询;然后,研究已经失效但仍被不断请求的 C&C 域名,分析程序自动产生 DNS 查询的特性,并提出相应的检测算法。

3.2.2　DNS 失效分类

1. DNS 失效流量统计

通过对校园网 7 天 DNS 流量的分析,我们对于客户端与递归服务器间成功查询和失败查询的流量进行统计,如图 3-8 所示。

图 3-8(a)显示了 DNS 查询率的日夜波动(小时平均 QPS),被监测 5 台 DNS 服务器

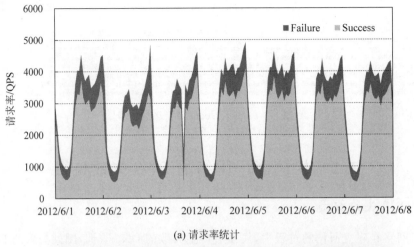

(a) 请求率统计

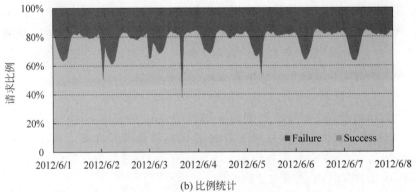

(b) 比例统计

图 3-8　DNS 成功与失败流量统计

高峰期(每日 10 点到次日 0 点)的查询率为 4000QPS 左右,而低谷(每日 3 点到 7 点)则为 1000QPS 左右。7 天总计请求量为 17.59 亿次。

图 3-8(b)统计了成功与失败请求所占的比例。所有的 DNS 流量中有 19.98％的查询产生失败的回答。其中,凌晨低谷时期,失效流量所占比例较高,可达 35％以上。同时,我们也注意到,在 6 月 3 日下午 15:15 到 15:50 左右的网络故障造成 DNS 查询量骤降,与此同时,在此期间的 DNS 失败比例高达 90％。

递归服务器向客户端响应的 RCODE 表示解析错误的原因,对 RCODE 的统计如图 3-9 所示。NXDomain 域名不存在是 DNS 失效的主要原因,占全部失效流量的 80.39％,排名之后的为 ServFail(14.23％)和 Refused(5.38％)。FormErr 和 NotImp 错误的比例极小,7 天总共发生 24 915 次和 288 次,合计比例仅为全部失效的 0.007％。图 3-9 统计中 6 月 3 日高于平均的 ServFail 比例与网络故障的现象一致,校园网内的递归服务器因网络中断无法请求域名授权服务器,从而产生大量的 ServFail 回应。

尽管 RCODE 给出了一定的 DNS 失效原因提示,但对于分析造成 DNS 失效的深层次原因还远远不够。本节将继续分析失效 DNS 查询的内容,以便解析产生失效请求的客户端问题。

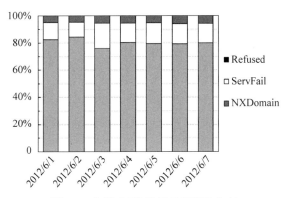

图 3-9　失败 DNS 流量 RCODE 分布

2. 无效 TLD

无效 TLD 的请求是指查询域名 QNAME 并不具有一个有效的 TLD,从而造成 NXDomain 等错误。A-for-A 则是一种特殊的无效 TLD 请求,即查询的名称本身已经是一个 IP 地址。

在所有 DNS 失效中,无效 TLD 造成的失效所占比例为 11.66%,而 A-for-A 的比例则为 0.013%。去除 A-for-A 的域名之后,对无效 TLD 的统计如表 3-3 所示。无效 TLD 请求大多由于主机所在域(Domain)的配置造成,操作系统进行域名解析时通常会尝试添加域后缀进行搜索。而无效 TLD"cn\377\377\006"全部为同一个客户端对域名"hdss1fta.fetion.com.cn\377\377\006"的请求,由于含有非法字符且每日重复次数超过百万,这个错误应该是该主机上运行了一个实现错误的飞信客户端造成的。

表 3-3　无效 TLD 查询前十

无效 TLD	数　　量	比　　例
localdomain	13 303 672	32.5%
cn\377\377\006	10 970 792	26.8%
local	6 220 273	15.2%
domain	1 827 233	4.5%
source	1 592 890	3.9%
nit	940 133	2.3%
_tcp	484 504	1.2%
wlan-switch	480 840	1.2%
trpz	480 840	1.2%
wpad	402 979	1.0%

3. 反向 DNS 解析

反向 DNS 解析是产生 DNS 失败查询的又一主要原因。文献[10]中的全球测量(2012 年 12 月)结果显示,PTR 记录查询的成功率仅为 30.4%,44.5% 产生否定回答,而另外 25.1% 的请求未被回应。DNS 反向解析的成功率远远低于 A 记录查询的 76.3%、AAAA 记录的 78.1% 和 MX 记录的 48.3%。

在本节校园网流量的监测中,反向 DNS 解析在全部 DNS 失效流量中所占比例为 10.75%。而在失败的 DNS 反向解析请求中,96.39% 为 IPv4 地址的反向解析(in-addr.arpa),另外 3.61% 为 IPv6 地址的反向解析(ip6.arpa)。

4. DNSBL

DNSBL(DNS-based BlackList)是通过 DNS 提供查询的黑名单,DNSBL 的请求将被查询的对象(通常为 IP 地址、域名或 MD5 等散列值)作为 DNSBL 域名的前缀(子域名)然后查询其 A 记录。如果被查询对象位于黑名单中,则返回一个 $127.0.0.x$ 的 IP 地址,并根据 x 区别该对象被列入黑名单的原因。对于不在黑名单中对象的查询,服务器返回 NXDomain,从而 DNSBL 也就在失效流量中占有了一定的比例。

为了识别 DNSBL 流量,我们首先在所有失败的 A 记录查询中,识别前缀为 IP 地址、MD5 和 SHA-1 等散列值或类似域名形式的请求,然后依据其二级或三级域名归类后判断该域名是否为 DNSBL。

在 DNS 失效流量中,DNSBL 所占比例为 5.48%。表 3-4 列举了实验中发现的失效请求量前 20 的 DNSBL 域名及域名前缀(查询对象)的类型。

表 3-4　DNSBL 查询结果中的前 20 条

DNSBL	类　　型	数　　量	比　　例
zen. spamhaus. org	IP 地址	4 965 059	25.8%
multi. surbl. org	域名	1 364 189	7.1%
sibl. support-intelligence. net	域名	1 250 151	6.5%
combined. njabl. org	IP 地址	1 198 425	6.2%
dbl. spamhaus. org	域名	1 137 712	5.9%
multi. uribl. com	域名	1 120 576	5.8%
bl. spamcop. net	IP 地址	1 019 741	5.3%
dnsbl. sorbs. net	IP 地址	973 052	5.1%
bb. barracudacentral. org	IP 地址	756 211	3.9%
cml. anti-spam. org. cn	IP 地址	716 513	3.7%
iadb. isipp. com	IP 地址	684 406	3.6%
rhsbl. ahbl. org	域名	672 115	3.5%
score. senderscore. com	IP 地址	659 145	3.4%
psbl. surriel. com	IP 地址	592 806	3.1%
cblless. anti-spam. org. cn	IP 地址	559 420	2.9%
list. dnswl. org	IP 地址	497 577	2.6%
fulldom. rfc-ignorant. org	域名	368 374	1.9%
avqs. mcafee. com	文件指纹	356 428	1.9%
sbl. spamhaus. org	IP 地址	93 494	0.5%
xbl. spamhaus. org	IP 地址 / 域名	26 173	0.1%

5．间歇性失效

一些域名由于授权服务器不稳定、配置错误，或者网络故障等原因，在本节监测的 7 天时间内，部分时间段能够正确解析，而部分时间段则返回错误的响应。由于本章研究的恶意软件已失效域名及 DGA 域名，在监测的全程均处于无法解析状态，因此将间歇性失效的域名滤除能够有效降低 DNS 不稳定造成的干扰。

我们将监测的 7 天时间内至少出现过一次成功回答的 QNAME 和 QTYPE 认为是可解析域名及类型，对于这些可解析对象，将监测时出现的失效回答认为是间歇性失效。

经过流量统计，间歇性失效在本节采集的流量中占 7.89%。尤其是 6 月 3 日受网络故障的影响，该日间歇性失效请求量为其余 6 日平均值的 1.6 倍。

6．其他失效原因过滤

本节已分析并识别了 4 种常见的 DNS 失效原因。下面将进一步过滤其他与本章 DGA 和失效恶意软件检测无直接关联的 DNS 失效类型。

（1）国际化域名：国际化域名目前极少被恶意软件使用，即在全部 DNS 流量中所占比例也极低。在本节实验流量中，IDN 仅占失效流量的 0.012%，究其原因主要是 Web 浏览中的输入错误或超级链接错误。

（2）校园网域名（sjtu.edu.cn）：我们注意到，在失效流量中本校的域名 sjtu.edu.cn 所占比例达 5.33%。究其原因主要有以下两点，首先，上海交通大学网络中心的 DNS 服务器在为校园网用户提供递归域名解析的同时，也是交大域名的授权服务器，因此这部分失效查询有些是来自外部的递归服务器的；其次，接入本校无线局域网的用户，DHCP 服务器会指定默认域后缀为 sjtu.edu.cn，从而，客户端系统进行域名解析时可能产生后缀为 sjtu.edu.cn 的请求。

（3）特殊符号：DNS 的域名标签通常只包含英文字母、数字和连字符（"-"），但在失效流量中，部分查询域名使用了连字符以外的符号，尽管 DNS 服务器的设计支持这些特殊符号，但通常情况下这些域名是无效的。含特殊符号的查询在 DNS 失效中占 0.027%，其产生原因与 IDN 错误类似，由于 Web 浏览中的链接错误造成，例如，我们发现有相当一部分此类错误的域名以"http://"起始。

由于恶意软件发起的 DGA 域名和 C&C 域名请求通常为 A 记录的查询，而几乎不太可能使用 IPv6，因此，在本章后续研究中只考虑 QTYPE 为 A 记录的 DNS 失效，在此滤除 AAAA 等其他资源记录的查询。

经过上述分析，至此已滤除的与 DGA 和失效恶意软件 C&C 无直接关联的 DNS 失效流量比例为 50.15%。我们将已滤除的失效原因类别总结为表 3-5，值得注意的是，DNS 失效分类的过程依照特定顺序进行，因而表中前后类别重合项将被计入首先执行的分类中。本节后续的检测将在经过滤后未分类的 A 记录查询中进行 DGA 与失效 C&C 域名挖掘。未分类的 A 记录查询，也含有合法应用的失效查询，以及拼写错误（Typo）造成的 NXDomain 等。

表 3-5　DNS 失效分类

分　类	数　量	比　例
无效 TLD	40 939 091	11.661%
反向 DNS 解析	37 730 594	10.747%
DNSBL	19 247 131	5.482%
间歇性失效	27 715 500	7.894%
IDN	42 141	0.012%
SJTU 域名	18 709 321	5.329%
特殊符号	94 251	0.027%
AAAA 记录	24 401 378	6.950%
TXT 记录	3 646 172	1.039%
MX 记录	2 307 129	0.657%
其他 QTYPE	1 217 775	0.347%
未分类 A 记录查询	175 024 439	49.854%

3.2.3　恶意软件域名请求特征

本节研究 C&C 域名失效的恶意软件,它们使用程序内置的一个或多个域名与 C&C 服务器通信,它们假定这些域名是可用的,而不是像 DGA 那样进行试探性访问,因此,当这些 C&C 域名无法解析时,对恶意软件的执行来说是一种异常状态,恶意软件通常会反复重试,企图利用该域名与 C&C 建立通信。

失效的 C&C 域名不仅具有重复尝试的特点,更进一步地,由于该请求是由程序发起的,它们通常在时间上呈现出一定的周期性,即失败重试具有一个固定的间隔。Wang[11] 等即发现了恶意软件的 C&C 连接产生的 DNS 请求和 TCP 连接具有固定周期的特点。

为了验证上述程序域名请求所具有的重复特性与周期性的两个特点,我们从 DNS 流量中选取了几个具有代表性的域名的客户端请求序列,并以图形方式呈现,如图 3-10 所示。图 3-10 中各图的横轴表示时间,纵轴表示客户端 IP 地址,按照出现次序依次向上排列,图中的点代表客户端在对应时间发起 DNS 查询。

图 3-10(a)显示了域名"tracker.sjtu.edu.cn"的查询特征,该域名是本校校园网 Private Tracker 服务器的域名,通常只由普通用户的 BitTorrent 客户端请求。从图中可以清楚地看到大部分客户端首次查询该域名之后,以几乎固定的 60min 的间隔重复查询产生的图样。图 3-10(b)选取的"www.cnbeta.com"则是一个普通的网站域名,请求几乎全都来自用户访问该网站时的 Web 浏览器的域名解析,因而在图 3-10(b)中并未呈现出如图 3-10(a)所示的重复请求图样。

我们认为恶意软件失效 C&C 域名重复请求与图 3-10(a)的程序 DNS 查询具有相似的原理,因此也将呈现类似的查询图样。下面将研究程序 DNS 查询的重复特性和周期性,设计一个识别由程序产生的 DNS 查询的方法,并将其应用于恶意软件 C&C 的检测上。其中 3.2.4 节将首先进行失效查询的预过滤,以减少请求序列分析的数据量,3.2.5 节将描述查询序列分析的方法,3.2.6 节将介绍基于客户端行为相似性的失效 C&C 域名

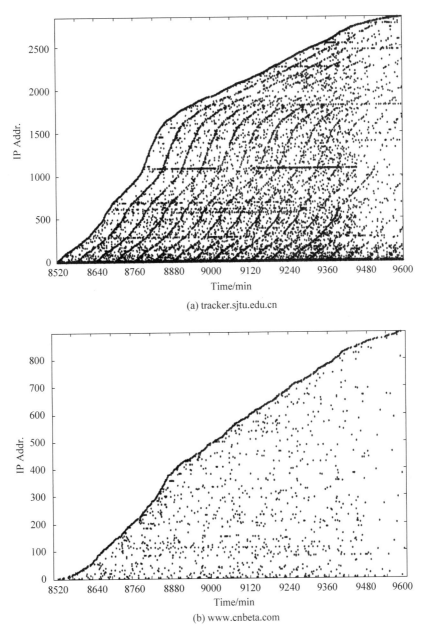

(a) tracker.sjtu.edu.cn

(b) www.cnbeta.com

图 3-10　客户端请求序列

判定方法。

3.2.4　流量预过滤

请求序列分析以一个客户端请求同一个域名及类型的所有查询报文的时间戳为输入进行分析。为了降低请求序列分析处理的数据量,在此之前,我们先对 DNS 失效流量中最常见的,或者说请求量最大的软件域名失效进行初步筛选,滤除已知合法应用产生的大量失效查询。

经过 3.2.2 节的失效原因分析及过滤,失效流量中已经有 50.15% 的查询被归为与恶意软件 C&C 无关的类别中而被滤除。本节进一步研究另外两类产生大量失效查询的失效程序查询域名。

1. 失效 BitTorrent Tracker

本节通过统计单一客户端对单一域名产生的重复失效请求次数后发现,失效的BitTorrent Tracker 会造成某些客户端频繁、大量地发送对其域名的 DNS 查询。

由于没有办法从 DNS 流量中准确识别所有的 BitTorrent Tracker 域名,我们将研究重点集中在单一客户端重复尝试次数特别多的,以及请求客户端数量特别多的域名。对于这些在 DNS 失效流量中占据较大比例的域名,我们通过搜索引擎验证来判断其是否为BitTorrent Tracker 的域名。

在利用搜索引擎判定 BitTorrent Tracker 域名时,该域名必须符合:①没有已知的网站直接建立在该域名上;②存在 BitTorrent Tracker 的地址使用该域名。利用搜索引擎的结果容易判断一个域名是否用作 BitTorrent Tracker,因为 BitTorrent Tracker 的URL 地址大多具有比较相近(或者固定)的格式,例如"http://< domain >:< port >/announce"和"udp://< domain >:< port >/announce"。

在实验的校园网 DNS 失效流量中,我们总共识别了 342 个失效的 BitTorrentTracker 域名。失效的 BitTorrent Tracker 广泛存在于较早以前制作的 BitTorrent 种子文件中,也有 Tracker 已经失效但仍被种子制作者复制、沿用到新近制作的种子文件的情况,因为 BitTorrent 用户通常希望使用更多的 Tracker 来找到尽可能多的拥有该资源的其他下载者(Peers)。此外,也有失效的 Tracker 地址包含在 Magnet URI(磁力链接)中传播。

失效 BitTorrent Tracker 造成的 DNS 失效查询数量多得惊人,仅我们识别到的 342个失效 Tracker 域名,其产生的 DNS 失效查询就占到了校园网全部 DNS 失效的 42.2%,也就是说有近一半的 DNS 失效是由于无效的 BitTorrent Tracker 地址造成的。我们也发现,一个客户端对一个失效 Tracker 域名的重复尝试次数,在一天内可能高达 10 万次以上,我们认为如此频繁的重试可能是该客户端下载了众多包含失效 Tracker 的种子的原因,而更重要的原因可能是 BitTorrent 客户端的实现缺陷。我们将识别到的失效BitTorrent Tracker 域名查询统计为表 3-6。

表 3-6　失效 BitTorrent Tracker 统计

域　　名	客　户　端	请　求　量	
denis. stalker. h3q. com	6459	31 302 428	(21.14%)
btfans. 3322. org	7665	12 816 928	(8.65%)
tracker. piecesnbits. net	4862	9 905 472	(6.69%)
genesis. 1337x. org	4838	7 429 393	(5.02%)
p2p. lineage2. com. cn	2909	6 198 697	(4.19%)
tracker. lamsoft. net	3749	5 789 829	(3.91%)
www. lamsoft. net	3679	4 082 306	(2.76%)
bt1. 125a. net	3521	3 789 174	(2.56%)

续表

域　　名	客　户　端	请　求　量	
publictracker. org	2756	3 714 981	(2.51%)
bt1. 511yly. com	3386	3 548 223	(2.40%)
tracker9. bol. bg	2972	3 276 513	(2.21%)
exodus. 1337x. org	2448	2 423 998	(1.64%)
photodiode. mine. nu	2106	1 983 473	(1.34%)
tracker. tjgame. enorth. com. cn	1558	1 780 432	(1.20%)
nemesis. 1337x. org	1898	1 615 018	(1.09%)
tk. btcomic. net	1499	1 566 679	(1.06%)
tracker. mightynova. com	1483	1 408 713	(0.95%)
tracker4. finalgear. com	1509	1 396 008	(0.94%)
bt. cnxp. com	1486	1 333 599	(0.90%)
tracker1. desitorrents. com	1369	1 248 341	(0.84%)

2. 过期合法软件域名

过期软件域名指曾经被用于知名的合法软件运营的域名,由于软件不再维护,或者版本更新后原先的域名不再使用,而产生的过期失效域名。

众所周知的是,客户端机器发送的 DNS 查询请求中,有相当大一部分并非是由用户主动操作(如 Web 浏览、E-mail 收发)产生的。安装在客户端系统中的各种软件在运行中会自动访问网络并产生 DNS 查询,这些网络访问行为通常服务于软件的自动更新,以及显示软件内的广告等目的。而这些软件内部域名的失效已在过去造成过严重的 DNS 故障,如 2009 年 5 月 19 日暴风影音的授权域名服务器(DNSPod)瘫痪后,大量暴风影音客户端的后台网络访问频繁重试造成运营商 DNS 服务器过载,我国 6 个省份互联网几乎中断。

在本节分析的校园网流量中,定位到不少已失效的软件域名仍被很多客户端频繁尝试解析。例如,在 7 天时间内,有 68 936 个客户端尝试解析"stun01. sipphone. com",一个已经失效的 STUN(Session Traversal Utilities for NAT)服务器域名,总计请求数为 1 268 955 个。暴风影音曾经的广告服务器域名"nccpr. p2p. baofeng. net"则有 15 154 个客户端的 1 203 016 次请求,可见其客户端的安装量且影响巨大。迅雷软件也是失效 DNS 请求的重要来源,其曾经的迅雷软件助手页面"bibei. sandai. net"收到来自 428 个客户端的 1 181 038 次尝试,而其已失效的"btrouter. sandai. net"和"ui. pmap. sandai. net"域名则分别有 9307 和 11 134 个客户端请求,请求量分别为 332 341 和 303 380 次。

除了上述过期不再使用的域名外,我们也发现了例如"tock. usno. navy. mil"的时间服务器域名,在其他 ISP 能够正确解析,但在校园网始终响应 ServFail 的情况,我们将这些解析故障的常用软件域名也一并滤除。最终,本节共识别失效的常用软件域名 333 个,总请求量 10 706 250,占全部 DNS 失效的 3.05%。

在完成上述失效 BitTorrent Tracker 域名和过期软件域名的过滤后,我们将各类型的 DNS 失效比例总结如图 3-11 所示。经过本节的预过滤,进入请求序列分析的 DNS 失效请求,仅占全部 DNS 失效的 4.01%,大幅降低了请求序列分析处理的数据量,同时也减少了合法应用的 DNS 失效请求对 C&C 域名检测的干扰。

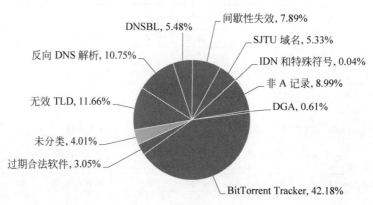

图 3-11　DNS 失效分类统计

3.2.5　请求序列分析

请求序列分析研究一个客户端对一个失效域名的重复请求行为的时间序列。考虑到 3.2.3 节程序域名请求所具有的重复尝试和固定间隔的特点,对于输入的请求序列,如果一天时间内客户端对一个域名的尝试次数小于一定的量则将被直接丢弃,在本节的实现中,仅考虑单日尝试达到 8 次以上(包含 8 次)的客户端域名请求序列。我们认为该阈值的选择已经较为宽松,能够涵盖恶意软件失效 C&C 的请求行为,更低的请求次数对周期性的判别会带来困难。我们对客户端域名请求的时间序列提取按日划分,而不采用 7 天连续处理的方式,因为客户端夜间关机会造成连续处理时一个较大的停顿间隔。在丢弃请求次数极少的客户端域名请求序列后,总计有 361 281 个有效的请求序列进入后续的分析中。

请求序列分析的第一步是对操作系统 DNS 解析超时重试的合并。由于 DNS 域名解析通常运行在不可靠的 UDP 上,考虑到数据包丢失等情况,DNS 解析客户端在发送查询后一段时间内如果没有收到服务器响应(超时,Timeout),则会再次发送相同的查询报文(重试,Retry)。为了降低客户端应用的 DNS 解析延迟,系统的 DNS 客户端的超时时间通常较低,远小于 DNS 服务器的解析超时时间,因此,对于解析耗时较长的域名,在 DNS 服务器仍在进行迭代查询时,客户端可能已经认为超时并发送重试报文了。大多数客户端应用程序进行域名解析都利用操作系统提供的域名解析函数,因此,研究客户端的超时重试行为,需要对不同的操作系统分别进行分析。

文献[12,13]分析了 Windows DNS 客户端的行为。Windows 的 DNS 客户端的超时时间和重试次数由注册表值 HKLM\System\CurrentControlSet\Services\dnscache\Parameters\DNSQueryTimeouts 控制。Windows 默认会进行 5 次尝试,超时时间在 Windows XP 中分别为 1s,1s,2s,4s,7s,而 Windows Server 2003 之后的系统则为 1s,1s,2s,4s,4s。当配置了多个 DNS 服务器时,处理流程则更为复杂。Linux 和 BSD 等系统的 DNS 客户端行为由/etc/resolv.conf 文件配置,attempts 选项控制超时重试次数,而 timeout 选项则控制每次尝试的超时时间。图 3-12 显示了 Windows Server 2008 和

Ubuntu Linux 下实际测得的超时重试报文时间序列。

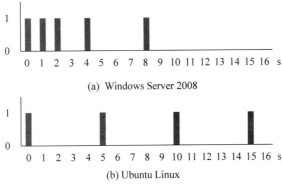

(a) Windows Server 2008

(b) Ubuntu Linux

图 3-12 DNS 客户端超时重试

文献[14]对 Windows、Linux 和 macOS X 及多个浏览器的 DNS 客户端在 DNS 失效时的请求行为进行了实验分析。DNS 超时重试的研究对本节的时间序列分析有重要意义,在客户端发送的一系列 DNS 查询中,必须首先识别由于 DNS 客户端超时重试产生的短时间内的重复请求,并将其合并到首个请求中去,然后才能准确地进行周期性查询行为的判断。在分析了多个操作系统 DNS 客户端的超时重试特性之后,设定了一个较为安全的阈值,即在首次查询之后 18s 内对同一域名的重复请求,被认为是首次查询超时后的重试报文。

值得一提的是,当 Linux 中设定了多个 DNS 服务器时,服务器无响应的客户端重试持续时间可能变得相当长,甚至在半分钟以上。忽略这种情况,考虑到我们设定的超时阈值已经接近 DNS 服务器的解析超时,并且 Linux 系统也不是大多数恶意软件攻击的目标,因此本节对 Windows 之外操作系统处理的简化并不会对最终的检测结果造成明显的影响。

为了判断客户端对域名的请求是否具有周期性的特点,我们对合并了超时重试请求后的请求时间序列 $\{t_0, t_1, t_2, \cdots, t_N\}$ 计算请求时间间隔 $\{d_1, d_2, \cdots, d_N\}$,其中,$d_i = t_i - t_{i-1}$。计算时间间隔的方差或标准差是一个简单的判断时间序列是否具有周期性的方法,但我们注意到标准差与测量的对象具有相同的单位,对于平均间隔相差很大的客户端请求序列,很难用一个统一的标准来确定其是否符合周期性的特征。这里采用变异系数(Coefficient of Variation)来评价时间间隔的一致性。

$$c_v = \frac{\sigma}{\mu}$$

其中,σ 是样本的标准差,而 μ 为均值。变异系数作为标准差和均值的比值,具有无量纲的特点,适合于不同单位或均值差异巨大的样本之间的比较。

3.2.6　C&C 域名检测

为了从失效域名请求序列中检测 C&C 域名,首先需判断各个 DNS 请求序列是否符合程序域名请求的特征。3.2.5 节中的变异系数能够描述一个请求序列是否符合周期性的特点,而程序域名请求的重复特性则可以通过客户端对同一个域名的失败重试次数加以体现。因此,对请求序列是否符合程序域名请求特性进行判定时,在变异系数 c_v 的基础上,以尝试次数来进行修正,定义评价函数如下:

$$score = \frac{2c_v}{\ln(N-5)}$$

其中,N 为有效的时间间隔数量。注意,本节只处理单日尝试次数至少为 8 次的请求序列,因此始终有 $N \geq 7$。评分 score 越小的请求序列,越符合程序域名请求的特征。

这里对一个客户端 7 天内的所有请求序列,分别计算 $score_i$,并设定阈值,将 $\max_i score_i \leq 0.5$ 的客户端域名请求认为是程序发起的。值得注意的是,我们在对操作系统 DNS 客户端超时重试的研究中,设定了首次请求后 18s 的超时重试窗口。对于大量产生失效请求的异常应用,该机制会造成其请求序列被识别为略大于 18s 的周期性请求,因此,我们忽略平均尝试间隔小于 30s 的时间序列,以避免此类发送异常大量失效的客户端的干扰(考虑到恶意软件通常不会产生如此频繁的失效 DNS 请求)。

上述步骤仅判断了一个客户端的失效域名请求序列是否为程序产生,尚未解决失效 C&C 域名的判断问题。我们认为,一个域名为恶意软件 C&C 的域名需要符合以下两个特性。

1. 所有请求者都具有程序域名请求特性

如果一个域名仅被作为恶意软件 C&C 使用,那么,所有对它的请求均为用户机器上感染的恶意程序发起,从而,几乎所有该域名的请求者均应具有程序域名请求的特性。如果一个域名的请求者中,仅小部分存在程序域名请求的特性,那么,它更有可能是一个正常的域名。例如,对于一个新闻资讯站点,部分用户通过 Web 浏览器访问,显然不具有程序请求特性,而另有部分用户使用 RSS 客户端订阅了网站的 RSS Feed,这些用户机器上的 RSS 客户端定期获取 RSS 内容,产生了重复的周期性的请求。

对于一个域名同时被用作恶意软件 C&C 和其他用途的情况,以本条标准进行判断会造成漏检。但在恶意域名检测的实际应用中,对正常应用误报造成的损害要远远大于漏检一些恶意域名,因此,本节倾向于避免误报的产生,因而忽略掉那些仅有小部分客户端具有程序请求特性的域名。在实现中,我们要求所有请求了该域名的客户端(包括单日请求次数小于 8 次的客户端)中有超过 50% 存在程序域名请求特性,才能符合本条特征,而其余的域名则被认为非恶意软件 C&C 域名。

2. 所有请求者具有相同的尝试间隔

在第 1 条特性要求域名大部分请求者均符合重复、周期请求特性的基础上,我们进一步地认为,由于请求同一个 C&C 域名的恶意软件普遍产自同一个攻击者,如果多个主机同时感染了该种恶意软件,由于恶意程序种类相同,因此,它们在重复请求该 C&C 域名时,尝试时间间隔应该相同。而对于合法应用的域名,例如 POP3 邮件服务器的域名,虽然对它们的请求可能均来自客户端程序(E-mail 客户端),但由于尝试间隔可用户配置,因此这类域名的多个请求者,可能以不同的时间间隔发送查询请求。

当然,对于一个 C&C 域名被病毒多个变种同时使用,而它们具有不同的尝试时间间隔的情况,本条特性的过滤会造成漏检,但基于之前已经讨论过的低误报率的策略,本节认为忽略这种较少出现的情况是合理的。在实现中,我们认为所有客户端的平均重试间隔的变异系数小于 0.2 时,该域名符合本条特征。而其余域名,由于多个查询者使用的尝试间隔有较大差异,我们将它判为非 C&C 域名。

除了上述两条行为特征外,我们在失效 C&C 域名检测中也借助了 Alexa 排名这一常用的工具。对于 Alexa 排名前百万的域名,我们认为它们一般具有较高的可信度,而不太可能为恶意软件 C&C 的域名。不过,我们特别小心地对待动态 DNS 域名和开放子域名注册的域名,例如前文多次提到的 DynDNS 和 3322.org 的域名。对于这些动态 DNS 和开放子域名注册的域名,虽然它们具有较高的 Alexa 排名,但必须将它们从白名单中移除,因为它们的子域名可以被任何人注册使用,并且已经证实被大量的恶意软件所利用。此外,我们定义了多条匹配规则用于排除 ISATAP(Intra-Site Automatic Tunnel Addressing Protocol)和 WPAD(Web Proxy Auto-Discovery)服务器的域名。

3.2.7　实践效果评估

进入 3.2.5 节请求序列分析的 361 281 个单日请求数达到 8 个以上的请求序列,经过操作系统 DNS 客户端超时重试时间窗口的请求合并之后,剩余 305 148 个有效的请求序列,其余 56 133 个请求序列在剔除系统超时重试产生的请求后,单日尝试次数不足 8 次而被丢弃。失效 C&C 检测算法识别了 12 757 个客户端域名请求行为具备程序域名请求的重复、周期特性,共涉及 6079 个域名。最终在域名的行为特征和白名单过滤后,本节的失效 C&C 检测算法总共将 3290 个域名判定为恶意软件 C&C 域名。

在 3290 个告警的域名中,我们发现其中 2200 个域名符合 DGA 特性,形式为 "< number >. nslook < number >. com",其中,"< number >"为 1~3 位数字。这一组域名是 3.3 节漏检的 DGA,但与其他 DGA 恶意软件不同的是,该 DGA 恶意软件会重复尝试同一组随机生成的域名,而不是每日变换新的域名进行请求。该组域名属于已知的恶意软件 W32/Patched-AG[15]。

对于算法检出的其余 1090 个域名,我们需要一个有效的手段来判断其属于恶意软件域名还是误报。本节借助 Google 搜索引擎来进行恶意软件域名的判断,以往有研究也将 Google 搜索结果用于钓鱼网站的检测。Google 提供了 Custom Search API 以便程序自动获得搜索引擎结果,但每日只允许 100 次免费查询,因此,本节通过编写浏览器自动化程序获取 Google 搜索结果。

我们将检测到的域名作为关键词进行 Google 搜索,并取第一页的搜索结果。值得一提的是,Google 搜索时,我们在域名字符串前后添加双引号,要求搜索引擎只返回包含完整域名字符串的结果。我们设定 Google 每页显示 100 条结果,从而对每个关键词取 Google 返回的前 100 个结果,并记录标题、链接 URL 和网页内容片段。

对于域名字符串搜索得到的前 100 条结果,如果其中有指向反病毒软件厂商、恶意程序分析网站、黑名单网站的 URL,则该域名极有可能是一个已知的恶意软件域名。图 3-13 显示了一个典型的例子,本节算法告警的"ypgw.wallloan.com"是一种已知的 IRCBot"魔鬼波(Mocbot)"的控制服务器域名,其 Google 搜索结果排名靠前的大多为反病毒软件厂商(如 McAfee、ESET、SecureWorks、F-Secure 和 BitDefender)对该病毒的分析报告。

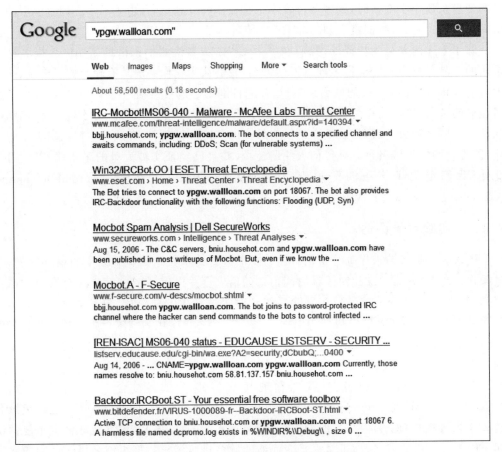

图 3-13　已知恶意软件域名搜索引擎结果

　　本节采用的匹配列表包含国内外 17 个反病毒厂商域名，8 个病毒分析工具域名（例如 VirusTotal[16]、ThreatExpert[17]等），19 个恶意软件黑名单和监控站点域名，以及 4 个钓鱼欺诈黑名单站点。此外，我们也对搜索结果的标题和内容片段进行关键词匹配，使用"Trojan""Worm""Backdoor""Rootkit""病毒""木马"等关键词，用于寻找域名与恶意代码的关联。

　　本节算法告警的许多域名在 Google 中搜索不到任何结果，对于这类域名，我们也认为它们属于恶意软件域名，因为它们与互联网上公开的、已知的应用无任何关联。对于其他的域名，即 Google 返回搜索结果且没有任何与恶意代码活动有关线索的，我们认为其属于合法域名。需要说明的是，Google 搜索引擎结果仅用于对本节失效 C&C 检测算法输出的结果进行验证、评估，并非检测算法的一部分。

　　图 3-14 显示了使用 Google 搜索引擎验证的结果。1090 个进行验证的告警域名中，191 个与已知的恶意软件存在关联；636 个没有得到任何搜索结果，被认为是目前未知的恶意软件域名；263 个域名被认为是正常的域名，属于本算法的误报。加上之前 DGA 域名组中的 2200 个恶意域名，本节的失效 C&C 域名检测算法告警的 3290 个域名中，3027

个为已知或疑似恶意软件 C&C 域名,检测算法的查准率为 92.0%。

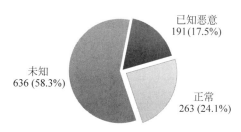

图 3-14　Google 验证结果

对于检测到的 3027 个恶意软件域名,我们统计其查询客户端数量。由于本节在 3.2.5 节设计的算法针对完全用于恶意软件 C&C 的域名,因此,请求了这些域名的客户端可认为已被恶意软件感染。在本书分析的校园网 DNS 流量中,总计有 249 个客户端 IP 地址受到上述恶意软件的影响,平均每天在线的客户端也有近 110 台(见图 3-15)。

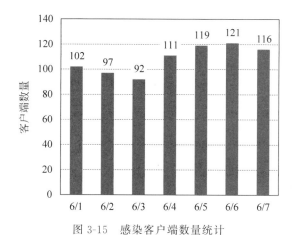

图 3-15　感染客户端数量统计

尽管这里检出的均为 C&C 域名已经失效的恶意软件,但活动在客户端机器上的恶意代码依然存在严重的危害:①恶意软件的控制通信或许已经失效,但蠕虫类型的恶意程序可能会继续在主机间传播;②恶意软件可能通过 Fail-over 机制,在一个 C&C 失效的情况下切换到其他控制信道[18];③失效的 C&C 域名可能被重新激活,或者被其他攻击者接管(Take-over)[19,20]。因此,通过本节的失效 C&C 检测算法,发现网络中被感染但可能暂时失去控制的受害主机,对提升网络环境安全具有重要的意义,并能有效弥补 C&C 协议分析和特征码检测等其他检测手段难以发现已失效恶意软件的缺陷。

为进一步分析失效 C&C 域名请求的特点,我们将检测到的 C&C 域名的平均尝试时间间隔的分布统计如图 3-16 所示,这里,我们不对 DGA 域名组中的大量相似域名重复计数。我们注意到,有约 50% 的恶意软件域名的失效重试时间为 900s(15min)左右,仅有不到 20% 的恶意软件域名有低于 15min 的重试,而有超过 10% 的恶意软件选择了大于 1h 的重试间隔。

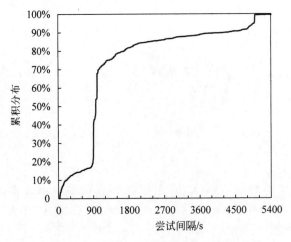

图 3-16　尝试时间间隔累积分布

　　大量的尝试间隔集中在 900s 附近并不出人意料，这个现象同样与操作系统有关。Windows 系统的 DNSCache 服务对否定回答默认缓存时间为 900s，这个行为由注册表 HKLM\SYSTEM\CurrentControlSet\Services\Dnscache\Parameters\ MaxNegativeCacheTtl 的值控制。因此，即使恶意程序的错误重试超时低于 900s，其失效 C&C 域名的解析也会被 Windows 从缓存中回答。

小　　结

　　本章介绍了利用僵尸网络在域名系统中的特征进行检测的两种方法，利用僵尸网络广泛使用 Fast-Flux 服务和容易产生失效 DNS 流量的特征，给出了两种检测算法，并详细描述了研究实验的过程，结合具体实验用例对这两种僵尸网络检测方法进行了直观的阐述。根据本章的内容，读者可以了解到利用 DNS 特征检测僵尸网络的可行性和 DNS 研究中常用的实验设计方法，有利于读者后续对于相关领域进行进一步的研究。

参 考 文 献

[1]　HOLZ T，GORECKI C，RIECK K，et al. Measuring and Detecting Fast-Flux Service Networks[C]. NDSS 2008：Proceedings of the 15th Annual Network and Distributed System Security Symposium，San Diego，CA，USA，2008.

[2]　CAMPBELL S，CHAN S，LEE J. Detection of Fast Flux Service Networks[C]. In Australasian Computer Science Week，Perth，Australia，2011.

[3]　SCHARRENBERG P. Analyzing Fast-Flux Service Networks[D]. Mannheim：University of Mannheim，2008.

[4]　PORRAS P，SAIDI H，YEGNESWARAN V. An Analysis of Conficker's Logic and Rendezvous Points[R/OL]. (2009-3-19)[2011-2-15]. http://mtc. sri. com/Conficker/.

[5]　PORRAS P，SAIDI H，YEGNESWARAN V. Conficker C Analysis[R/OL]. (2009-4-4)[2011-2-

15〕. http://mtc. sri. com/Conficker/addendumC/.

[6]　ZHU Z,YEGNESWARAN V,CHEN Y. Using Failure Information Analysis to Detect Enterprise Zombies[C]. In 5th International ICST Conference on Security and Privacy in Communication Networks,Athens,Greece,2009：185-206.

[7]　JIANG N,CAO J,JIN Y,et al. Identifying Suspicious Activities through DNS Failure Graph Analysis[C]. In 18th annual IEEE International Conference on Network Protocols,Kyoto,Japan,2010：144-153.

[8]　YADAV S,REDDY A L N. Winning with DNS Failures：Strategies for Faster Botnet Detection [C]. In 7th International ICST Conference on Security and Privacy in Communication Networks,London,UK,2011：446-459.

[9]　KALAFUT A J,GUPTA M,COLE C A,et al. An Empirical Study of Orphan DNS Servers in the Internet[C]. In 10th ACM SIGCOMM Conference on Internet Measurement,Melbourne,Australia,2010：308-314.

[10]　GAO H, YEGNESWARAN V, CHEN Y, et al. An Empirical Reexamination of Global DNS Behavior[C]. In ACM SIGCOMM 2013 Conference,Hong Kong,China,2013.

[11]　WANG K,HUANG C-Y,LIN S-J,et al. A Fuzzy Pattern-based Filtering Algorithm for Botnet Detection ［J］. Computer Networks：The International Journal of Computer and Telecommunications Networking,2011,55(15)：3275-3286.

[12]　MASRI K. DNS Clients and Timeouts(part 2)[R/OL]. (2011-12-14)[2013-6-29]. http://blogs. technet. com/b/stdqry/archive/2011/12/15/dns-clients-and-timeouts-part-2. aspx.

[13]　Microsoft. NET：DNS：DNS client resolution timeouts[DB/OL]. (2013-4-24）［2013-6-29]. http://support. microsoft. com/kb/2834226.

[14]　GIJSEN B. Analyzing DNSSec Client Behaviour[C]. In DNS-OARC Workshop,San Francisco,CA,USA,2011.

[15]　Sophos Ltd. W32/Patched-AG[DB/OL]. (2013-2-26)[2013-7-6]. http://www. sophos. com/en-us/threat-center/threat-analyses/viruses-and-spyware/W32～Patched-AG/detailed-analysis. aspx.

[16]　VirusTotal[CP/OL]. [2013-7-6]. https：//www. virustotal. com/.

[17]　ThreatExpert Ltd. ThreatExpert[CP/OL]. [2013-7-6]. http://www. threatexpert. com/.

[18]　NEUGSCHWANDTNER M,COMPARETTI P M,PLATZER C. Detecting Malware's Failover C&C Strategies with SQUEEZE[C]. In 27th Annual Computer Security Applications Conference,Orlando,FL,USA,2011：21-30.

[19]　STONE-GROSS B,COVA M,CAVALLARO L,et al. Your Botnet is My Botnet：Analysis of a Botnet Takeover[C]. In 16th ACM Conference on Computer and Communications Security,Chicago,Illinois,USA,2009：635-647.

[20]　DITTRICH D. So You Want to Take Over a Botnet...[C]. In 5th USENIX Workshop on Large-Scale Exploits and Emergent Threats,San Jose,CA,USA,2012.

第 4 章

僵尸网络 DGA 域名检测方法与实践

在僵尸网络与 C&C 服务器建立通信的过程中,往往会使用 DGA 算法生成域名,从而定位 C&C 服务器。目前越来越多的研究将僵尸网络检测的问题转为识别恶意 DGA 域名,良好的 DGA 恶意域名检测能力可以及时地封禁、注销恶意域名,阻断僵尸网络通信。本章将介绍多种主流的 DGA 恶意域名检测方法与应用,包括 DNS 图、知识图谱、图网络、F-SVM 等检测方法。

4.1 基于 DNS 图挖掘的恶意域名检测

本节将探索主机与域名的关系,利用来自 DNS 流量的信息构建 DNS 图模型,并设计基于 DNS 图的恶意软件挖掘算法。对图挖掘效果的评估将利用采集自上海交通大学 DNS 服务器的真实数据。

4.1.1 DNS 图的定义

定义 DNS 图为无向图 $G=(V,E)$。V 对应由主机和域名构成的集合,其中主机使用 IP 地址标识。$E \subseteq V \times V$ 为边的集合,代表主机和域名,以及域名和域名之间的联系。下面将根据不同的构造方法定义两类 DNS 图: DNS 查询响应图和被动 DNS 图。

1. DNS 查询响应图

利用递归 DNS 服务器客户端请求和响应流量,可以构建 DNS 查询响应图。DNS 查询响应图 $G_{QR}=(V,E)$,若客户端 cli 查询域名 d,则有边 $e_q=(v_{cli},v_d) \in E$ 表示 DNS 查询关系;域名 d 解析为 IP 地址集合 $\{addr_1, addr_2, \cdots, addr_N\}$,则有表示 DNS 响应的一组边 $\{e_{r_1}, e_{r_2}, \cdots, e_{r_N}\} \subseteq E$,其中,$e_{r_i}=(v_d, v_{addr_i})$,$i=1,2,\cdots,N$。

DNS 查询响应图的构造中,忽略域名解析中的 CNAME 链,而将请求域名 QNAME 和最终解析指向的 IP 地址进行联系,以直接确定主机 IP 地址和域名的关联。因此,DNS 查询响应图是一个二分图,顶点集 V 可以划分为不相交的子集 H 和 D,其中,H 中均为主机节点,而 D 中均为域名节点;E 中任意一条边 $e=(u,v)$ 所连接的两个顶点 u 和 v 分别属于 H 和 D 两个不同的顶点集。

2. 被动 DNS 图

被动 DNS 图仅利用 DNS 回答的资源记录构建,也可以利用被动 DNS 数据库产生。被动 DNS(Passive DNS)[1] 通过监听 DNS 流量,采集 DNS 中的数据或资源记录,在安全研究中有大量应用。ISC[2] 等多个组织实现和部署了被动 DNS。被动 DNS 的记录不含有客户端信息,可更好地保护用户隐私,因而容易得到普遍接受。

被动 DNS 图 $G_{PASV}=(V,E)$ 利用 A 记录和 CNAME 记录产生。对 A 记录的名称 d 和 RDATA 中的 IP 地址 addr,有对应的顶点 $v_d\in V$ 和 $v_{addr}\in V$,以及该记录对应的边 $e_{addr}=(v_d,v_{addr})\in E$。CNAME 记录在 G_{PASV} 中表示域名和域名之间的联系,即名称 d 及其规范名称 cname 节点之间有边 $e_{cname}=(v_d,v_{cname})\in E$ 连接。

为了更清楚地说明 DNS 查询响应图(简称 G_{QR})和被动 DNS 图(简称 G_{PASV})的构造方法,本节通过一个例子演示两种图的构造过程。

假设客户端 IP 地址为 1.2.3.4,向 DNS 请求域名 www.bing.com 并得到了如图 4-1(a) 所示的结果。DNS 查询响应图和被动 DNS 图分别为图 4-1(b)和图 4-1(c)。

在 G_{QR} 中,客户端 1.2.3.4 请求域名 www.bing.com 的事件产生了两节点间的一条边,而 www.bing.com 解析得到两个 IP 地址 124.40.41.15 和 124.40.41.17 也形成两条边。CNAME 作为域名解析的中间过程,在 G_{QR} 的构造中被忽略。

G_{PASV} 并非简单地从 G_{QR} 中隐去客户端节点。G_{PASV} 的构造完全依据 DNS 回答的资源记录。图 4-1(a)中回答的三条资源记录与 G_{PASV} 中三条边一一对应。在本节的实现中,G_{PASV} 仅考虑 A 记录和 CNAME 记录。作为未来的扩展,对 MX、SRV、NS、PTR 等记录也可以产生响应的边,并支持 AAAA 记录和 IPv6 地址。

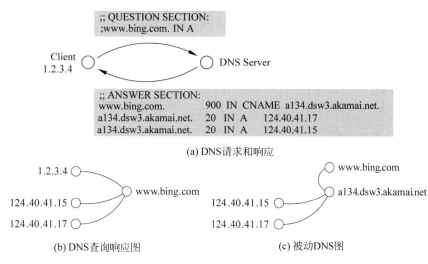

(a) DNS请求和响应

(b) DNS查询响应图　　　　　　　　(c) 被动DNS图

图 4-1　DNS 图构造示例

4.1.2　挖掘算法

为了实现基于 DNS 图的恶意软件挖掘,本节引入马尔可夫随机场模型,以扩展 DNS 图并标记各个节点(主机或域名)的声望。在马尔可夫随机场的基础上,本节应用置信传播算法,探索恶意软件主机与域名的关系,进行 DNS 图节点的声望推断评价。

1. 马尔可夫随机场

马尔可夫随机场(Markov Random Field,MRF)是由无向图描述的一组具有马尔可夫性质的随机变量。

形式上，一个 MRF 包含一个无向图 $G=(V,E)$，$V=\{1,2,\cdots,N\}$ 是顶点的集合，每个顶点对应一个随机变量 x_i，$i=1,2,\cdots,N$。顶点 i 的邻居节点集合记作 N_i，$j\in N_i$ 当且仅当 $(i,j)\in E$。MRF 满足如下局部特性：

$$\Pr(x_i\mid\{x_j\}_{j\in V\setminus i})=\Pr(x_i\mid\{x_j\}_{j\in N_i})$$

即顶点 i 的随机变量值 x_i 仅由其邻居节点决定，而与其他非邻居节点的随机变量无关。

将 MRF 模型应用于 DNS 图，为 DNS 图的每个顶点对应一个随机变量，表示顶点所代表的主机或域名的类别。依据恶意软件主机和域名检测的需要，定义标签集 $L=\{l_{good},l_{mal}\}$，顶点 i 随机变量 $x_i=l_{good}$ 则表示该顶点代表的主机或域名为正常，$x_i=l_{mal}$ 则表示为恶意软件感染主机、域名或 C&C 服务器。顶点的声望 $rep_i=\Pr(x_i=l_{good})$ 是一个 0～1 的值，表示该节点为正常的概率。

基于 DNS 图的挖掘算法，即给定 DNS 图、部分已知的顶点标签和顶点关系推断的函数，计算各个顶点的声望 rep_i。

2. 置信传播算法

"1. 马尔可夫随机场"中描述的顶点标签边缘概率计算问题是 NP 难的，直接计算边缘概率的方法耗时随顶点数量指数增长。置信传播（Belief Propagation，BP）[3] 算法通过启发式的方法，通过迭代的消息传递来近似计算边缘概率，其时间只随顶点数量线性增长。BP 算法目前广泛应用于人工智能、图像和编码领域。

消息传递算法的基本想法是图中的各个顶点告诉它的邻居，它认为它们的标签是什么，或者，更准确地来说，它的邻居具有某个标签的概率是多少。由于每个顶点的标签有 $|L|$ 种可能，因此，一个顶点 i 传递给邻居 j 的消息也有 $|L|$ 个。

首先，根据已有的经验，对每个顶点 i，给出 i 具有每种标签 x_i 的概率，用函数 $\phi_i(x_i)$，$x_i\in L$ 表示，这个函数称为顶点 i 的线索（evidence）。邻居节点之间的推断用函数 $\varphi_{ij}(x_i,x_j)=\Pr(x_i\mid x_j)$ 表示，即顶点 j 具有标签 x_j 的情况下顶点 i 具有标签 x_i 的概率。由于 MRF 是无向的，因此推断函数对于邻居节点 i,j 是对称的，即 $\varphi_{ij}(x_i,x_j)=\varphi_{ji}(x_j,x_i)$。算法的目标是计算每个节点具有各标签的边界概率，我们将算法得到的近似的边界概率称为 belief，记作 $b_i(x_i)$。

BP 算法的运作基于消息的传递，消息（message）是顶点 i 对其邻居 j 具有标签 x_j 的可能性的观点。将 i 传递给 j 的消息记作 $m_{ij}(x_j)$，如图 4-2 所示，消息的计算具体如下。任意一条边 $e_{ij}\in E$，对每种可能的标签，计算 $m_{ij}(x_j)$ 和 $m_{ji}(x_i)$。所有消息在每轮迭代中都被传递一次，消息传递的顺序可以是任意的。i 传递给 j 的消息根据来自 i 的其他邻居的消息计算产生，具体为

$$m_{ij}^t(x_j)\leftarrow\sum_{x_i\in L}\Big(\phi_i(x_i)\varphi_{ij}(x_i,x_j)\prod_{k\in N_i}m_{ki}^{t-1}(x_i)\Big)$$

$$m_{ki}^{t-1}(x_i)\longrightarrow \underset{i}{\bigcirc}\xrightarrow[\ m_{ij}^t(x_j)\ ]{\ \varphi_{ij}(x_i,x_j)\ }\underset{j}{\bigcirc}$$

图 4-2 消息传递示意

其中，N_i 为 i 的邻居顶点集合，m_{ki}^{t-1} 表示上一轮迭代中传递的消息。上式由于其形式，被称为 Sum-Product 算法。

利用这个方法，消息传递可以在所有边上并行进行，而在算法初始时，对所有的 $(u,v) \in E$，$x_v \in L$，消息 $m_{uv}^0(x_v)$ 首先被初始化。

在实践中，消息需要进行归一化，否则经过许多次消息传递之后，消息的值会溢出或下溢（逐渐变小并最终变成浮点精度范围下的"0"）。消息的归一化在接收消息的顶点进行，即使得

$$\sum_{x_j \in L} m_{ij}(x_j) = 1$$

每轮迭代，顶点的 belief 的计算基于其接收到的来自邻居的消息，具体为

$$b_i(x_i) = \frac{1}{Z_i} \phi_i(x_i) \prod_{j \in N_i} m_{ji}(x_i)$$

其中，Z_i 为归一化常数，因为顶点 i 各个标签的 belief 之和应该为 1。

BP 算法以根据已有经验为顶点设置的初始的 belief 开始，不断地迭代进行消息传递，直到顶点的 belief 收敛（变化小于一定的阈值），或者算法运行达到了迭代次数上限。尽管 BP 算法理论上对于一般的图并不保证能够收敛，但实践中 BP 算法的收敛速度通常都较快。

4.1.3　算法应用

1. 前提假定

DNS 图提供了客户端主机查询域名、域名解析到 IP 地址的关联关系。通过对恶意软件感染主机、恶意软件域名和 C&C 服务器三者关系的理解，直觉告诉我们，DNS 图中 IP 地址和域名之间边的连接代表了一种同质化的规律。

（1）被恶意软件感染的主机将自动请求恶意软件域名，而恶意软件域名通常只由被感染主机请求（感染主机/恶意域名关联）。

（2）恶意软件域名的 CNAME 及最终指向的 IP 地址为 C&C 服务器的地址，C&C 的 IP 地址通常不会有合法网站域名指向（恶意域名/C&C 服务器关联）。

（3）合法网站的域名通常指向合法的服务器 IP 地址或 CDN 服务，大型 CDN 服务通常只为合法网站（域名）提供服务，大型网站的 IP 范围内也不太可能出现恶意软件的 C&C（合法域名/合法服务器群关联）。

上述规律意味着 BP 算法的消息传递机制对基于 DNS 图的恶意软件挖掘的原理非常适用。恶意软件挖掘的目的是让被感染主机、恶意域名和 C&C 服务器 IP 地址具有一个较低的声望，或者说较高的概率 $\Pr(x_i = l_{mal})$，而合法域名、服务器及正常的主机具有较高的声望。上述三条规律在 BP 算法中依次对应以下三点。

（1）具有较低声望 rep_h 的受感染主机 h 向相邻的域名 d 传递消息，认为 d 有较高的概率标记为 l_{mal}；具有低声望 rep_d 的恶意域名向请求过它的客户端 h 传递消息，认为其可能被感染（属于标签 l_{mal}）。

（2）恶意域名 d_m 及与之相邻的 CNAME 域名 c_m 及服务器地址 s_m 之间传递的消息

表示它们均有较大的概率为 l_{mal} 标签。

（3）合法域名 d_g 及与之相邻的 CNAME 域名 c_g 及服务器地址 s_g 同属于标签 l_{good} 的概率更高。

在 BP 算法中，为了表示这种同质化的关系，需定义推断函数 $\varphi_{ij}(x_i, x_j)$，即条件概率 $\Pr(x_i \mid x_j)$。如图 4-3 所示，以矩阵形式表达推断函数，参数 ε 取值为 $0 < \varepsilon < 0.5$。

$\varphi_{ij}(x_i, x_j)$	$x_i = l_{\text{good}}$	$x_i = l_{\text{mal}}$
$x_j = l_{\text{good}}$	$0.5 + \varepsilon$	$0.5 - \varepsilon$
$x_j = l_{\text{mal}}$	$0.5 - \varepsilon$	$0.5 + \varepsilon$

图 4-3　推断概率矩阵

显然，与之前的三点假定的含义一致，推断概率矩阵的定义意味着与合法的节点（域名或主机）相邻的节点更有可能是合法的，而与恶意软件节点相邻的节点也更有可能是恶意的。在本节的实现中，ε 取较小的 $\varepsilon = 0.01$ 以区分概率的细微差别。

2. 先验知识与数据

先验知识为 DNS 图的部分顶点预先设定声望 rep_i，也就是具有标签 $x_i = l_{\text{good}}$ 和 $x_i = l_{\text{mal}}$ 的概率。这些先验知识作为 BP 算法的初始数据以帮助对其他"未知"节点的声望进行推断。对于没有相应先验知识的顶点，在初始时，其属于合法和恶意的概率相等，即 $\text{rep}_i = \Pr(x_i = l_{\text{good}}) = \Pr(x_i = l_{\text{mal}}) = 0.5$。而大于 0.5 的初始声望代表节点倾向于合法，而小于 0.5 的初始声望代表节点倾向于恶意。

依据基于 DNS 图的恶意软件挖掘的需求，本节采集针对域名和主机 IP 地址的两类先验知识作为 BP 算法的初始。

1）域名先验知识

本节采用的域名先验知识包括一系列已知合法的域名、一系列已知恶意的域名，以及基于 Alexa 排名和免费动态域名后缀的域名声望评价。

已知的恶意域名的来源包括 DNS-BH[4] 和 MDL[5] 等互联网上公开发布提供下载的恶意软件域名列表、ATLAS[6] 网站上列举的 Fast-Flux 域名，以及 abuse.ch 追踪的 Zeus[7]、Palevo[8] 和 SpyEye[9] 恶意软件的 C&C 域名。对于国内恶意软件，本节也采用了 CNCERT/CC[10] 和 ANVA[11]（中国反网络病毒联盟）等国内机构报告的恶意域名。我们注意到部分黑名单中列举的域名并非恶意软件 C&C 的域名，也包括传播恶意软件的 Web 站点域名，但考虑到恶意代码托管的站点域名同样与主机感染和恶意服务器（或被入侵和非法利用的服务器）存在关联，因此这种情况下本节的恶意域名挖掘算法同样适用。对于黑名单中的恶意域名，初始声望设为 0.01。

另一方面，本节在实验中采集了动态域名提供商 No-IP[12]、DynDNS[13] 和国内的 3322.org[14] 提供的免费域名后缀，以及在安全报告中被指出常为恶意软件作者所利用的 ccTLD 的名单，作为可疑域名的线索。依据后缀和 ccTLD 的滥用程度，其初始声望评分为 $0.35 \sim 0.48$。

在合法域名部分，本节采用 Alexa 排名数据作为依据。对于 Alexa 排名前 100 的域名，认为是已知合法的域名，并赋予初始声望 0.99。Alexa 排名 $101 \sim 10\ 000$ 的域名，本节利用一个非线性的映射函数，将其依据排名赋予一个倾向于合法的声望值。Alexa 声望评价函数的映射关系如图 4-4 所示，Alexa 排名越靠后的域名，其初始声望趋近于 0.5

（未知状态）。

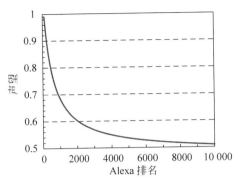

图 4-4　Alexa 声望评价函数

值得一提的是，我们使恶意域名先验知识的优先级高于合法域名数据，以考虑 Alexa 排名较高的域名下部分提供子域名注册的服务可能被恶意软件利用。

2）主机先验知识

主机先验知识的原理与域名类似，我们采集一系列已知合法和已知恶意软件服务器的 IP 地址，并用于顶点初始声望的评判。

abuse. ch 的 Zeus、Palevo 和 SpyEye 追踪系统[7-9]在提供 C&C 域名列表的同时，也提供了 C&C 服务器 IP 地址的列表。MDL[5]也提供了活跃 IP 地址的黑名单下载。Spamhaus 的 DROP(Don't Route Or Peer)[15]黑名单，包含被网络犯罪集团劫持和控制的网段。这些黑名单 IP 地址和 IP 段被用于标识已知恶意的主机节点，初始声望设为 0.01。

OpenBL. org[16]项目检测、记录并报告多种类型互联网攻击，如 FTP、SSH、POP3、SMTP 和 IMAP 的密码穷举，以及 HTTP 和 HTTPS 的漏洞扫描行为。与之类似地，BruteForceBlocker[17]记录了 SSH 密码穷举的攻击者 IP 地址。本节将此类攻击者 IP 地址用于低声望($0.01 < rep < 0.5$)的线索。

在已知合法的主机地址方面，本节将 Google、Microsoft 的 IP 地址段列为已知合法。Google 和 Microsoft 的 IP 地址范围可以通过 DNS 的 SPF(Sender Policy Framework)[18]记录等途径获得。图 4-5 显示了 Google 提供的 SPF 记录中列举的 Google IP 地址范围（网段）。对于位于两大公司 IP 地址段内的主机节点，初始声望设为 0.99。

```
_spf.google.com.        300  IN TXT "v=spf1 include:_netblocks.google.com
                        include:_netblocks2.google.com
                        include:_netblocks3.google.com ?all"

_netblocks.google.com. 3600 IN TXT "v=spf1 ip4:216.239.32.0/19 ip4:64.233.160.0/19
                        ip4:66.249.80.0/20 ip4:72.14.192.0/18 ip4:209.85.128.0/17
                        ip4:66.102.0.0/20 ip4:74.125.0.0/16 ip4:64.18.0.0/20
                        ip4:207.126.144.0/20 ip4:173.194.0.0/16 ?all"

_netblocks2.google.com. 3600 IN TXT "v=spf1 ip6:2001:4860:4000::/36 ip6:2404:6800:4000::/36
                        ip6:2607:f8b0:4000::/36 ip6:2800:3f0:4000::/36
                        ip6:2a00:1450:4000::/36 ip6:2c0f:fb50:4000::/36 ?all"

_netblocks3.google.com. 3600 IN TXT "v=spf1 ?all"
```

图 4-5　Google SPF 记录

4.1.4　算法实现

由于 DNS 所承载的数据量巨大,本节实验采用校园网真实流量构建的 DNS 图的顶点数为千万数量级,因而,基于 DNS 图的挖掘算法的实现效率至关重要。根据 4.1.2 节对 BP 算法的分析,其消息传递过程易于并行化处理,因而,在算法实现中采用并行计算框架。

MapReduce[19] 是目前使用最广泛的并行计算框架,众多机器学习算法都有基于 MapReduce 的实现。但 MapReduce 的数据并行化方式,对于数据间存在依赖关系的情况难以处理,这个局限性使得结构化模型(如图模型)上的算法难以用 MapReduce 的形式表达。与此同时,尽管 MapReduce 程序可以迭代运行,但其本身并没有机制来编写迭代算法。

GraphLab[20] 和 Pregel[21] 等框架是针对图模型设计的并行计算框架。Pregel 基于整体同步并行(Bulk Synchronous Parallel,BSP)计算模型,采用以顶点为中心的方式,将算法描述为一系列的迭代,每轮迭代中,顶点收到上一轮迭代中发送的消息,更新自身和出边(outgoing edge)的状态,并进行本轮的消息发送。Pregel 的并行体现在,在一轮迭代中,所有顶点的计算函数执行是并行的。GraphLab 指出 Pregel 采用的 BSP 设计存在一系列低效率的问题。GraphLab 采用异步设计,同时引入保证一致性的机制,使其性能优于 Pregel。分布式的 GraphLab 设计进一步将 Update 函数分解为 Gather、Apply 和 Scatter 三个阶段,达到更高的并行度,并且其实现支持在多个节点上分布式计算。

本节的算法实现基于分布式版本的 GraphLab。GraphLab 所包含的图形模型工具集的结构化预测程序提供了一个 Loopy BP(带圈的置信传播)算法的实现。BP 算法在分布式 GraphLab 的框架下,分解为 Gather、Apply 和 Scatter 三个函数,分别进行消息接收、belief 计算和消息发送步骤。由于 GraphLab 对消息收集提供 Sum 和 Max 两种类型操作,因此,GraphLab 中 BP 算法的运算均在对数空间(Log-space)里进行,从而将 belief 计算时的连乘转换为消息求和。

4.1.5　实践效果评估

为了评估本节提出的基于 DNS 图的恶意软件挖掘算法的效果,利用上海交通大学校园网 DNS 服务器的流量,构建 DNS 查询响应图和被动 DNS 图,并在其基础上,分别评估基于置信传播的检测算法的检测效果和运算效率。

1. 数据采集

本节数据采集所使用的 DNS 流量包含上海交通大学网络中心的 5 台 DNS 服务器的镜像流量,每日处理的 DNS 请求超过 2.5 亿次(平均约 3000QPS)。

为了在实时流量上构建 DNS 图,我们编写了程序直接将监测到的 DNS 请求和应答数据以顶点和边的形式存储到数据库中,即记录顶点⟨vid, vtype, vname⟩的集合和边

〈vid$_1$,vid$_2$〉的集合,其中,vtype 标识该顶点的类型为域名还是主机,vname 则为该顶点的域名或主机 IP 地址。对于新增的域名或 IP 地址,产生一个新的顶点记录并自动分配顶点编号 vid。由于 DNS 图是无向的,为了在实时生成中保证不会产生重边,程序对于边记录中的顶点编号规定了 vid$_1$<vid$_2$。

产生 DNS 查询响应图的流量监测连续进行了 7 天。通过记录 7 天内的所有 DNS 查询和域名解析结果,产生的 DNS 查询响应图包含 9 335 270 个顶点和 102 004 729 条边。在流量记录过程中,考虑到 DNS 递归服务器会对所有的客户端请求都给予响应,并且响应数据包的问题段复制了查询报文的问题,因此,为了提高流量处理的效率,我们的程序仅需要分析 DNS 回答报文。

为了得到更完整、全面的 DNS 数据观测结果,被动 DNS 图的采集进行了长达 3 个月的时间。被动 DNS 图的采集结果共产生 19 340 820 个顶点和 24 277 564 条边。通过与 DNS 查询响应图的简单比较可以发现,被动 DNS 图明显较为稀疏,可以理解为一个客户端节点请求的域名平均数量要远多于一个服务器地址上映射的域名平均数量。

表 4-1 为采集的两个 DNS 图的统计信息,其中数据库尺寸为该图存储于 MySQL 数据库中所占用的数据尺寸(不含索引),而图文件则为边列表文件和顶点权重文件(不含域名和 IP 地址字符串)。

表 4-1　DNS 图统计

	DNS 查询响应图	被动 DNS 图
采集时间	7 天	约 3 个月
顶点数	9 335 270	19 340 820
边数	102 004 729	24 277 564
数据库尺寸	1004MB	1235MB
图文件尺寸	1373MB	672MB

2. 评估方法

对于数据节采集产生的 DNS 查询响应图和被动 DNS 图,首先利用 4.1.3 节的域名和主机先验知识对其顶点标注初始声望。

DNS 查询响应图、被动 DNS 图的域名和主机顶点数量,以及初始声望标记结果统计如表 4-2 所示。DNS 查询响应图中 22.8% 的顶点和被动 DNS 图中 31.9% 的顶点,属于 4.1.3 节中黑白名单和声望数据的覆盖范围。而在初始声望不为 0.5 的顶点中,仅 1/4 为已知黑名单或白名单中的节点(初始声望 0.01 或 0.99)。该结果表明,4.1.3 节的先验知识数据集具有较高的覆盖范围,对 DNS 图的初始标记效果理想。同时,DNS 图中又有超过 90% 的节点是已知黑白名单以外的,因此,本节算法对其进行检测和判断在现实中有积极的意义。

表 4-2　顶点初始声望统计

(a) DNS 查询响应图

类别	初始声望	主机	域名	合计
白名单	0.99	6047	486 026	492 073
好声望	$0.5 < rep < 0.99$	0	1 264 835	1 264 835
未知	0.5	1 599 724	5 604 221	7 203 945
坏声望	$0.01 < rep < 0.5$	11 612	343 270	354 882
黑名单	0.01	1412	18 123	19 535
总计		1 618 795	7 716 475	9 335 270

(b) 被动 DNS 图

类别	初始声望	主机	域名	合计
白名单	0.99	10 236	1 561 571	1 571 807
好声望	$0.5 < rep < 0.99$	0	3 054 734	3 054 734
未知	0.5	3 456 157	9 712 161	13 168 318
坏声望	$0.01 < rep < 0.5$	24 965	1 497 372	1 522 337
黑名单	0.01	2142	21 482	23 624
总计		3 493 500	15 847 320	19 340 820

这里以检出率(True Positive, TP)和误报率(False Positive, FP)作为评价本节检测算法的标准。为了准确评估算法的检测效果,对检测算法采用十折交叉验证(10-fold Cross Validation)的方法进行测试。即将黑名单和白名单中的顶点随机分为 10 份,进行 10 轮置信传播运算,在每一轮中,10 份已知顶点中取其中一份作为测试集。对于测试集,并不会将其顶点直接从 DNS 图中移除,而是将其初始声望重新设置为 0.5(未知状态),然后在 BP 算法完成之后,以这些测试集中已知合法和恶意顶点的声望计算结果(即 BP 算法得到的 belief),设定区分合法和恶意顶点的阈值,并评估检出率和误报率。

由于算法的运行效率也是一个重要的指标,所以有必要说明实验的运行环境。执行基于 GraphLab 的 BP 算法的机器上运行 64 位 Linux 操作系统(Ubuntu 11.10),GraphLab 版本为 2.1.4434。从 4.1.3 节取参数 $\varepsilon = 0.01$,即对应 GraphLab 对数空间的 smoothing ≈ 4.6。BP 算法收敛阈值为 0.005,即不断迭代,直到

$$\sum_{x_j \in L} |\lg(m_{ij}^t(x_j)) - \lg(m_{ij}^{t-1}(x_j))| \leqslant 0.005$$

实验使用的机器配置有两个 Intel 至强 E5620 处理器,每个处理器有 4 个内核且支持超线程技术,时钟频率为 2.4GHz,物理内存总计 24GB。这里在单个主机上运行 GraphLab,使用 16 个线程并行计算。

3. 检测效果评估

采用十折交叉验证,分别计算测试集的顶点声望推断结果,然后基于声望值设定阈值进行合法和恶意软件节点的分类。将选定的阈值记为 Thre,则对于 BP 算法推

断得到的 belief(即声望 rep_i)＜Thre 的节点,我们将其判定为恶意软件节点,即被恶意软件感染,或者是恶意软件域名和 C&C 服务器。声望 rep_i≥Thre 的节点判定为正常节点。

　　由于阈值的选取是可变的,因此,检测算法能够在检出率和误报率之间进行权衡取舍,即为了取得较高的检出率而容忍误报增加,或者为了降低误报而牺牲检出率。ROC(Receiver Operating Characteristic)曲线以误报率为横轴,检出率为纵轴,反映了在不同阈值选取时的判定效果。我们将基于 DNS 查询响应图和被动 DNS 图检测的 ROC 曲线绘制如图 4-6(a)所示。ROC 曲线下方的区域(Area Under the Curve,AUC)面积越大,表示算法应用效果越好。ROC 曲线显示基于被动 DNS 图的整体检测效果要优于基于 DNS 查询响应图的结果。

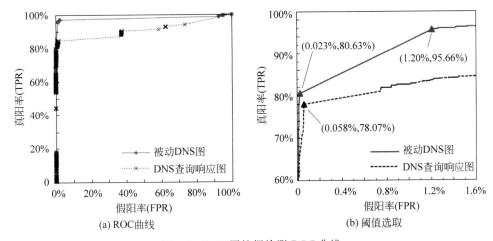

图 4-6　DNS 图挖掘检测 ROC 曲线

　　基于 ROC 曲线,我们可以根据不同的应用需求,平衡检出率和误报率,选取合适的阈值。我们将 ROC 曲线左上角部分放大显示在图 4-6(b)中,并标注了几个本节认为最理想的检出率和误报率组合。

　　对于 DNS 查询响应图,算法能够在 0.058％误报率下,取得 78.07％的检出率(阈值 Thre=0.5),继续提高误报率的容忍度并不显著提高检出率(1.0％的误报率下为 82.9％),因此,本节认为对于 DNS 查询响应图,Thre=0.5 为最佳的选择。0.058％的低误报率对于直接应用于实际的检测系统也能够完全满足需求,而接近 80％的检出率也能够有效捕获大多数的恶意软件威胁。

　　对于被动 DNS 图,我们给出了两种权衡结果。当本节的图挖掘算法应用于独立的检测时,通常要求很低的误报,以减少对正常应用的干扰。选取 Thre=0.5 时,被动 DNS 图检测取得了 80.63％的检出率,而误报率仅为 0.023％,效果优于 DNS 查询响应图。在另一种应用场景,即将本节算法用于声望评价系统,此时对误报率则可以放宽要求,一般情况下允许 1％左右的误报,因为声望系统通常结合其他检测机制加以配合,来消除声望评价中的误判。在这种需求下,本节选取 Thre=0.5176,能够在 1.20％的误报率下,将检出率提升到 95.66％。

DNS 图中的节点分为主机和域名两种类型,在之前的评价中,两者以相同的阈值进行判定。为了研究两类节点在声望推断中的差别,我们为 DNS 查询响应图和被动 DNS 图中的域名和主机节点分别绘制 ROC 曲线,结果如图 4-7 所示。从 ROC 曲线可以看到,域名节点的声望评价和主机相比更为准确。

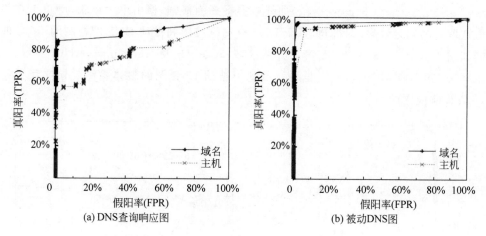

图 4-7 主机与域名对比 ROC 曲线

从三个角度对上述结果进行如下分析。

(1) 通过对误报和漏检(False Negative)的分析,我们总结了造成判定错误的主要原因。大部分误报和漏检的节点,在 BP 算法完成之后其推断的声望仍为 0.5。造成这个现象的原因是,与这些节点连通的节点均没有被作为先验知识的黑白名单或声望数据覆盖,因而,经过多轮的消息传递,其所在的连通分支中的所有节点声望始终保持为 0.5 不变。这也解释了为何在低误报条件下我们选取的阈值均为 Thre＝0.5,因为当阈值设定超过 0.5 时,大量未被有效评价的合法节点将成为误报。我们注意到,这个现象在被动 DNS 图中尤为明显,其主要原因如前面所提到的,被动 DNS 图相比较 DNS 查询响应图而言更为稀疏,缺少客户端查询的大量关联使得部分节点的声望未能得到有效传递。

(2) 对比 DNS 查询响应图和被动 DNS 图的结果,我们分析 DNS 查询响应图表现相对较弱的原因。DNS 查询响应图包含大量的客户端主机信息,被恶意软件感染的客户端虽然会自动请求恶意软件域名,但其同时也查询大量合法的域名,且请求的合法域名数量远远大于恶意域名数量。因此,置信传播的结果可能倾向于使这些客户端节点成为合法节点,这解释了为什么 DNS 查询响应图的主机检测效果与域名存在较大差距。同时,客户端主机的引入使得恶意和合法域名之间增强了关联,对域名部分的检测也造成了一定的干扰。

(3) 对比主机和域名检测的结果,我们解答为何主机检测在两个 DNS 图上均弱于域名的问题。本节分析认为造成主机检测效果偏弱的重要原因在于先验知识的选取。注意到表 4-2 对先验知识的统计，本节选用的先验知识中没有"好声望"的 IP 地址，而 IP 地址白名单也只包含 Microsoft 和 Google 的 IP 地址段，覆盖范围过小，因而对 IP 地址的检测存在很大的局限性。作为可能的改进措施，必须扩大合法 IP 地址的数据来源，例如，将 Alexa 排名前 100 的域名解析结果均纳入合法 IP 地址范围，可有效改善 IP 地址检测偏弱的情况。

4. 运算效率评估

由于算法的性能也是一个重要的指标，本节测试了基于 GraphLab 的 BP 算法在之前所述的实验环境中的运行速度，总结如表 4-3 所示。

表 4-3　性能测试结果

	DNS 查询响应图	被动 DNS 图
顶点数	9 335 270	19 340 820
边数	102 004 729	24 277 564
Update 次数	35 994 145	61 199 201
内存使用	21 944MB	10 310MB
运行时间	496.5s	111.9s

DNS 查询响应图的置信传播计算耗时约为 8min，内存消耗为 21.4GB，而被动 DNS 图的挖掘仅耗时不到 2min，内存使用为 10.0GB。GraphLab 支持并行计算，而本节实验所使用的服务器具有 16 个逻辑处理器，因而采用 16 线程的并行计算，效率得以显著提升，DNS 图的挖掘能够在短短数分钟内即完成运算，证明了本节所选用算法及其实现具有卓越的效率，并且易于扩展到更大规模的 DNS 图的挖掘。

另一方面，本节算法实现的良好性能得益于 GraphLab 的运算全部在内存中进行，即将整个图加载到物理内存中。实验中 10~20GB 的内存使用量对目前主流的服务器不存在问题，但当 DNS 图的尺寸增长到使其无法全部容纳进内存时，则需要考虑基于磁盘的图挖掘实现。幸运的是，从 GraphLab 项目衍生出来的 GraphChi 就提供了一套基于磁盘的大规模图计算框架，并且与 GraphLab 的 API 基本兼容。GraphChi 解决了磁盘随机存取的困难，实验证明，其在一台主机上就能够解决其他需大型分布式系统处理的大数据量运算，并且性能也达到了与分布式系统可比的水平。

5. 实际应用

本节的评估基于十折交叉验证，检出率和误报率的计算基于已知合法和恶意的黑白名单节点。接着，将利用全部的先验知识数据进行声望推断。

首先，测试基于 DNS 查询响应图的实际检测效果，以评估声望评价算法在现实中的作用。选取 DNS 查询响应图的原因在于，它不仅能够实现对恶意软件域名及 C&C 服务器的检测，同时能够识别本地网络里被恶意软件感染的受害客户端，对网络管理的意义更大。

根据检测效果评估的结果，在基于 DNS 查询响应图的实际检测中，选取的判定阈值为 Thre=0.5。我们计算了判定为合法和恶意的节点数量,统计如表 4-4 所示。在 DNS 查询响应图中,图挖掘算法总共检测到 88 592 台主机为恶意软件感染主机或控制服务器,占所有主机节点的 5.47%。同时,117 971 个域名被认为与恶意软件活动有关,占全部域名的 1.53%。

表 4-4   实际检测结果

检 测 分 类	主　　机	域　　　名	合　　计
恶意	88 592	117 971	206 563
合法	1 530 203	7 598 504	9 128 707

在推断声望前,没有被先验知识覆盖的节点称为"未知"节点,其初始声望值为 0.5。图 4-8 显示了未知节点经过挖掘算法之后的声望分布。

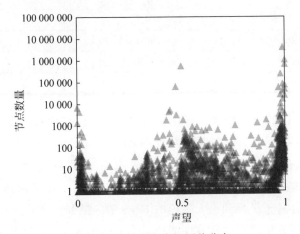

图 4-8   未知节点声望评价分布

DNS 查询响应图中,初始时未被先验知识覆盖的节点共计 7 203 945 个,在声望推断后,6 651 349 个顶点(92.3%)获得了声望评价,即声望评价算法输出不为 0.5。该结果表明,在我们的 DNS 查询响应图上运行置信传播算法,能够为绝大多数的未知节点进行有效的声望推断。其中,未知节点被判为合法的有 6 552 754 个,而被判为恶意的有 98 595 个,占全部未知节点的 1.37%。

被动 DNS 图在实际应用中,更适合探索 DNS 内部的数据结构和关联,因为被动 DNS 图中不包含客户端请求的信息,而仅由 DNS 的资源记录构建。

由于被动 DNS 图中的主机节点全部为域名解析结果中的服务器 IP 地址,而不包含本地请求的客户端,可根据被动 DNS 图中的主机判定结果,绘制恶意软件控制服务器的分布。同时,由于被动 DNS 图中的域名节点,必须在存在有效资源记录时才会产生,不像 DNS 查询响应图那样包含不存在的域名或无效域名,因此,我们根据被动 DNS 图的挖掘结果,也可以更加准确地了解恶意软件域名的 TLD 分布(见图 4-9)。

IP 地址到国家和城市以及经纬度的映射使用 GeoLite City 数据库,分析显示,美国、

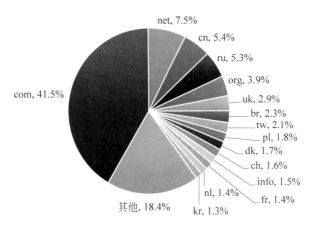

图 4-9　恶意软件域名 TLD 分布

中国和俄罗斯是本节检测到恶意软件服务器数量最多的国家。而对恶意域名 TLD 的分析显示,com 仍为攻击者最常使用的 TLD(41.5％),其次为 net、cn、ru 和 org。同时,为了降低成本,恶意软件作者经常使用注册费用较低的国家和地区的 ccTLD。我们发现紧接着上述 5 个 TLD 之后的一系列 ccTLD,其中分布的恶意域名数量普遍较为平均,我们认为这个现象是由于 Domain-Flux 恶意软件造成的。尽管 DGA 生成的域名,大部分都不会被恶意软件作者注册,因为他们只需保证其中有至少一个是有效的,即可让恶意程序找到 C&C 服务器。但是,互联网安全机构部署的 Sinkhole 会将 Conficker 等知名僵尸网络的 DGA 域名"劫持"到一个特定的服务器,用于统计和追踪感染数量。以 Conficker 为例,在 DNS 图中,CNCERT/CC 部署的 Conficker Sinkhole IP 地址 221.8.69.25 即有 3887 个域名指向,全部为 Conficker 随机生成域名中.cn 后缀的域名。国外的 Conficker Sinkhole IP 地址 149.20.56.32、149.20.56.33 和 149.20.56.34 则有多达 58 216 个域名与之关联。

Fast-Flux 类型的僵尸网络也是被动 DNS 图中非常特殊的一类群体。其主要形式表现为一个或多个域名与大量的主机节点相连,而同一个 FFSN 中的多个 Fast-Flux 域名所映射的 IP 地址集合存在较大的重合。例如,被动 DNS 图中检测到的一个 FFSN 连通分量,具有 161 个域名和 938 个 IP 地址,而连接这些域名和 IP 地址的边的数量多达 46 039 条,即平均每个域名关联的 IP 地址达 286 个。

我们选取了另一个节点数较少的 FFSN,以便将其节点关系可视化,结果如图 4-10 所示。该组域名的目的显然是发布减肥食品广告或欺诈信息,其节点声望评价结果均小于 10^{-9}。图的上部为恶意域名与 FFSN 主机的关联,而下部则为域名 NS,表明该 FFSN 属于 Double-Flux 类型,且域名 NS 的 IP 地址与 Fast-Flux 域名 A 记录的 IP 存在重叠。

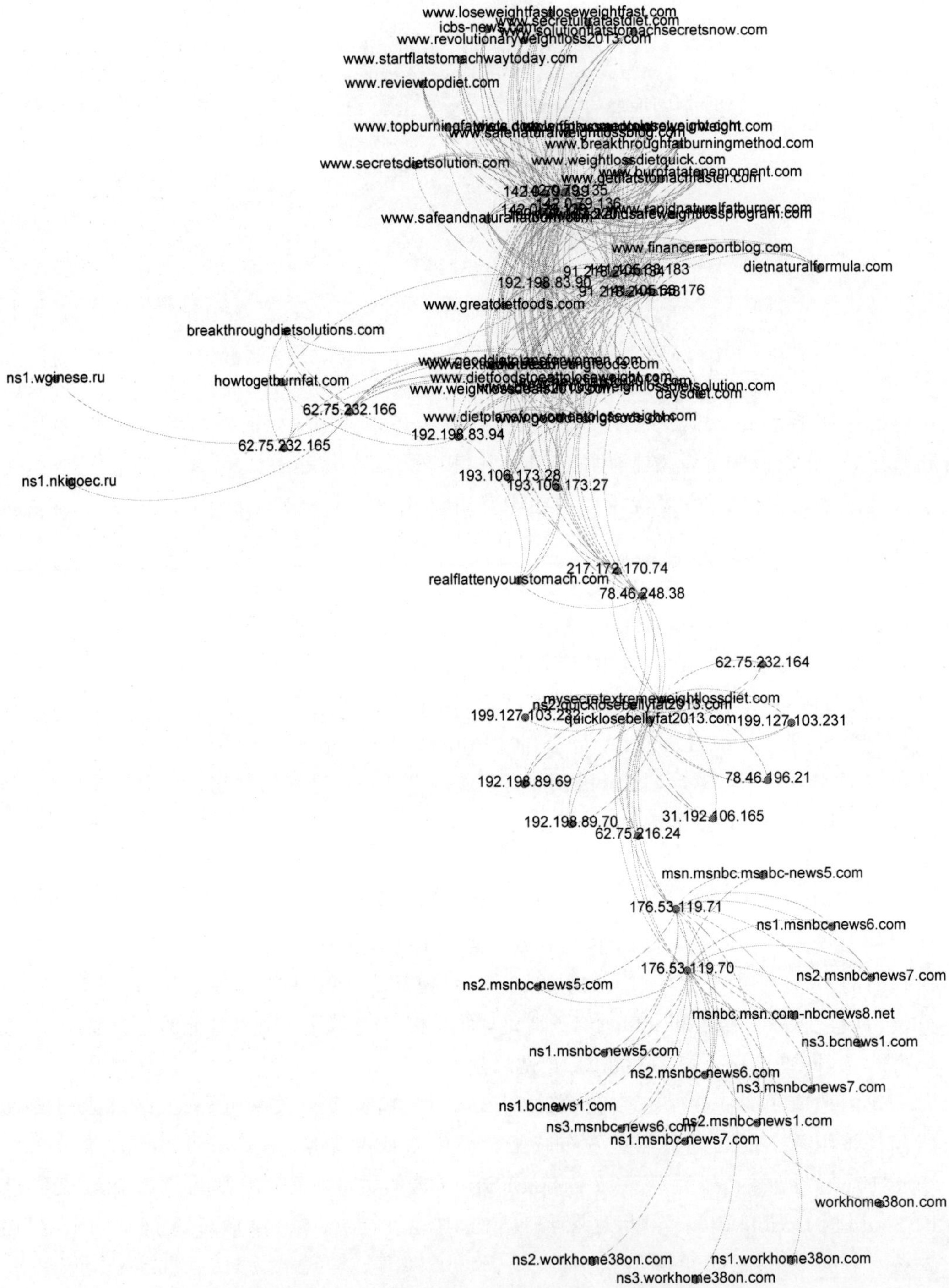

图 4-10　Fast-Flux 服务网络结构可视化

4.2　基于知识图谱的 DGA 恶意域名检测

本节主要阐述基于知识图谱的恶意域名检测模型,首先将会对于 DNS 知识图谱的建立进行介绍,之后会设计恶意域名检测算法,最后进行整合完成整个恶意域名检测模型。

4.2.1　DNS 知识图谱

DNS 知识图谱表示基础也是三元组,表示方法为 $G=(E,R,S)$,其中,E 是其中的实体集合,R 是关系集合,$S \subseteq E \times R \times E$ 为 DNS 知识图谱中的三元组集合。我们通过不同数据的构造方法建立不同类型的子图并最终建立连接完成 DNS 知识图谱的构建。

1. DNS 域名分层图

利用域名的本身特性,可以构建 DNS 域名分层图。DNS 域名由顶级域名作为根部,二级域名、三级域名等作为叶子节点,形成类似树状的结构。借鉴这一思想方法,将顶级域名、一级域名、二级域名等都作为实体,将关系定义为子域名,具体如图 4-11 所示。

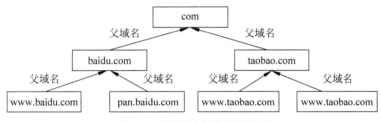

图 4-11　DNS 域名分层图示例

在图 4-11 中,列举了 baidu 和 taobao 两个域名的例子,顶级域名为 com,com 作为实体单独存在,所有的子域名都作为实体存在,图中的关系为父域名,图 4-11 中可以得出类似(pan. baidu. com,父域名,baidu. com)这样形式的三元组,由这样的三元组集合组成了整个 DNS 域名分层图。这里定义三元组 $G=(E,R,S)$,E 为域名,R 为关系(父域名),S 为 E 的上级域名。

2. DNS 流图

在 DNS 查询与响应的过程中,通常有两种类型的图受到研究人员的关注,一种是利用 DNS 信息请求以及相应的 DNS 查询响应图,DNS 查询响应图主要基于请求 IP、请求域名以及返回 IP 地址,另外一种则是被动 DNS 图,被动 DNS 图主要应用 DNS 响应进行构建。

1) DNS 查询响应图

DNS 查询响应图的定义为对于 DNS 查询请求,有客户端 IP 地址 A,查询域名 D,返回的集合为一组 IP 地址 S,其中每个 IP 地址为 s_i,其中,$i=1,2,\cdots,N$,N 为 S 中的 IP 地址数目,有边 $e=(A,D)$ 表示查询请求,有边集合 $ER=(D,S)$ 表示查询域名对应的返回值。

在 DNS 查询响应图当中,有一点较为重要就是消除了 CNAME 参数的影响,只做 DNS 查询域名的最终返回情况,即将查询域名与最终返回的 IP 地址进行直接关联。从本质上而言,DNS 查询响应图作为一个二分图不太符合知识图谱的基本数据模型结构,难以直接进行使用。

2）被动 DNS 图

被动 DNS 图的目的在于减少查询部分的内容,主要是查询的 IP 地址以及 DNS 流量协议中的一些相关隐私数据,所以被动 DNS 更容易被人们所接受。被动 DNS 在安全研究中有大量应用,ISC 等多个组织已经将被动 DNS 作为记录资源的手段。

对于 DNS 响应信息包括 A 记录返回的 IP 地址以及 CNAME 记录返回的域名别名,有查询域名 D,响应信息返回的别名 C,以及通过查询别名返回的 IP 地址集合 S,其中每个 IP 地址为 $s_i,i=1,2,\cdots,N$,N 为 S 中的 IP 地址数目,有边 $e=(D,C)$ 表示域名别名,有边集合 $ER=(C,S)$ 表示别名对应的返回值。有一点需要注意的是,域名别名并不一定经过一跳的别名就可以获取真正对应的 IP 地址,所以 CNAME 可能将会由一个集合所表示。

如图 4-12 所示,图 4-12(a)表示的是 DNS 查询响应图示例,图 4-12(b)为被动 DNS 图示例。图中假设客户端 IP 地址为 127.0.0.1,查询域名为 www.abc.com,查询域名的别名为 cde.bcd.net,域名所对应的 IP 地址为 127.0.0.2 以及 127.0.0.3。

(a) DNS查询响应图示例　　　　　　　　(b) 被动DNS图

图 4-12　DNS 相关图

在 DNS 查询响应图中,127.0.0.1 查询 www.abc.com 产生了一条边,www.abc.com 响应返回的 IP 地址集合{127.0.0.2,127.0.0.3}则产生了另外两条边,在图中可以明显看到不存在 CNAME 的部分,即 cde.bcd.net 的别名未放入 DNS 查询响应图。

在被动 DNS 图中,www.abc.com 与其别名 cde.bcd.net 产生了一条边,别名与其返回结果 IP 地址集合{127.0.0.2,127.0.0.3}产生了另外两条边,在图中客户端的 IP 被隐藏,信息得到了一定的保护。

然而 DNS 查询响应图以及被动 DNS 图,都有着 DNS 解析过程以及结构不太完整的缺陷,难以很好地动态呈现整个 DNS 解析的过程,所以必须考虑一种新的构建方式来对接知识图谱系统的需求。

同时借鉴 DNS 查询响应图以及被动 DNS 图两者的优点,DNS 流图的框架如图 4-13 所示。

图 4-13　DNS 流图框架

DNS 流图的头实体为客户端 IP，尾实体为所查询域名的最终返回地址集合，而头尾实体之间则由一对或者多对查询流、响应流所组成。这是由于 DNS 在查询过程中可能经过多跳才能获取真正对应的 IP 地址。DNS 流图从宏观上看可以认为是将 DNS 查询响应图与被动 DNS 图相结合，并且对于 DNS 解析全流程进行了深度挖掘。为了便于理解，将使用真实数据为例，有以下过程对于 tvax4. sinaimg. cn 进行请求，返回别名 tvaxweibo. gslb. sinaedge. com，通过此别名还将会返回别名 tvaxweibo. grid. sinaedge. com，再通过此别名返回新的别名 tvax. sinaimg. cn. wsglb0. com，最终返回 IP 地址，将上述过程转换为 DNS 流图时各个模块依次为客户端 IP、请求流（tvax4. sinaimg. cn）、响应流（tvaxweibo. gslb. sinaedge. com）、请求流（tvaxweibo. gslb. sinaedge. com）、响应流（tvaxweibo. grid. sinaedge. com）、请求流（tvaxweibo. grid. sinaedge. com）、响应流（tvax. sinaimg. cn. wsglb0. com）、请求流（tvax. sinaimg. cn. wsglb0. com）、IP 地址。然而对于知识图谱而言，数据模型的主体仍旧为三元组，下面将会对其中一些细节进行定义。

首先，对于客户端与查询流之间，这里定义三元组 $G=(E,R,S)$，E 为客户端 IP 地址，R 为关系（发起），S 为查询流，具体示例如图 4-14 所示。

其次，对于查询流与响应流之间，同样定义三元组 $G=(E,R,S)$，E 为查询流，R 为关系（返回响应），S 为响应流，具体示例如图 4-15 所示。

图 4-14　客户端与查询流三元组示例图　　　　图 4-15　查询流与响应流三元组示例图

对于响应流与查询流之间的关系，基本上与客户端与查询流之间的三元组一致，这里不再列出。

最后对于响应流与返回 IP 地址集合之间的关系，定义三元组 $G=(E,R,S)$，E 为响应流，R 为关系（返回 IP），S 为 IP 地址集合，具体示例如图 4-16 所示。

在 DNS 流图的实现当中，主要考虑查询响应涉及 A 记录返回的 IPv4 地址、AAAA 记录返回的 IPv6 地址、CNAME 记录返回的别名。

3. 属性三元组

在知识图谱中，单纯的实体以及关系组成的三元组往往不能体现出实体所拥有的一些特征，很多隐式的知识也不能单纯从实体之间得出，所以对于实体与边，需要形成属性图。

1）查询流

这里的属性三元组主要针对 DNS 流图中的各个模块进行补充。对于查询流的属性定义如图 4-17 所示。定义三元组 $G=(E,R,S)$，E 为查询流，R 为关系（属性名），S 为属性值。以 ID 为 1 查询流的 Qname 为 www. ieee. org 为例，这里的头实体可以认为是 ID 为 1 的查询流，关系则为 Qname，尾实体可以认为是 www. ieee. org，查询流部分的属性值及其描述如表 4-5 所示。

图 4-16 响应流与 IP 地址三元组示例图

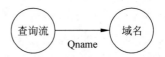

图 4-17 查询流属性三元组例图

表 4-5 查询流属性表

属　　性	描　　述	属　　性	描　　述
AA	授权回答位	Msglength	字节数
TC	可截断位	Qname	查询名
RD	期望递归位	Qtype	查询类型
RA	可用递归位	Qclass	查询类
RCODE	返回码		

2）响应流

对于响应流的属性定义如图 4-18 所示。与查询流类似,定义三元组 $G=(E,R,S)$, E 为响应流,R 为关系(属性名),S 为属性值。查询流部分的属性值及其描述如表 4-6 所示。

表 4-6 响应流属性表

属　　性	描　　述	属　　性	描　　述
Section	返回值为 AN、NS 或者 AR	Rclass	资源类
Rname	域名	Rtype	资源类型
TTL	生存时间	Rdata	资源数据

4. 图融合

上述内容已经对于知识图谱模型中的已有模块进行了概述,主要为 DNS 域名分层图以及 DNS 流图,下一步为了整合所有图模块进行最终的知识图谱搭建,本节知识图谱采取基于一定规则的方式进行融合,即采用实体属性对齐的方法。

在 DNS 域名分层图以及 DNS 流图当中,能够找寻到的主要共同点则为域名信息,DNS 域名分层图本就是域名的层次化结构表示图,而 DNS 流图当中查询部分的 Qname 属性也和域名信息息息相关。连接方式为了保证整个图体系的一致性,同样采用三元组的方式,会将 DNS 流图当中的某一部分作为头实体,以 Qname 作为关系,以 DNS 域名分层图的对应域名作为尾实体形成三元组,如图 4-19 所示。

图 4-18 响应流属性三元组例图

图 4-19 基于域名文本的融合方法

4.2.2　恶意域名检测模型

本节主要对于检测部分进行介绍,主要包括检测模型整体框架以及嵌入模块和检测算法模块的研究。

1. 整体框架

在之前的工作当中，已经建立了整个 DNS 知识图谱，包括 DNS 域名分层图以及域名流图的内容，并且将两者进行了融合。然而在这样的情况下，仍旧需要对数据进行处理，使得其能够配合检测算法模块进行分类。

检测模型通过采用知识图谱嵌入，最后利用神经网络进行分类，从而实现恶意域名检测的功能。检测模型框架图如图 4-20 所示。首先，对 DNS 知识图谱信息进行数据处理，过滤掉一些无用的数据。其次，将知识图谱中的存储实体通过设计的嵌入模块完成数据向量化表示。最后，基于嵌入模块的输出，利用检测算法模块进行训练和验证。接下来将详细讲解系统的各个模块。

图 4-20　检测模型框架图

2. 数据处理

数据处理的主要意义在于对于一些重复的、冗余的数据进行过滤，对于相同的实体进行合并，并为其添加频率、持续时长等特征。例如，主机在不同时段向 www.google.com 的域名发起请求，且请求参数相同，则认为这两次的请求相同，对于这样的请求进行合并操作。

3. 嵌入模块

知识图谱中直接存储的数据通常是基于离散符号的方式，而离散符号虽然对人友好，但是对计算机却难以表达出其语义信息，以难以用这些符号进行计算。所以需要对数据进行向量化，使得其能够为计算机所接受，更是方便检测算法进行计算。

在自然语言领域当中，离散符号化的数据通常能够映射为向量，在映射过程中也能够赋予向量一定的含义，同时更好地完成计算任务。

多数知识图谱以所有已知的三元组进行模型训练，但是这样的任务难以满足所有的应用，所以当前的研究开始关注知识图谱中额外信息的嵌入，如属性值、实体类型及关系路径等。

目前，知识图谱嵌入的方法主要分为 3 类——转移距离模型、语义匹配模型和考虑附加信息的模型。其中，以 TransE 算法[24] 为代表的转移距离模型应用最广泛。

TransE 作为知识图谱嵌入的主要手段，完成了实体与关系的向量化，TransE 是基于实体和关系的分布式向量表示，算法受 word2vec 启发，利用了词向量的平移不变现象。其中，采用距离函数 $d(h+r, t)$ 计算两个参数之间的距离，在训练过程中则不断优化目标函数，目标函数如式(4-1)所示。

$$L = \sum_{(h,r,t) \in S} \sum_{(h',r',t') \in S'_{(h,r,t)}} [\gamma + d(h+r, t) - d(h'+r', t')]_+ \qquad (4\text{-}1)$$

其中，S 为三元组集合；S' 为负采样的三元组，通常是随机生成；γ 为取值大于 0 的间隔距离参数。梯度更新只需计算距离 $d(h+r, t)$ 和 $d(h'+r', t')$。

除了 TransE 算法，也随之产生了很多的变种。鉴于 TransE 算法较为简单，可能会造成无法学习到一些隐式知识的问题，研究人员提出了 TransH 算法。与 TransE 的不同在于,TransH 将关系映射到了另一个向量空间,如图 4-21 所示。

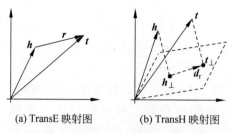

　　　(a) TransE 映射图　　　　　(b) TransH 映射图

图 4-21　TransE 与 TansH 对比图

　　TransH 算法的另外一个特点在于使用尽可能少的参数对于复杂的关系进行建模。训练过程与 TransE 类似,但是对于负类样本,采取了负类抽样的方法,即一对多的时候,给予头实体更多的抽样概率,反之亦然。本节最后采用了 TransE 算法,主要原因在于其对于关系的映射使得关系向量所处的向量空间与实体不同,检测算法同样需要关系的输入。

　　本节的整体检测模型使用的嵌入模块不单单对于实体和关系进行嵌入,也包含对于属性值的嵌入。嵌入模块主要由两部分组成,一部分为三元组的嵌入,另一部分为实体属性的嵌入,如图 4-22 所示。

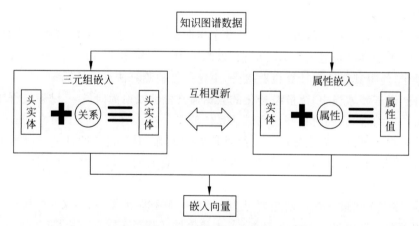

图 4-22　嵌入模块架构图

　　对于三元组嵌入部分,采用本节改进 TransE 系列的算法进行训练,训练的目标是尽可能使得头实体＋关系＝尾实体。目标函数如式(4-2)和式(4-3)所示。

$$L_t = \sum_{(E,R,S)\in G} \sum_{(E',R,S')\in G'} \max(0, \gamma + \alpha(f(E,R,S) - f(E',R,S'))) \quad (4\text{-}2)$$

$$\alpha = \frac{\mathrm{sum}(R)}{\mathrm{all}(G)} \quad (4\text{-}3)$$

其中,G 表示实体三元组的集合,G' 表示负采样的三元组集合,$\mathrm{sum}(R)$ 表示当前关系的出现总次数,$\mathrm{all}(G)$ 表示三元组的总数。对于负采样的三元组,在训练过程中一般会选择随机替换头实体或者尾实体来获得,这里对于其获取负采样三元组的方式进行了改进。

由于是随机替换头实体或者尾实体,然而在本系统的知识图谱当中,可能会造成随机替换的实体可能与正在训练的实体距离非常近的问题,在训练过程中发现,替换的实体可能和当前正在训练的实体之间只相隔一个实体,主要原因在于基于规则进行图融合的结果会减少大量实体之间的距离,或者可能会使得原本并不相同的实体间接连接起来。

为了解决上述问题,我们对于知识图谱之间的实体采用了距离的概念,利用有向图的特性,提出了算法 4-1 来计算实体之间的距离。

算法 4-1：实体距离计算方式

```
Input: Knowledge Graph Triplet Set G
Initialize D = [] # Initialize the distance matrix as zero
loop
E <-(E,R,S) in G    # for each head entity in the set of triples in G
loop
    S <- (E,R,S) # select all S connected with E
    D(E,S) = 1 # distance between directly coupled graph
    loop
        NS <- (S,R,NS) # select all NS connected with S
        if D(E,S) exists and D(E,S)< 2:
            Continue
        else
        D(E,S) = 2 # after one hop the distance is increased by one
        endif
    endloop
endloop
    endloop
    Output: D
```

在上述算法中,首先遍历所有三元组中的头实体,作为起始节点,这里认为关系是等价的边,并不附带权值属性,对于所有直接连通的实体标注距离为 1,之后对于以当前三元组中尾实体作为其他三元组的头实体的三元组进行遍历,在遍历过程中距离按照跳数进行计算,最终得到所有实体之间的距离矩阵。

在完成了实体距离计算之后,有部分实体之间无法互相到达,则认为这两者之间的距离为无穷大。而在三元组训练的过程中,首先随机选取实体进行替换形成负采样三元组,其次对于负采样三元组中的头尾实体距离进行判断,若大于某一阈值,则认为此次替换的负采样三元组有效,若是小于该阈值,则认为替换无效,继续随机替换实体直至满足阈值的要求。这里的距离阈值设定为 15,因为我们发现,在最长 DNS 流图中的头实体与尾实体的距离为 15,所以认为距离大于 15 的实体都为互不相关的实体,可用于负采样的过程当中。

而对于属性嵌入的部分,同样借鉴实体三元组嵌入的思想,差别在于将属性作为三元组中的关系以及将属性值作为三元组中的尾实体进行训练。这里将属性值作为尾实体会出现几个问题,由于属性值中包含大量数值性质的参数,主要问题为数值形式的属性值在表示情况相同的情况下语义层面含义不同以及数值形式的属性值在完成嵌入后的属性改变问题。

　　属性值表示情况相同而语义不同的表现形式,例如 DNS 响应中的 AA 以及 ANCOUNT 属性,假设在某一响应流中,对应响应流的实体的 AA 值为 1 且 ANCOUNT 的值同样为 1,但在属性值的含义上两者并不相同,这个问题在 NLP 领域的嵌入问题上同样比较常见,不止是数值型属性的嵌入,还有包括字符型属性的嵌入同样有这样的问题,当然在本系统当中字符型属性的嵌入不存在此类问题。为了解决上述问题,我们提出了一个将数值型属性值转换为字符串属性值的方法,具体的转换方式如式(4-4)所示。

$$f = \mathrm{hash}(R + S) \tag{4-4}$$

其中,R 表示属性,S 代表属性值,通过将其序列进行相加,再通过 hash 函数保证其随机性。例如,ANCOUNT 为 1 则可以转换为 hash(ANCOUNT1)的形式。对于 hash 函数在本系统中选择了 MD5 加密的方式。

　　数值形式的属性值在完成嵌入后的属性改变问题,例如,对于 ANCOUNT 的值为 1 和 ANCOUNT 值为 3 的情况下的属性值,这两个属性值在未被嵌入的时候能够满足数值的相加特性,然而在经历从低维向量映射到高维向量的嵌入过程之后,嵌入向量可能已经无法满足其数值本身的特性即相加性质。为了应对这种可能结果,对于相同的属性,首先获取其属性的所有取值,然后只对其中某一个值进行训练,将其余的属性三元组舍弃。在后续的嵌入过程中,首先计算数值的原有比例,之后对于被训练的属性值所转换的向量进行乘法运算,乘以这个比例值即得到嵌入向量。例如,假设 MsgLength 属性的长度为 10 和 20,属性值为 10 的属性完成嵌入之后的向量为[1,1],则属性值为 20 的属性对应的嵌入向量为[2,2]。在上述方法中,对于 0 值的处理仍旧存在一些问题,这一问题在目前的模块中直接采用零向量的方式来表示存在的所有零值,总体而言,属性值为 0 的情况对于大多数的属性属于较为特殊的情况,对于整体影响不大。

　　还要考虑的问题是面对布尔型属性的属性值的问题,由于零值存在的问题对于布尔型属性造成比较大的影响,在日志中通常用 0 和 1 表示其属性值,解决方法也较为简单,将所有值为 0 的属性值变换为 −1。此外,对于布尔型的属性值在进行嵌入模块训练的时候,负采样的方式则直接采用修改属性值即属性三元组中的尾实体,用与其相反的布尔值进行替代。

　　属性嵌入部分的目标函数如式(4-5)所示。

$$L_a = \sum_{a \in G} \sum_{a' \in G'} \max(0, \gamma + \alpha(f(a) - f(a'))) \tag{4-5}$$

其中,G 表示属性三元组集合中的属性,G' 表示损坏的属性三元组集合,即负采样三元组集合。目标函数大致上与三元组嵌入的目标函数相同,主要不同点在于对于一些特殊属性值的处理,例如布尔类型以及数值类型,对于文本类型的变量则和三元组嵌入部分训练的方式基本一致。

　　对于三元组嵌入以及属性的嵌入中的联合学习的部分,通过最小化公式(4-6)的目标函数来将属性嵌入到三元组嵌入的空间当中。

$$L_j = \sum [1 - \cos(h_t, h_a)] \tag{4-6}$$

其中,h_t 表示三元组嵌入的实体嵌入结构向量,h_a 表示属性嵌入的属性嵌入结构向量,

$\cos(h_t, h_a)$ 表示两个向量的余弦相似度。通过这个相似度,可以使得三元组嵌入通过实体关系捕获实体的相似性,而属性嵌入则根据属性值捕获实体之间的相似性,所以最终整个嵌入模块的总目标如式(4-7)所示。

$$L = L_a + L_t + L_j \tag{4-7}$$

在联合学习的过程当中,三元组嵌入以及属性嵌入的训练是同时进行的,两者的共同点在于都会对于实体的向量化产生影响,使得相似实体之间在向量空间当中更加接近。此外,通过学习实体之间的关系,可以隐式地学习到实体与实体之间的关系,对于检测模型的分类任务提升也有一定的效果。嵌入模块仍旧无法完全解决一些问题,比如距离较远的实体之间的关系学习,由于训练主要是以三元组的形式进行的,所以可以直接连通的实体之间的关系可以被较好地学习到,然而对于较远关系的实体,则难以学习到它们之间可能存在的隐式关系。上述问题将通过检测模型当中的算法来进行解决。

总之,本节提出的对于三元组以及属性同时进行训练的嵌入模块主要学习了实体与实体之间的关系,并完成了向量化,对于其他的一些嵌入方式将通过模型实际的检测结果进行对比实验。

4. 检测模块

本检测模块的检测算法主要基于神经网络的方式,嵌入模块完成了输入的向量化过程,所以神经网络模块主要用于分类,模型的输入为实体、关系以及属性值的序列化向量。

对于神经网络的选取,考虑到 DNS 信息本身所具有的本节语言序列的特性,所以将会采用 NLP 系列的神经网络进行分类,下面将会首先对于神经网络进行介绍。

基础的神经网络主要包含输入层、隐层以及输出层,每层之间通过一定的权值进行连接,由激活函数控制输出以及下一层的输入。RNN 层与普通神经网络层之间的差别在于 RNN 的神经元之间也会有权值连接,如图 4-23 所示。

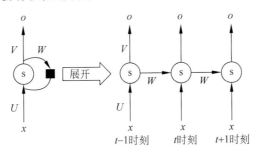

图 4-23　RNN 结构图

图中的每条连线代表一次运算过程,左侧的结构等价于右侧的结构,右侧结构是对于左侧结构的展开。左侧结构当中带权重为 W 的类似循环的结构处于隐层当中,在右侧展开结构当中可以,随着时间的不断推进,即序列不断前行,前一层的隐层会对后一层产生影响。以上为 RNN 的标准结构,RNN 还具有权值共享以及权值连接独立性(输入值和它本身的路线进行权连接)等特点。除了 RNN 的标准结构,RNN 还具有序列输入单输出、单输入序列输出、不等长序列输入输出等结构,其中最为重要的一个变种是 Seq2Seq 模型。Seq2Seq 的原理是先通过 RNN 层得到编码结果,再利用 RNN 进行解码,从而完成不同长度序列的转换。

虽然 RNN 存在多种变种,但是其前向传播过程大都相同,前向传播的公式如式(4-8)所示。

$$h^t = \phi(Ux^t + Wh^{t-1} + b) \tag{4-8}$$

其中,x 为输入,h 为隐层单元,t 为当前时刻,b 为偏置量,U、W、V 为权值。式(4-8)表示在 t 时刻的前向传播算法,最外层则为激活函数。t 时刻的输出如式(4-9)所示。

$$o^t = Vh^t + c \tag{4-9}$$

其中,o 为输出,最终的预测输出通过对 o 进行一次计算,通常为激活函数,若用于分类则可用 softmax 函数。

对于 RNN 的训练方法,通常使用 BPTT(Back-Propagation Through Time)算法,其本质是基于时间进行反向传播的算法,与一般的反向传播算法相同,都是通过梯度下降的方式寻找到全局最优的点完成收敛。RNN 本身的特性在于可以利用上下文数据,然而利用上下文数据有限的这一特点造成了 RNN 容易梯度消失,为了更好地解决这一问题,LSTM 结构被研究人员提出。

LSTM(Long Short Term Memory)是 RNN 的一个变种,正如其名,LSTM 能够在长期依赖问题的解决上发挥出色。LSTM 结构图如图 4-24 所示。

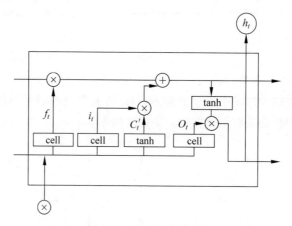

图 4-24　LSTM 结构图

LSTM 的主要核心在于细胞状态的传递,在传递过程中,会有部分的信息交互,主要信息仍旧会保存下来并进入到下一个状态当中。此外,LSTM 还设计了三个门结构,对细胞的状态进行保护和维持。门结构的核心思想在于通过一个 sigmoid 的神经网络层以及一个 pointwise 的乘法操作从而控制信息的通过。

首先是遗忘阀门,遗忘阀门的主要作用在于从细胞状态当中丢掉部分信息,例如,在一段文本当中,进入了一个新的句子时并且发现了新的主语则可以将上一个句子中的主语进行舍弃。输出的信息如式(4-10)所示。

$$f_t = \sigma(W_f \cdot [h_{t-1}, x_t] + b_f) \tag{4-10}$$

接着是输入阀门,输入阀门的主要目标在于将新的信息存储在原有的细胞状态之中。输入阀门主要由以下两个部分构成。

（1）利用 sigmoid 层确定需要更新的值。

（2）利用 tanh 层创建一个新的候选值加入状态中。

公式分别如式（4-11）、式（4-12）所示。

$$i_t = \sigma(W_i \cdot [h_{t-1}, x_t] + b_i) \tag{4-11}$$

$$C'_t = \tanh(W_C \cdot [h_{t-1}, x_t] + b_C) \tag{4-12}$$

在获取了新的候选值之后，对细胞状态进行计算，如式（4-13）所示。

$$C_t = f_t \times C_{t-1} + i_t \times C'_t \tag{4-13}$$

最后是输出阀门，最终输出的值将会基于更新后的细胞状态但是仍然需要一定的处理，与输入阀门相同，将更新的细胞状态与 tanh 层进行处理，并将之前的输出与其进行 sigmoid 门的相乘，最后完成输出。具体公式如式（4-14）、式（4-15）所示。

$$o_t = \sigma(W_o[h_{t-1}, x_t] + b_o) \tag{4-14}$$

$$h_t = o_t \times \tanh(C_t) \tag{4-15}$$

BiLSTM（Bi-directional Long Short-Term Memory，双向长短期记忆）网络由前向 LSTM 与后向 LSTM 组合而成，被用于处理上下文信息。在 LSTM 当中存在着编码无法从后向前地利用信息，这是由于 LSTM 结构本身的串行结构，造成的结果是在进行一些细粒度的分类任务时，对于交互的学习能力更弱。BiLSTM 由一个前向的 LSTM 利用过去的信息，一个后向的 LSTM 利用未来的信息。在当前时刻下，可以同时利用双向的信息，所以会比单向 LSTM 的预测更加准确。

BiLSTM 的结构如图 4-25 所示，每个节点为 LSTM 神经元。在训练过程中，将每个训练序列分为前向和后向两个独立的递归神经网络，并最终连接同一个输出层。检测模块最终会采用 BiLSTM 进行特征的提取，在实验部分会对几种深度学习网络进行实验对比。

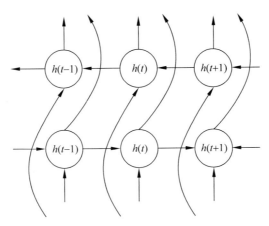

图 4-25　BiLSTM 结构图

检测模块的框架图如图 4-26 所示，模块的输入为嵌入模块的输出，依次经过 BiLSTM 层、Attention 层、Dropout 层、Flatten 层、Dense 层、Softmax 层，最终输出检测结果，下面将解释各层的作用。

BiLSTM 层的主要作用在于能够学习序列中向量的上下文关系，同时包括前向的向

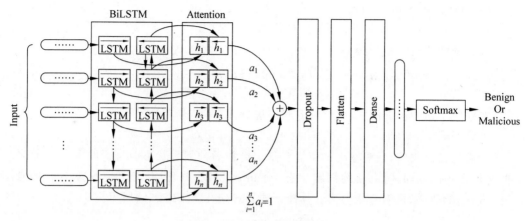

图 4-26　检测模块架构图

量和后向的向量,从而更好地提取特征进行分类。

Attention 层最早用于图像处理,目标在于对于图像进行处理的时候,将计算机的关注点放在图像当中需要被注意的地方,也就是说,这个图像内的每一个场景的注意力分布是不同的,可以认为某些像素点的权重会大于其他像素点的权重。然而在文本序列的训练当中,会存在一定的问题。首先,当输入的序列长度极长的时候,模型难以进行更好的向量表示。其次,在序列输入时,随着序列的推移,所有的上下文都会被压缩到某个固定长度,导致模型能力受到限制。

Attention 的实现机制是保留 BiLSTM 层的编码结果,之后对于这些输入进行选择性地学习并且将输出序列与其关联。

Dropout 层相当于在整体的网络当中随机生成小模型,模拟集成学习。直接作用在于减少中间特征的数量,减少冗余度,从而达到增加每层的特征之间的正交性。在模型训练时则表现为让某些节点随机输出置零,同时也不会对权重进行更新,该层的参数主要为一个概率,表示以此概率对节点进行停止,添加 Dropout 层的作用在于可以防止模型过拟合。

Flatten 层的作用在于将多维向量转换为一个维度的向量,同时不影响 batch 的大小。Flatten 层的作用如图 4-27 所示。

Flatten	input	(NONE,3,32,64)
	output	(NONE,6144)

图 4-27　Flatten 层

Flatten 层的输入假设为 $3\times32\times64$ 的三维向量,通过 Flatten 将其转换为 6144×1 的一维向量。

Dense 层是最为常用的全连接层,全连接层的目的在于将上层的输出结果进行一个非线性的变化。

Softmax 层最终将多个标量映射为一个概率分布,使得其输出返回在 $(0,1)$ 之间。通过 Softmax 函数的输出,也就完成了整个模块的检测。

在嵌入模块完成了输入的向量化过程之后,检测模块主要用于分类,检测模块的输入为实体、关系以及属性值的序列化向量。考虑到长度不一的问题,这里对于数据进行分析,选取合适的长度对过长的序列进行截取,对过短的序列进行补长处理。

本模块选用 BiLSTM 的优点在于能够学习序列中向量的上下文关系,同时包括前向的向量和后向的向量,从而更好地提取特征进行分类。

4.2.3　模型泛化

1. 额外特征

本节的主要目的在于增强模型的泛化能力,在实验过程中,发现已有模型对于一些未知的恶意域名的检测准确度相对而言不高,为了提高模型的泛化能力,我们选择提取一些额外特征的方式以提高模型对于未知的恶意域名的辨别能力。

目前已有的特征包括日志中所记录的所有属性,除此之外,还包括一部分的统计特征,统计特征的描述如表 4-7 所示。

表 4-7　已有特征表

属　　性	描　　述
查询流频率 1	整个时间当中对域名产生查询的频率
查询流频率 2	早上 9 点至晚上 9 点的域名查询频率
查询流频率 3	晚上 9 点至早上 9 点的域名查询频率
查询流存在时间	从查询流第一次出现到最后一次请求的时间

通过实验分析发现,已有模型对于未知域名的检测能力下降,主要是难以对未知域名进行合理的嵌入,在嵌入模型当中,通常无法完成嵌入的向量采用零向量进行替代。所以本系统提出采用域名本身特征属性的方式来代替原有的域名嵌入过程。通过一系列的数据分析,提取的属性以及其选取原因说明如表 4-8 所示。表 4-8 中的特征相对而言大都可以通过直接计算从而获取,其中的大部分特征在一定情况下也可以被攻击者采取对抗手段进行规避,但是对于绝大多数的恶意域名的检测效果仍旧显著。

表 4-8　新增特征表

属　　性	选　取　原　因
域名顶级域	一般情况下,com、net、cn、club 和 org 的域名申请费用较高且需要一定的审核,绝大多数的恶意域名不会选用此类顶级域名来从事恶意活动
IP 地址	恶意域名可能直接通过 IP 地址进行访问
域名长度	为了避免恶意域名与其他正常域名产生冲突,通过算法生成的域名通常长度较长
域名中分隔符的数量	恶意域名的分隔号通常会比较多,这同样是为了防止与正常域名产生冲突
域名中数字个数	一个正常域名当中包含的数字数量相对而言一般较少,恶意域名通过算法生成的域名中可能存在大量的随机数字

续表

属　性	选　取　原　因
域名中的数字占据整个域名的比例	域名长度不同可能对域名中数字个数的参数产生影响,故用此归一化
域名中元音字母个数	正常域名中的元音字母数目通常可以提高可读性,而恶意域名生成算法生成的域名往往随机性更大
域名中的元音字母占据整个域名的比例	对域名中元音字母个数特征进行归一化
域名中的包含重复字母组合数	正常域名趋向于不会大量出现重复的字母组合
域名中包含的连续辅音字母字段总数	正常域名为了域名的可读性往往多是元音辅音交替
域名的熵值	通过采用香农熵的方式表达域名中各个字符出现的随机性

2. 马尔可夫转移概率

除了表 4-8 的新增特征以外,对于域名的可读性,采用马尔可夫概率对其进行可读性特征的提取。马尔可夫概率也是比较常用于域名可读性检测的方法,马尔可夫模型可以用来表示序列的联合概率分布,公式如式(4-16)所示。

$$p(x_1, x_2, \cdots, x_n) = p(x_1) \prod_{n=2}^{N} p(x_n \mid x_1, x_2, \cdots, x_{n-1}) \tag{4-16}$$

其中,N 为序列长度。核心思路首先对于正负样本进行词切分,这里使用 N-gram 模型,这里的 N 选取为 2,通过这个 N-gram 模型可以得到一个二步的概率转移矩阵,然后对于每个域名进行切分,并计算累计概率,通过累计概率与域名长度则可以获得马尔可夫概率。

4.2.4　实践效果评估

1. 数据集

针对本节的实验,需要依据模型的输入准备数据集分为训练集和测试集。

训练集用于模型的训练以及拟合,这部分的训练数据将会被不断迭代最终以算法收敛为结束。测试集用于验证数据,这部分数据是在训练过程中用于对模型检测能力进行评估,主要是针对模型的超参数进行调整,在深度神经网络当中,这个评估结果将会影响反向传播算法的停止点。

实验用的数据集需要正负两种类型的样本,分别是合法域名以及恶意域名,合法域名主要源于 Alexa 排名前 10 000 的域名,通过爬虫进行抓取。

本节使用的数据集为某网络中心抓取的 7 日 DNS 日志镜像信息,约有 42 亿条数据。为了从中获取有效的训练数据集,构建了一个程序对其进行过滤。在过滤掉一部分无用日志信息后,基于原有的恶意域名黑名单采集负面样本(黑名单上的恶意域名通过 VitusTotal 进行验证),而对于正面样本选取 Alexa 前 10 000 的域名作为筛选标准。然而,在这种情况下,正面样本和负面样本的比例极度不均衡,负面样本的比例较少,最后通过随机选取正面样本的方式保持数据集的正负样本比例为 1∶1。

正负样本的个数都为 6180 个,通过将正负样本转换为知识图谱中的实体、属性值和关系后,可以获取 28 950 个实体以及属性值实体和 39 种关系。这里将属性值同样看为实体是基于嵌入模型,因为在训练过程中属性值与实体是等价的。对于混合过后的带标签的数据集,将会对数据集进行混淆处理,之后对于数据集进行划分,数据集将会以 8 : 2 的比例进行划分,其中,训练集占 80％,测试集占 20％。

原始的日志文件主要分为三类,分别是 DNS 请求日志文件,DNS 响应日志文件以及 DNS 权威响应资源记录。出于对隐私信息进行保护,所有图片中的 IP 地址均会被打码。

DNS 请求日志文件如图 4-28 所示。DNS 请求由每个 DNS 请求生成一行记录,各个字段分别为 Time、SrcIP、DstIP、Qname、Qclass、Qtype。其中,Time 为时间戳,SrcIP 为源 IP,DstIP 为目的 IP。

```
2015-12-07 12:00:02   6.187.   167   234.47.   215   i.sso.sina.com.cn.   IN   AAAA
2015-12-07 12:00:02   6.187.   167   234.47.   215   i.sso.sina.com.cn.   IN   A
2015-12-07 12:00:02   59.124.   55   37.135.   155   img.alicdn.com.      IN   A
2015-12-07 12:00:02   246.184.   233   37.135.   155   wgo.mmstat.com.     IN   A
2015-12-07 12:00:02   230.223.   97   37.135.   155   www.ieee.org.       IN   A
```

图 4-28 DNS 请求日志

DNS 响应日志文件如图 4-29 所示。DNS 请求由每个 DNS 回答报文生成一行记录,各个字段分别为 Time、SrcIP、DstIP、MsgLength、AA、TC、RD、RA、RCode、QDCount、ANCount、NSCount、ARCount、QName、QClass、QType。其中绝大部分参数为第 2 章中介绍的参数。

```
2015-12-07 12:00:14 72.21.   .215   202.120.2.   51   1 0 0 0 0 1 1 0 0      fls-na.amazon.com.      IN   A
2015-12-07 12:00:14 111.13.   .10   202.120.2.   371  1 0 0 0 0 1 1 8 10     open.yixin.im.          IN   A
2015-12-07 12:00:14 119.167.   .7   202.120.2.   117  1 0 0 0 0 1 1 2 0      bk02.c3.xiaomi.com.     IN   A
2015-12-07 12:00:14 110.75.   .29   202.120.2.   258  1 0 0 0 0 1 3 2 4      shop112923707.taobao.com. IN A
2015-12-07 12:00:14 212.2.   .22    202.120.2.   107  1 0 0 0 0 1 1 2 1      ns1.citynet.kg.         IN   A
```

图 4-29 DNS 响应日志

DNS 权威响应资源记录如图 4-30 所示。记录对符合一定条件的回答报文会产生日志,一个回答可能会产生多条资源记录日志,各个字段分别为 Time、SrcIP、DstIP、Section、RName、TTL、RClass、RType、RData。其中,Section 取值为"AN"、"NS"或"AR"。

```
2015-12-07 12:00:14 204.93.   5 202.120   100 AN  publish.illinois.edu.  7200 IN  A     130.126.113.56
2015-12-07 12:00:14 204.93.   5 202.120   100 NS  publish.illinois.edu.  7200 IN  NS    dns1.illinois.edu.
2015-12-07 12:00:14 204.93.   5 202.120   100 NS  publish.illinois.edu.  7200 IN  NS    dns3.illinois.edu.
2015-12-07 12:00:14 204.93.   5 202.120   100 NS  publish.illinois.edu.  7200 IN  NS    dns2.illinois.edu.
2015-12-07 12:00:14 204.93.   5 202.120   100 AR  dns1.illinois.edu.     7200 IN  A     130.126.2.100
2015-12-07 12:00:14 204.93.   5 202.120   100 AR  dns1.illinois.edu.     7200 IN  AAAA  2620:0:e00:b::53
2015-12-07 12:00:14 204.93.   5 202.120   100 AR  dns2.illinois.edu.     7200 IN  A     130.126.2.120
2015-12-07 12:00:14 204.93.   5 202.120   100 AR  dns3.illinois.edu.     7200 IN  A     204.93.1.5
```

图 4-30 DNS 权威响应资源记录

2. 实验分析

实验首先是对于知识图谱中的数据抽取,将其转换为所需要的格式即三元组的形式进行嵌入模型的训练。这里模型的参数主要有向量维度、学习率等。考虑到学习率为固定值时,如果学习率过小可能会使得模型最终在最优值附近来回震荡难以收敛或是陷入局部最优的情况,而学习率参数过大,会使得模型的最终收敛过程变得十分缓慢,这里我们对于学习率参数进行改进,动态改变模型的学习率,所采用的公式如式(4-17)所示。

$$\alpha = 0.95^{epoch} \cdot \alpha_0 \tag{4-17}$$

其中,α_0 为初始的学习率,这里设置为 0.1 使得在开始时学习率尽可能的大,epoch 代表迭代轮数,最终的学习率也会随着迭代轮数的增加而减少。当然,这里的学习率调整方式还有离散下降以及分数减缓的方式,对于整个嵌入模型而言影响不大,都同样是学习率不断下降的方式,较为适合嵌入模型。

对于向量维度,选取了 25、50、100 和 200 四个维度,因为嵌入模型的主要目的是为了检测模型的输入,这里取相同的检测模型对于这几个维度的输入进行比较,比较结果如表 4-9 所示。

表 4-9　向量维度对于模型的影响

向 量 维 度	准 确 率	F1 值	Loss
25	0.9455	0.9443	0.1149
50	0.9762	0.9698	0.0986
100	0.9931	0.9932	0.0327
200	0.9901	0.9887	0.0651

表 4-9 中的检测模型所选取的神经网络层为 BiLSTM 层,除了模型的输入维度不同以外,其他参数相同。虽然收敛的迭代轮数有所不同,但是都是在经过多轮迭代之后选取的最优解。从表中的实验结果可以看出,当向量维度为 100 的时候,准确率、F1 值以及 Loss 值都是最优解。造成的原因可能主要是由于神经网络模型进行训练的输入维度对于最终检测的结果有着较大的影响,当向量维度过小时,这个向量可能难以完全表达出对于所表达实体或者属性的特征,而当向量维度过大时,可能会造成模型计算量变大,模型同样难以收敛。

对于嵌入模型,除了对模型本身的不同参数导致的检测模型效果的对比,还横向对比了不同嵌入方法对于模型所造成的影响。其中嵌入方法包括独热编码、词袋模型和词向量即 Word2Vec 的嵌入方式,具体的实验结果如表 4-10 所示。

表 4-10　不同嵌入方式对于模型的影响

嵌 入 方 式	准 确 率	F 值	Loss
独热编码	0.8938	0.8922	0.1655
词袋模型	0.8986	0.8985	0.1743
词向量	0.9685	0.9680	0.0552
知识图谱嵌入	0.9931	0.9932	0.0327

表 4-10 展示了不同嵌入方式对于检测模型的影响,表中的独热编码以及词袋模型的训练方式较为简单,主要通过统计个数的方式。由于对于整体作为词袋造成的独热编码维度过大的问题,我们采用对于相同类型属性或者相同实体的方式进行编码,比如对于所有的域名进行一次独热编码,再对于所有的 IP 地址进行一次独热编码,最终导致最后的嵌入结果维度数量远远大于知识图谱嵌入以及词向量嵌入的维度。当然,从表中也可以

明显看出词袋模型以及独热编码准确率极低,模型收敛程度也不佳。对于词向量的嵌入方式,主要是 Word2Vec 模型,这里对于 Word2Vec 的训练采取将三元组转换为句子,作为语料进行训练的方式。在之前的章节当中提到,三元组本身在语义层面上类似于主语、谓语以及宾语的方式,所以模型的分词方式也主要基于这一点,训练的词向量维度也是100 维。从表中可以看出,采用知识图谱嵌入的方式仍旧是最优解,独热编码以及词袋模型由于其本身的特点问题,难以学习到词与词之间的隐式知识而造成准确率以及 F1 值偏低,而词向量的方式虽然在一定程度上学习到了实体与实体以及实体与其属性之间的关系,在学习程度上仍是不及知识图谱嵌入的方法,即本节提出的知识图谱嵌入模型,实验结果表明了嵌入模型的有效性更适合对于知识图谱数据进行转换。

在嵌入模型的实验完成之后,接下来是对于检测模型部分的实验。检测模型主要基于神经网络,由于采用的是 NLP 系列的神经网络,首先要调整的参数为输入序列的长度。在嵌入模型中,我们已经确定了嵌入向量的维度为 100,但是对于序列长度并未确定,模型的输出为一整串 DNS 流,由于可能会产生多个查询响应的情况以及 DNS 响应信息长度不一造成的影响,模型的输入难以成为一个定长的序列,这里对于实验数据集中的数据进行分析,发现 12 360 条数据的平均序列长度为 40.13,而其中大于长度为 396 的序列数量为 2,序列长度处于 114~396 的序列数量为 8,处于 68~114 的序列数量为 20,可以发现绝大部分的序列长度都不大于 68,故这里选取 68 作为序列的长度即模型的输入长度。对于长度不超过 68 的序列则进行截取,对于长度不足的序列,通过补足零向量使得序列长度达到固定值。

对于模型中的 batchsize 参数的选择,这里选择使用 64 使得模型能够更快地收敛。当 batchsize 值过小时,梯度下降会变得不准确,当 batchsize 增大到某个值的时候,梯度下降算法的准确度已经到达一个阈值,再增加 batchsize 已经作用极小。通常而言,GPU对于 2 的幂次的 batch 能发挥更佳的性能,所以这里选取 64 作为 batchsize 的大小。

一般认为,Attention 层的添加主要用于图像领域的深度学习,而在 NLP 领域由于其对于所有元素并行处理的机制通常发挥并不出色,为了验证 Attention 层对于检测模型的效果,这里对于是否添加 Attention 层的模型检测效果进行了对比实现,具体实验数据如表 4-11 所示。

表 4-11　Attention 对于本节模型的影响

是否使用 Attention 机制	准　确　率	F1 值	Loss
使用 Attention	0.9945	0.9942	0.0327
未使用 Attention	0.9931	0.9932	0.0330

表 4-11 主要表示的网络模型使用的神经网络为 BiLSTM,这里可以看到在使用了 Attention 机制之后,准确率以及 F1 值确实有所提升,模型的收敛情况也大致相同,此外,模型的收敛速度以及训练速度则变化不大。为了进一步证明 Attention 对于检测模型的效果影响,对于不同的神经网络模型同样进行了效果对比实验,具体实验输入如表 4-12和表 4-13 所示,模型的准确率以及 F1 值或多或少都有提升,但是收敛情况同样影响不大。一般而言,Attention 机制在自然语言处理的任务上表现并不太好,然而实验结果表

明，Attention 在本检测模型当中对于检测任务仍旧有着一定的提升效果。

为了了解不同神经网络在域名检测当中的效果，这里设置了检测模型的对比实验，包括 RNN、LSTM、BiLSTM 的对比实验。

表 4-12   Attention 对于 RNN 模型的影响

是否使用 Attention 机制	准 确 率	F1 值	Loss
使用 Attention	0.9873	0.9875	0.0557
未使用 Attention	0.9765	0.9764	0.0567

表 4-13   Attention 对于 LSTM 模型的影响

是否使用 Attention 机制	准 确 率	F1 值	Loss
使用 Attention	0.9910	0.9903	0.0379
未使用 Attention	0.9866	0.9868	0.0370

不同模型的准确率以及 F1 值如图 4-31 所示，这里对于不同模型的其他参数相同，模型的输入都是 100 维的向量，步长为 68 即输入序列的长度，Dropout 层采用了 0.5 的概率，输出层由一个全连接层加上 softmax 函数组成，由于是二分类任务，这里选用的是二进制交叉函数。对于优化器选用的是 RMSprop 函数，RMSprop 函数的主要目的在于解决深度学习过程中学习率急剧下降的问题，与此同时函数可以对于低频的参数进行较大更新，对于高频的参数进行较少的更新，比较适用于语言文本训练的分类任务当中。模型的 batchsize 同样设置为 64，epoch 设置为 30，这里截取了 18 个 epoch 的数据，原因在于在第 15 个 epoch 结束后模型已经基本收敛。从图 4-31 中不难看出，当训练到第 13 个 epoch 的时候，RNN 的网络准确率以及 F1 值都达到了峰值，在第 15 个 epoch 时，LSTM 网络以及 BiLSTM 网络的检测效果也达到了峰值。对于随着 epoch 增加的 Loss 值比较则如图 4-32 所示，三个模型基本都在 15 个 epoch 时完成了收敛，相对而言，三者的收敛效果为 BiLSTM 网络＞LSTM 网络＞RNN 网络，可见在实验环境下 BiLSTM 模型在收敛程度上是更为契合本节的恶意域名检测的模型。

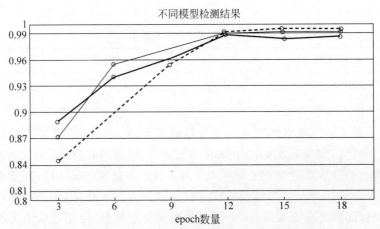

图 4-31   不同网络准确率 F1 值比较图

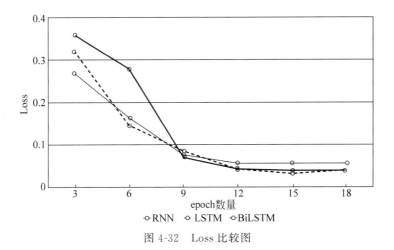

图 4-32　Loss 比较图

在上述图示中,较为直观地对于模块的检测准确率 F1 值以及 Loss 值进行了比较,在表 4-14 中给出了上述比较图中的具体数值。

表 4-14　模型训练结果

相 关 参 数			RNN	LSTM	BiLSTM
epoch 数量	3	ACC	0.8893	0.8712	0.8434
		F1	0.8883	0.8713	0.8444
		Loss	0.2658	0.3162	0.3558
	6	ACC	0.9388	0.9535	0.8961
		F1	0.9388	0.954	0.8964
		Loss	0.1614	0.1453	0.2764
	9	ACC	0.9607	0.9726	0.9536
		F1	0.9608	0.9731	0.9536
		Loss	0.0756	0.0843	0.0697
	12	ACC	0.9873	0.9899	0.9911
		F1	0.9875	0.9899	0.9913
		Loss	0.0557	0.0421	0.0432
	15	ACC	0.983	0.991	0.9945
		F1	0.9831	0.9903	0.9942
		Loss	0.057	0.0379	0.0327
	18	ACC	0.9847	0.9902	0.994
		F1	0.9852	0.9905	0.9939
		Loss	0.0573	0.0387	0.039

从表 4-14 中可以得到较为清晰的数值,下面对于取值进行说明。以 3 个 epoch 作为一个块,选择的训练结果为 3 个 epoch 中相对比较好的检测结果,纵向比较表中的准确率、F1 值以及 Loss 值的三项值。在准确率上,LSTM 的最佳表现对比 RNN 网络高了 0.37%,而 BiLSTM 的最佳表现对比 LSTM 网络高了 0.35%。在 F1 值上,LSTM 的最佳表现对比 RNN 网络高了 0.28%,而 BiLSTM 的最佳表现对比 LSTM 网络高了

0.39%。在 Loss 值的表现上,仍旧是 BiLSTM 最佳。虽然整体而言相差并不是很大,但也可以说明 BiLSTM 在特征学习的能力上确实优于另外两个网络,最主要的因素可能在于其可以同时学习前后项信息的能力。从本质上而言,DNS 的查询与响应前后之间是存在关系的,所以使用 BiLSTM 层能够提取到更为详细的特征从而会更好地完成检测。

这里对于上述所有实验进行总结,通过采用知识图谱的嵌入较好地学习了实体与实体以及词与词的关系,使得最终的向量化的结果之间距离更短,从而比其他的嵌入方法更好地完成了词嵌入的任务。而在检测模块中,BiLSTM 通过解决一般神经网络中存在的长距离的依赖问题,同时通过注意力机制进行了权重更新的控制,达到了较好的检测效果。

3. 模型泛化实验分析

在上述实验过程中,模型获得了较高的检测准确率和 F1 值,这主要是基于我们通过真实流量还原的一部分数据集的检测结果,为了考验模型的泛化能力,在去除了之前所用的所有数据之后,再次从真实流量通过其中的域名与 VitusTotal 的检测结果进行比对从而构建了一个带有 10 000 条样本的数据集,其中恶意域名的占比为 1000 条,与正常域名的比例为 1∶9。对于样本当中的各类属性以及参数,首先通过嵌入模型的转换结果进行向量化,对于其中无法被嵌入模型转换的部分则用零向量代替,检测模型最终的检测结果如表 4-15 所示。

表 4-15　分类结果混淆矩阵

真实情况	预测结果	
	正　例	反　例
正例	8476	524
反例	174	826

从表 4-15 中经过计算可以得出,整体准确率为 93.02%,相对于实验的模型检测结果减少了 6.43%。之后对于 4.2.3 节的模型泛化内容中提到的特征作为域名的属性值进行了知识图谱的训练。对于马尔可夫转移概率模型的训练,我们从 Dgaarchive 数据集中的 88 个恶意域名家族中选取了 1 万个恶意域名作为负面样本,同时将 Alexa 排名前 1 万的域名作为正面样本,两者组成数据集进行训练。

经过模型泛化之后的检测结果如表 4-16 所示。

表 4-16　泛化模型分类结果混淆矩阵

真实情况	预测结果	
	正　例	反　例
正例	8860	140
反例	24	976

通过表 4-15 以及表 4-16 的对比,可以明显看出泛化之后的模型在准确率上有着极大的提升,总体的准确率提升为 98.36%,比泛化之前的模型提升了 5.34%,在预测结果

中,不管是真阳率和假阳率都有着显著的提升,由此可以证明,模型经过泛化之后的泛化能力确实得到了提升。

为了检测模型泛化之后在实际应用中的效果,我们对于 7 日 DNS 日志中的所有数据进行了建模,并使用我们的检测模型对于所有的数据进行恶意域名检测,89 781 个恶意域名被检测模型所检测到,约占全部域名的 1.52%。通过对比 VitusTotal 的检测结果,其中 86 990 个域名的检测结果为恶意域名,恶意域名的检出率为 96.89%。

4.3　基于图网络的词典型 DGA 检测

词典型恶意域名是 DGA 域名的一种,同时也是僵尸网络所广泛使用的一种 DGA 算法。针对词典型恶意域名的检测问题核心在于掌握 DGA 域名生成词典。一个明显的现象是 DGA 域名生成词典中的单词在词典型 DGA 域名中共现的频率远高于普通单词在正常域名中单词的共现频率。如果将 DGA 进行分词,再将分词后的单词用共现关系进行关联,可以直观地理解到,同一 DGA 词典中的单词之间的连接将十分密切,构成一个紧密社区,而由正常域名分词后得到的单词往往将不会表现出这样的特性。因而可以利用图结构实现 DGA 域名生成词典的挖掘,并进一步实现词典型 DGA 域名的检测。

4.3.1　算法框架

本节先介绍基于图网络的词典型域名检测算法的整体框架。算法的最终目标有两个,一是实现未知 DGA 域名词典的挖掘,二是实现词典型 DGA 域名的检测。如图 4-33 所示,本节算法主要由三部分构成,分别是构图算法、域名词典挖掘算法和分类算法。算法的核心思路在于将检测词典型 DGA 域名的问题转换为单词社区检测问题后加以求解。

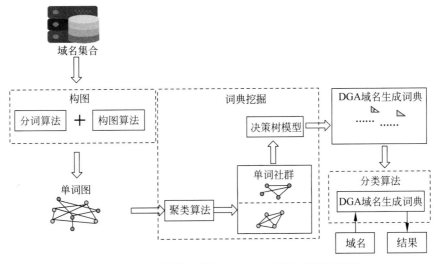

图 4-33　基于图网络的词典型 DGA 域名检测算法框架

本节算法的原始输入为包含良性域名字符串和词典型 DGA 字符串在内的域名字符串集合。

（1）构图算法。获取域名字符串集合后，首先进行数据预处理，随后对域名进行分词，获得单词节点，并根据单词在域名中的共现关系构建单词图，得到的单词图作为域名词典挖掘算法的输入。

（2）域名词典挖掘算法。域名词典挖掘算法包括单词节点聚类算法和决策树模型两部分。聚类算法以单词图为输入，对其进行单词节点聚类，将单词节点分成不同的社区。对于聚类算法输出的不同单词社区，提取社区节点数、连边数、平均节点度数、成环数等特征，作为决策树模型的输入。决策树模型是一个二分类模型，给出输入的单词社区是否为 DGA 域名词典社区，若是，则将该社区中的单词均加入到 DGA 域名词典中去。域名词典挖掘算法的最终输出是一个 DGA 域名词典。

（3）分类算法。分类接收一个域名字符串为输入，根据挖掘出来的 DGA 域名词典，判断输入域名是否为词典型 DGA 域名。

总体来说，算法的主要工作流程可以描述为，对于输入的域名字符串集合，首先进行 DGA 域名生成词典的挖掘，掌握 DGA 域名生成词典后，可以对利用该词典进行域名检测，判断其是否由掌握的词典生成。

4.3.2 词典型域名构图算法

1. 基于 Wordninja 的分词算法

域名主名部分的分词实际上是一个无空格英文字符串的分词问题，在自然语言处理领域，有很多这方面的研究。由俄罗斯研究人员 Sergey 提出的 Wordninja 分词算法的算法复杂度与输入字符串长度成线性关系，且已经有比较多的项目实践，在无空格英文字符串分词上取得了较好的效果。本节基于 Wordninja 分词算法做了相关的改进，用于对域名主名字符串进行分词。下面将介绍 Wordninja 的工作原理和本节的使用方法。

Wordninja 算法的目标在于对输入的无空格英文字符串，尽可能准确地输出其中包含的英语单词。图 4-34 展示了一个理想的输入输出对。对于输入字符串"tableapplechairtablecupboard…"，输出其中包含的不可分割的英语单词列表［table，apple，chair，cup，board…］。

Input: tableapplechairtablecupboard…

Output: [table,apple,chair, cup,board…]

图 4-34　Wordninja 算法的理想输出

Wordninja 分词算法最主要列表中的思想可以简要概括为根据常用英语单词频率列表，从第一个字符开始遍历一个无空格英文单字符串，并从中将尽可能长的单词匹配出来，直至无空格英文单字符串为空。

分词算法的第一步是根据齐夫定律建立开销字典。齐夫定律（Zipf's law）是由语言学家乔治·金斯利·齐夫（George Kingsley Zipf）提出的实验定律，它的主要内容为：对于自然语言的语料库，一个单词的出现频率与这个单词在表中的排名成反比。也就是说，频率最高的单词出现频率约是第二位单词的 2 倍。如式 (4-18) 所示，单词的开销等于该单词在常用英语单词频率列表中出现频率倒数的对数乘以频率列表的总长度。

$$\text{cost} = \lg\left(\frac{1}{\text{probability}(\text{word})}\right) \times \text{len}(\text{words}) \tag{4-18}$$

如算法 4-2 所示，分词算法的核心部分是利用动态规划预测字符串中的断词位置。假设字符串中的前 $i-1$ 个字符的开销已经计算好，对于前 i 个字符，如果 i 大于候选单词列表中的最长单词长度 maxword，则候选断词位置为 $i\text{-maxword}\sim i$，否则候选断词位置为 $0\sim i$。对于每个候选断词位置，计算断词在该位置处的开销，返回使得开销最小的断词位置。

算法 4-2：Wordninja 分词算法

```
#1. 建立开销字典
words.read( "words-by-frequency.txt" )        # 从常用单词列表中读取候选单词列表
wordcost = dict((k,log((i+1) * log(len(words)))) for i,k in enumerate(words))
# 根据齐夫定律确定每个候选单词的开销，i 为 word 在 words 中的排序
maxword = max(len(word in words))              # 候选单词列表中的最长单词长度


#2. 利用动态规划算法，预测字符串中断词的位置
func inferSpaces(s):                           # s 为输入字符串
    # 寻找前 i 个字符串的最佳断词位置
    func best_match(i):
        candidates = enumerate(reversed(cost[max(0,i-maxword): i]))
        return min((c + wordcost.get(s[i-k-1: i],9e999),k+1) for k,c in candidates)
    # 创建开销序列
    cost = [0]
    for i in range(1,len(s) + 1):
        c,k = best_match(i)
        cost.append(c)

    # 以开销最小为原则，对字符串进行断词并输出
    out = [ ]                                  # 输出单词列表
    i = len(s)                                 # 判断字符串中所有断词位置，输出分词后的单词列表
    while i > 0:
        c,k = best_match(i)
        assert c == cost[i]
        out.append(s[i-k: i])
        i -= k
return " ".join(reversed(out))
```

最后，对于整个字符串，按照最小开销的原则进行处理，确认所有的最佳断词位置，最终输出一个分词后的英语单词列表。

从整个算法可以看出，Wordninja 分词原始算法的分词结果均来自于英语单词频率列表，因而算法的最终效果依赖于英语单词频率列表的完整性。考虑到域名字符串的构成特征，本节采用了 COCA 前 60 000 个英语单词频率列表。该列表包含目前美国英语中最常用的英语词汇的前 60 000 个单词。同时，为了提高分词算法的效率，本节也在原算法的基础上加入了前缀树机制，利用前缀树减少候选断词位置的数量，从而提升算法的

速度。

2. 单词图构造过程

一个标准的域名结构如图 4-35 所示，包含顶级域名、二级域名、三级域名等多级域名，中间由点号区分开，通常最低一级的域名也可以被称为主名。域名的最长长度为 67B，域名中可包含的合法字符有大小写字母"A～z"、数字"0～9"以及连字符"-"。例如，域名 Dictionary-domain. malicious. cn，其中，cn 为顶级域名，malicious 为二级域名，Dictionary-domain 为主名。对于词典型 DGA 域名，只有主名部分是基于域名生成词典随机生成的，因而本算法需要关注的部分只有主名部分。

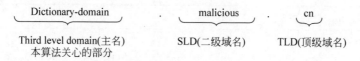

图 4-35　域名结构

对于原始域名集 $D = \{d_1, d_2, \cdots, d_i, \cdots, d_n\}$，按照顶级域名将其划分成 m 个子域名集 $D_1, D_2, \cdots, D_m$，任一个子域名集 D_i 中的域名的顶级域名相同。将域名集按照顶级域名划分成子域名集的原因在于控制后续单词图的规模在一个合理的范围，同时词典型 DGA 域名的顶级域名往往是有限的，将域名集按照顶级域名划分对于最终获取的域名词典完整性的影响可以忽略不计。接下来，以子域名集为单位分别进行构图。对 D_i 中的每一个域名进行处理，去除域名中的无关部分，只保留主名部分，得到 $S = \{s_1, s_2, \cdots, s_i, \cdots, s_n\}$，随后对 S 中的每个元素 s_i 利用 Wordninja 进行分词，得到单词节点。

分词之后，对于域名集 D_i，可以得到单词集合 W_i，单词集中的每一个单词均是一个顶点。对于这些单词顶点，根据它们在 D 中的共现关系进行关联。若两个顶点在 D_i 中任一域名中共同出现过，则这将两个顶点用一条边关联起来。这样对于域名集 D_i，可以得到单词图 $G_i = (V, E)$，其中，V 代表顶点集合，元素是单词，E 代表边集合，含义是单词顶点在某一域名中共现，两个单词的共现次数为 E 的权重。

图 4-36 给出了域名构图过程的一个示例。原始域名集合 D 中包含 8 个域名 {happylemon. drink. cn；happytable. home. cn；happychair. home. uk；happybook. study. cn；drinktable. what. cn；boylemon. what. uk；chairbook. what. uk；chairboy. strange. uk}，按照顶级域名 cn 和 uk 分为 D_1、D_2 两个子域名集，分词后得到单词集合 W_1 {happy, lemon, table, book, drink} 和 W_2 {happy, lemon, chair, book, boy}，分别按照单词在 D_1、D_2 中的共现关系，构图得 G_1、G_2，图中连线的权重均为 1。

4.3.3　DGA 域名生成词典挖掘算法

1. 基于 Infomap 算法的单词图聚类

本节算法的核心是将 DGA 词典的挖掘转换为单词图的社区发现问题，其中关键的步骤是单词图上的聚类问题。对于单词聚类问题，本节采用 Infomap 算法思想对单词图进行社区检测，通过将单词图分成不同紧密社区的办法，完成单词聚类，输出不同的单词社区。

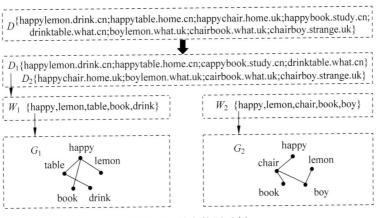

图 4-36　域名构图示例

Infomap 算法是一种基于信息论的社区检测算法,它的目标是在有向带权重的图上进行社区划分。Infomap 利用了最小熵原理,将社区检测问题视作一个最优编码和压缩的问题,用节点间的概率流来表示节点间的信息流,用随机游走法来模拟信息在节点间的流动。Infomap 算法的核心前提假设是,合理的社区划分可以带来更短的编码。

Infomap 采用双层编码结构,对于社区和节点都进行编码,不同的社区拥有不同的编码,不同的节点拥有不同的编码,不同社区内部的节点编码可以复用。同时,Infomap 对跳出某一社区这一动作也进行编码。

图 4-37 简单展示了 Infomap 的编码效果。图 4-37(a)展现了在一个图中的部分随机游走的路径,我们希望用一串编码来描述这些路径,越是好的编码方法,得到的编码越短;图 4-37(b)展现了对这些节点使用霍夫曼编码后的结果,该编码总长为 314b;图 4-37(c)展现了 Infomap 的双层编码结构,以红色节点为例(参见彩色插页),红色社区的社区编码是 111,跳出红色社区的编码是 0001,社区内的节点拥有自己的编码,描述一个社区内部的一段随机游走路径的编码以社区编码开头,以跳出编码结尾,这一编码方法只需要243b,比霍夫曼编码短 32%;图 4-37(d)模糊了具体的节点信息,而只报告社区信息。

假设有 M 个节点,被 Infomap 算法划分成 m 个社区,式(4-19)描述了社区划分后图上随机游走的平均每步编码长度 $L(M)$。式中四个变量 $q_{\curvearrowright}$、$H(\mathcal{Q})$、$p_{\circlearrowleft}^{i}$ 和 $H(\mathcal{P}^{i})$ 的详细含义如式(4-20)~式(4-23)所示。获得最佳编码等同于最小化 $L(M)$ 的取值。

$$L(M) = q_{\curvearrowright}\, H(\mathcal{Q}) + \sum_{i=1}^{m} p_{\circlearrowleft}^{i}\, H(\mathcal{P}^{i}) \tag{4-19}$$

$$q_{\curvearrowright} = \sum_{i=1}^{m} q_{i\curvearrowright} \tag{4-20}$$

$$H(\mathcal{Q}) = -\sum_{i=1}^{m} \frac{q_{i\curvearrowright}}{\sum\limits_{j=1}^{m} q_{j\curvearrowright}} \cdot \lg\left(\frac{q_{i\curvearrowright}}{\sum\limits_{j=1}^{m} q_{j\curvearrowright}}\right) \tag{4-21}$$

$$p_{\circlearrowleft}^{i} = \sum_{\alpha \in i} p_{\alpha} + q_{i\curvearrowright} \tag{4-22}$$

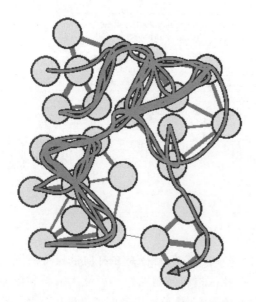

(a)

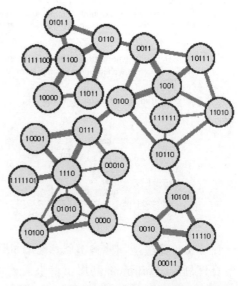

1111100 1100 0110 11011 10000 11011 0110 0011 10111 1001 0011
1001 0100 0111 10001 1110 0111 10001 0111 1110 0000 1110 10001
0111 1110 0111 1110 111101 1110 0000 10100 0000 1110 10001 0111
0100 10110 11010 10111 1001 0100 1001 10111 1001 0100 0101 0100
0011 0100 0011 0110 11011 0110 0011 0100 1001 10111 0011 0100
0111 10001 1110 10001 0111 0100 10110 111111 10110 10101 11110
00011

(b)

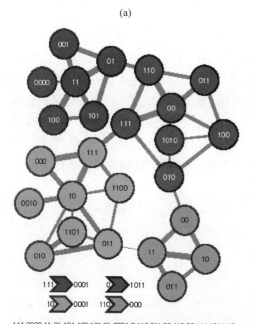

111 0000 11 01 101 100 101 01 0001 0 110 011 00 110 00 111 101 1 10
111 000 10 111 000 111 10 011 10 000 111 10 111 10 0010 10 011 010
011 10 000 111 0001 0 111 010 100 011 00 011 00 111 00 011 00 111
110 111 110 1011 111 01 101 01 0001 0 110 111 00 011 110 111 1011
10 111 000 10 000 111 0001 0 111 010 1010 010 1011 11000 10 011

(c)

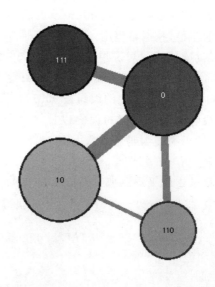

<u>111</u> 0000 11 01 101 100 101 01 0001 <u>0</u> 110 011 00 110 00 111 101 1 <u>10</u>
111 000 10 111 000 111 10 011 10 000 <u>0</u> 111 10 111 10 0010 10 011 010
011 10 000 <u>0</u> 111 010 100 011 00 011 00 111 00 011 <u>0</u> 111 010 1010 010 1011 <u>110</u> 00 10 011
110 111 110 1011 <u>111</u> 01 101 01 0001 <u>0</u> 110 111 00 011 110 111 1011
<u>10</u> 111 000 10 000 111 0001 <u>0</u> 111 010 1010 010 1011 <u>110</u> 00 10 011

(d)

图 4-37　Infomap 工作流程[22]

$$H(\mathcal{P}^i) = -\frac{q_{i\curvearrowright}}{q_{i\curvearrowright} + \sum_{\beta \in i} p_\beta} \log\left(\frac{q_{i\curvearrowright}}{q_{i\curvearrowright} + \sum_{\beta \in i} p_\beta}\right) - $$

$$\sum_{\alpha \in i} \frac{p_\alpha}{q_{i\curvearrowright} + \sum_{\beta \in i} p_\beta} \log\left(\frac{p_\alpha}{q_{i\curvearrowright} + \sum_{\beta \in i} p_\beta}\right) \tag{4-23}$$

其中：

$q_\curvearrowright$ 表示社区编码在所有编码中的占比，等于每个社区中社区编码 $q_{i\curvearrowright}$ 的出现概率之和。其中，$q_{i\curvearrowright}$ 等价于当前跳出社区 i 的概率。

$H(\mathcal{Q})$ 表示社区编码所需要的平均字节长度。

$P^i_\curvearrowright$ 表示属于社区 i 的所有节点及跳出编码在所有编码中的占比。

$H(\mathcal{P}^i)$ 表示社区 i 的所有节点及跳出编码的平均长度。

通过这四个变量，可以理解 $L(M)$ 等价于社区编码所需的平均字节长度以及每个社区中的所有节点编码所需的平均字节长度这两者的加权和。其中，权值是这两种编码各自的占比。

为了计算上述四个变量的取值，需要知道两个信息。一是图中每个节点的访问概率，二是每个社区的跳转概率。其中，访问概率的计算方法如算法 4-3 所示。算法执行到访问概率收敛之后停止，此时可以得到图中每个节点的访问概率。社区的跳转概率的计算公式如式(4-24)所示，其中，$\omega_{\alpha\beta}$ 为归一化的从节点 α 跳转到节点 β 的权重。得到图中每个节点的访问概率之后，可以相应地计算出每个社区的跳转概率，从而 $L(M)$ 的取值也可以计算得出。

$$q_{i\curvearrowright} = \Gamma \frac{n - n_i}{n} \sum_{\alpha \in i} p_\alpha + (1 - \Gamma) \sum_{\alpha \in i} \sum_{\beta \notin i} p_\alpha \omega_{\alpha\beta} \tag{4-24}$$

算法 4-3：社区节点访问概率计算算法

Step 1：初始化，所有节点访问概率置为相同。

Step 2：每次迭代中，每个节点有两种跳转方式。

方式一：从当前节点的边中以概率 $1-r$ 选择一条跳转，选每条边的概率正比于边的权重。

方式二：从当前节点 a 以概率 r 随机跳转到除自身之外的任意一点。

Step 3：重复 step 2，直到收敛。

本节采用 Infomap 算法实现单词图上的节点聚类。对于 Infomap 算法而言，向其中输入单词图时并不需要考虑其中是否包含非连通部分。事实上，非连通部分将被天然地视为两个社区。对于每个单词图，以点边集合的方式输入到 Infomap 算法，得到的输出包含点和社区编号。一个输入的示例如图 4-38 所示。对于一个由良性域名和词典型 DGA 域名组成的域名集合，得到的单词图由分词后编号为 1～20 的 20 个节点及这些节点之间的连边组成。该单词图以[(19,2),⋯,(17,14)]这样的点边结合形式输入 Infomap 进行下一步的社区检测。

2. 决策树模型训练

由于单词聚类环节是无监督的，在得到单词社区后无法判断社区的性质，因而在聚类之后，本节对单词社区进行特征提取，并利用决策树模型进行二分类，判断该社区是否属

```
print(word_mix)
```

([['destroy', 'through', 'listen', 'within', 'those', 'belong', 'childhood', 'third', 'ridden', 'chair', 'husband', 'shout', 'suffer', 'journey', 'effort', 'would', 'demand', 'object', 'station', 'remember', 'little']], [[(0, 'destroy'), (1, 'through'), (2, 'listen'), (3, 'within'), (4, 'those'), (5, 'belong'), (6, 'childhood'), (7, 'third'), (8, 'ridden'), (9, 'chair'), (10, 'husband'), (11, 'shout'), (12, 'suffer'), (13, 'journey'), (14, 'effort'), (15, 'would'), (16, 'demand'), (17, 'object'), (18, 'station'), (19, 'remember'), (20, 'little')], [(19, 2), (2, 19), (15, 16), (16, 15), (19, 16), (16, 19), (15, 11), (11, 15), (19, 11), (11, 19), (13, 18), (18, 13), (10, 18), (18, 10), (13, 7), (7, 13), (10, 7), (7, 10), (13, 17), (17, 13), (10, 17), (17, 10), (13, 6), (6, 13), (10, 6), (6, 10), (0, 18), (18, 0), (20, 18), (18, 20), (0, 7), (7, 0), (20, 7), (7, 20), (0, 17), (17, 0), (20, 17), (17, 20), (0, 6), (6, 0), (20, 6), (6, 20), (8, 18), (18, 8), (5, 18), (18, 5), (8, 7), (7, 8), (5, 7), (7, 5), (8, 17), (17, 8), (5, 17), (17, 5), (8, 6), (6, 8), (5, 6), (6, 5), (19, 4), (4, 18), (18, 4), (19, 7), (7, 9), (4, 7), (7, 4), (9, 17), (17, 9), (4, 17), (17, 4), (9, 6), (6, 9), (4, 6), (6, 4), (3, 18), (18, 3), (12, 18), (18, 12), (3, 7), (7, 3), (12, 7), (7, 12), (3, 17), (17, 3), (12, 17), (17, 12), (3, 6), (6, 3), (12, 6), (6, 12), (14, 18), (18, 14), (1, 18), (18, 1), (14, 7), (7, 14), (1, 7), (7, 1), (14, 17), (17, 14)]]])

图 4-38 单词图输入示例

于 DGA 域名词典社区。选用决策树模型的原因在于，这一模型训练起来较为简单，不会造成过大的系统负担，且单词社区的特征较为简单，不需要采用复杂的机器学习或深度学习模型进行学习。

决策树的生成一般由三部分组成：特征的选取、决策树的生成和决策树的修剪。

在特征选取方面，本节对单词图节点聚类之后得到的不同单词社区，提取如表 4-17 所示的五个方面的特征用于训练决策树模型。这五个特征分别从节点和路径这两个角度描述了单词图上的结构性特征。

表 4-17 单词社区特征提取

特 征 名 称	特 征 含 义	DGA 词典社区特点
V_{count}	社区节点数	社区节点数值较大
$d_{average}$	平均节点度数	平均节点度数较高
d_{max}	最大节点度数	最大节点度数较高
$Cycle_{count}$	社区成环数	社区成环数较多
ASPL	社区平均最短路径长度	社区平均最短路径长度较短

决策树的学习过程是一个自顶向下的递归过程。这个递归过程的基本思想是将信息熵作为度量，构造一棵熵值下降最快的树，到叶子节点处熵值为 0。决策树的构建有三种主流方法。一是 ID3 算法，这一算法的核心是用递归的方法构建决策树，在决策树各个节点上按照信息增益准则选择特征。二是 C4.5 算法，该算法与 ID3 算法相似，但在选择特征的标准上将信息增益优化为信息增益比。三是 CART 算法，这一算法与 ID3、C4.5 的原理不同，这一方法下生成的树必须是二叉树，即决策树只可以处理二分类问题。经过综合比较，本节采用 C4.5 算法生成决策树。

由于决策树的生成过程中常常出现过拟合的问题，需要对决策树进行剪枝。本节采用 C4.5 悲观剪枝算法对生成的决策树进行剪枝。

优化后的决策树损失函数如式（4-25）所示，其中，T 表示子树的叶子节点。$H_t(T)$ 表示第 t 个叶子的熵，N_t 表示该叶子所含有的训练样本个数，α 表示惩罚系数。

$$C_\alpha(T) = \sum_{t=1}^{|T|} N_t H_t(T) + \alpha \mid T \mid \tag{4-25}$$

本节中构造的决策树是一个二分类决策树，最终包含两个叶子节点。本节中决策树的训练样本来自于对训练集中词典型域名集合和良性域名集合分别进行聚类所得到的 DGA 域名词典单词社区特征和良性域名单词社区特征,模型训练过程如图 4-39 所示。通过训练决策树模型,可以对单词图聚类之后得到的不同单词社区进行定性判断,确认某一特定社区是否为域名生成词典社区。在完成这一定性判断之后,可以最终得到一个完整的域名生成词典,完成整个词典的挖掘工作。

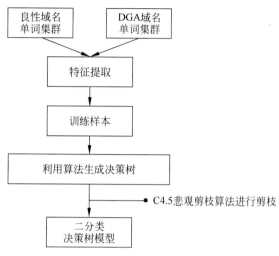

图 4-39　决策树模型训练过程

3. DGA 域名生成词典获取

DGA 域名生成词典的获取过程如图 4-40 所示。初始时,DGA 域名生成词典 D_{DGA} 置空。对于聚类算法中得到的每一个单词社区,决策树模型会做一个二分类判断,给出输入的单词社区是否为 DGA 域名词典社区。如果该单词社区被判断为 DGA 域名词典社区,则将该社区中的所有单词均加入到 DGA 域名词典中去。当所有单词社区均处理完毕后,对 D_{DGA} 进行去重操作,最终可以得到完整的 DGA 域名词典 D_{DGA}。

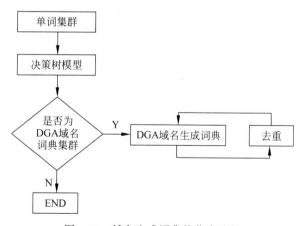

图 4-40　域名生成词典的获取过程

4.3.4　实践效果评估

1. 数据集

本节中实验所用的数据集一共有 2 313 571 条域名样本,其中包含 1 313 571 条词典型 DGA 域名样本,1 000 000 条正常样本。词典型 DGA 域名样本来自 DGArchive 数据集中的 Suppobox 域名家族,正常域名样本来自 Alexa Top 1M 域名。

DGArchive 恶意域名数据集[23]源自于 DGArchive 项目。该项目旨在建立一个高覆盖率的 DGA 域名及其生成算法库。截至 2020 年初,DGArchive 数据集已经收录了 2000 万条恶意域名和 250 多个 DGA 域名种子,分别来自 40 个不同的恶意家族。在 DGArchive 数据集中,Suppobox 是典型的词典型域名,其中的域名分别来自三个不同的词典,顶级域名分为 .ru 和 .net 两种。Suppobox 家族的域名长度为 6～26 个字符。同时 Suppobox 家族 DGA 域名的另一个显著特征在于域名的注册率高,在全部的已知 Suppobox 家族 DGA 域名中,注册率达到 11.53%,远高于其他恶意域名家族(通常 DGA 域名注册率在 3% 以下)。这些特征使得这一家族的 DGA 域名难以检测,根据 DGArchive 项目的统计报告,在微软反病毒引擎上,Suppobox 家族域名的检出率只有 15%。Hyrum S 等人在研究中发现,Suppobox 家族的 DGA 域名在字母分布上与 Alexa Top 1 000 000 域名是一致的,即两者在统计规律上不存在显著差别。

实验所用数据集的具体组成如表 4-18 所示,从正负样本中抽取全部的 1 000 000 条正样本和 1 200 000 条负样本,其中负样本分别由 Dictionary1、Dictionary2、Dictionary3(以下简称 D1、D2、D3)这三个词典中的单词构成。在每次实验中,根据实验需求,先将数据随机等分成几部分,取一部分为训练集,再以剩下的样本构成测试集。

表 4-18　实验数据集构成

域 名 类 型	域 名 数 量	词 典 类 型
Alexa Top 1M 域名	100 000	—
Suppobox 域名	100 000	Dictionary 1
	100 000	Dictionary 2
	100 000	Dictionary 3

2. 单词构图实验分析

为了比较直观地展现构图过程,下面给出 Alexa 域名和词典型 DGA 域名的一个轻量级构图示例。

(1) 词典型 DGA 域名构图:如图 4-41 所示,从由同一词典构成的词典型 DGA 域名中抽取 50 个域名,分词后根据共现关系构图,得到的单词图中共有 21 个单词节点,100 条连边,平均节点度数接近 5。

(2) Alexa 域名构图:如图 4-42 所示,从 Alexa Top 1M 域名中随机抽取 50 个域名,分词后根据共现关系构图,得到的单词图中有 72 个单词节点,60 条连边,平均节点度数在 1 以下。平均度数不足 1 的原因在于 Alexa 域名中很多域名长度很短,分词后得到的单词节点内容仍与域名本身相同,与其他单词节点不存在共现关系。

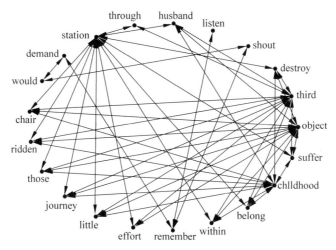

图 4-41　词典型 DGA 域名构图

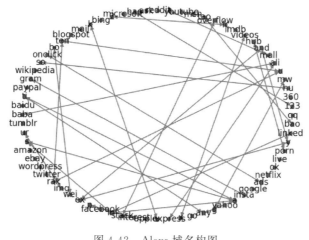

图 4-42　Alexa 域名构图

通过单词构图实验,可以初步直观观察到,等量的词典型 DGA 域名比起正常域名,构图后得到的单词节点数更少,但是节点之间联系更加密切,节点的平均度数更高。

为了寻找单词构图的最佳样本量并进一步验证不同类型单词图的特性,本节对200 000 条域名样本按照 Alexa 域名、单一词典 DGA 域名、多词典 DGA 域名、混合域名这四个方式,分别抽取样本规模为 1000、3000、5000、7000 的域名样本群进行构图,每种方式的构图次数如表 4-19 所示。单一词典域名指域名集合中仅包含来自 D1、D2、D3 其中一个词典的 DGA 域名。多词典域名指域名集合中包含来自 D1、D2、D3 其中多个词典的DGA 域名。混合域名是指域名集合中包含 Alexa 域名以及词典型 DGA 域名。

对于构成的单词图,本节从单词节点数、单词间连边数、平均节点度数这四个直观特征来初步描述。图 4-43～图 4-45 展现了 Alexa 域名、单一词典 DGA 域名、多词典 DGA域名、混合域名这四种方式下得到的单词图的特征,图中的取值均为多次构图下的平均值。

表 4-19   单词构图参数

构图方式	单词构图样本规模			
	1000 样本	3000 样本	5000 样本	7000 样本
Alexa 域名	10 次	10 次	10 次	10 次
单一词典 DGA 域名(D1/D2/D3)	50 次	50 次	50 次	50 次
多词典 DGA 域名(D1+D2+D3)	50 次	50 次	50 次	50 次
混合域名(Alexa+D1,D2,D3)	80 次	80 次	80 次	80 次

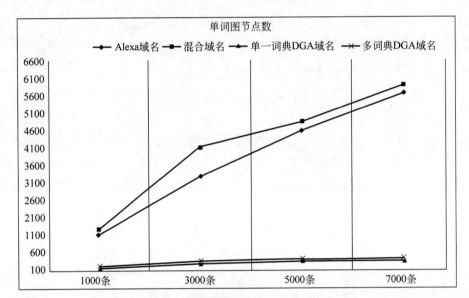

图 4-43   不同构图方式下的单词节点数

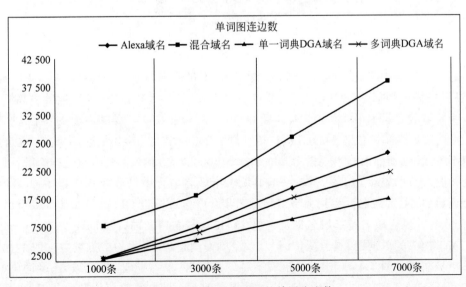

图 4-44   不同构图方式下的单词连边数

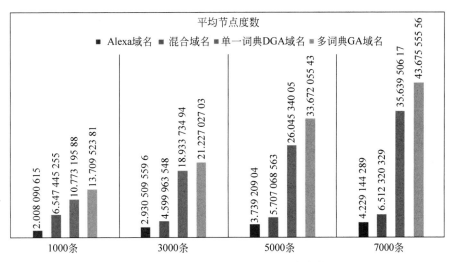

图 4-45　不同构图方式下平均节点度数

（1）单次构图最佳样本量。

理论上来说，单次构图所得域名量越大，越可以全面反映域名词典的分布情况。但考虑到实验过程中的算力以及后续词典挖掘的效率，需要选取一个较为合适的样本量。在本次实验中单次构图的域名样本量最终选取为 5000 条。样本量选取为 5000 的理由有如下两点：①对于词典型 DGA 域名而言，随机抽取的 5000 条域名样本占到单个词典生成域名数量的 10%，已经可以比较全面地反映该词典生成域名的构词特征。②从图 4-43 中的实验数据可以看出，当样本量超过 5000 时，对于词典型 DGA 域名样本群而言，单词构图得到的节点数量、连边数量都已经达到收敛，再增大样本量的意义比较小。

（2）不同域名样本群单词图特征。

就不同类型域名样本群而言，DGA 域名单词图中的节点数要远远小于 Alexa 域名单词图，混合域名单词图中的单词节点数与 Alexa 域名单词图接近。这说明词典型 DGA 域名且其生成词典中的单词与良性域名分词后获得的单词重叠的程度较小，利用单词图的图结构可以对两者进行有效的区分。同时，如图 4-45 所示，在样本数量为 5000 时，Alexa 域名单词图的平均节点度数保持在 4 以内，而 DGA 域名单词图的平均节点度数超过 26，混合域名单词图的平均节点度数则与 DGA 域名单词图相差不大，这验证了词典型 DGA 域名比起正常域名，构图后得到的单词图节点之间联系更加密切。

通过单词构图实验，可以得出对于单次构图而言，最佳的域名样本量为 5000 条，同时可以验证词典型 DGA 域名分词后得到的单词节点之间关联密切，后续将更容易被归到同一社区中去。

3. 域名词典挖掘实验分析

良好的域名词典挖掘效果对于后续的词典社区特征学习和最终的词典型 DGA 域名分类是重要的保障。本节将详细描述本节提出的基于图网络的词典型 DGA 域名检测算法在域名词典挖掘上的实现过程和具体效果。为了比较直观地展现域名词典挖掘的过

程,下文将分别给出 DGA 域名单词图、Alexa 域名单词图和混合域名单词图上的轻量级
词典挖掘实例。

（1）Alexa 域名单词图词典挖掘：如图 4-46 所示（参见彩页），对图 4-42 中的 50 个
Alexa 域名的单词图进行社区划分,得到了 46 个社区。其中最大的社区为图 4-46 中央部
分的蓝色节点社区,有 6 个节点,总度数为 14,平均度数为 2.33,成环数为 2。其他社区
的节点数为 1（孤立节点,域名分词结果为）、2（由同一个域名分词得到）或 3。可以看出,
Alexa 域名单词图中的单词没有明显的社区特性。

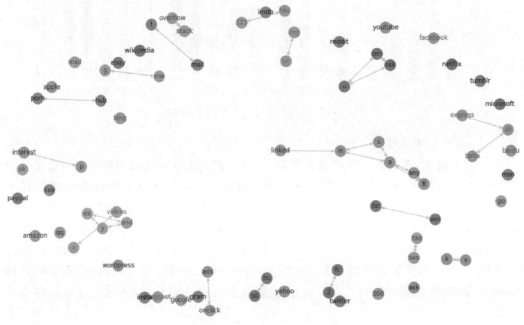

图 4-46　Alexa 域名词典挖掘结果

（2）词典型 DGA 域名单词图词典挖掘：如图 4-47 所示（参见彩页）,对图 4-41 中的
50 个词典型 DGA 域名的单词图进行社区划分,得到两个社区。这两个社区的节点数分
别为 40 和 24,节点度数和为 739 和 261,平均度数为 18.48 和 10.88。对比图 4-40 可以
看出,词典型 DGA 域名分词后得到的词典相比于 Alexa 域名有明显的社区关系,在节点
个数、节点度数和、节点平均度数这三个特征上有明显的区别。

（3）混合域名单词图词典挖掘：如图 4-48 所示（参见彩页）,将图 4-41 和图 4-42 中的
50 个 Alexa 和 50 个词典型 DGA 域名进行混合并进行构图。对得到的单词图进行社区
检测后,得到 48 个社区,其中社区 1 和社区 2,即图中间部分的密集的蓝色点和绿色点的
节点数最多,为 40 和 24 个节点,节点度数和为 739 和 261,平均度数为 18.48 和 10.88。
其余社区的节点数不超过 6,节点度数和不超过 14,平均度数不超过 2.5。对照图 4-46 和
图 4-47 的结果可以看到,对这个混合域名单词图进行社区划分,词典型 DGA 域名和
Alexa 得到了有效的区分。

通过域名词典挖掘实验可以直观看出,DGA 词典社区与非 DGA 词典社区之间存在
如下的简单区别：①DGA 词典社区中的顶点数远多于非 DGA 词典社区；②DGA 词典

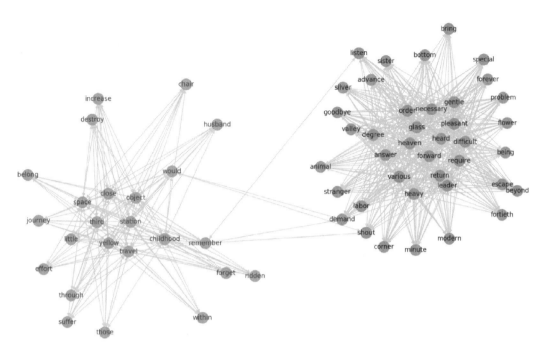

图 4-47 词典型 DGA 域名词典挖掘结果

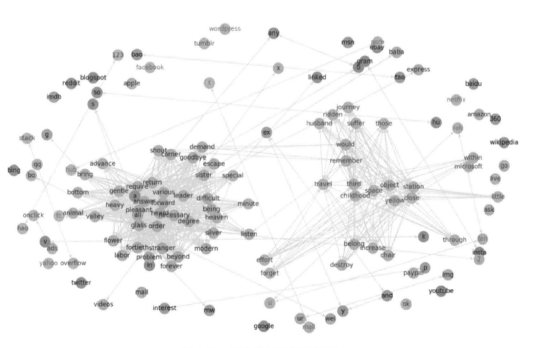

图 4-48 混合域名词典挖掘结果

社区顶点的总度数和平均度数远高于非 DGA 社区。

4. 词典型恶意域名检测实验分析

实验评估部分设计了三种不同的实验,分别用于验证本节提出的词典型域名检测算法在单一词典生成 DGA 域名数据集、多词典生成 DGA 域名数据集和非平衡数据集上的性能。

域名词典挖掘过程中需要进行词典特征提取,以便于用作决策树模型的训练。如表 4-20 所示,本节对每次性能测试实验中提到的正负样本集分别进行分词和社区检测,最终总共得到 62 979 个 Alexa 域名词典社区和 54 897 个 DGA 域名词典社区,这些词典社区构成了每次性能测试实验中的决策树模型训练样本来源。为了实验结果分析的简洁性,在后文中不再对每次的单词社区样本提取过程进行分别阐述。

表 4-20　单词社区特征样本集构成

单词社区类型	数　　量
Alexa 域名词典社区	62 979
DGA 域名词典社区	54 897

第一组实验验证算法在单一词典生成 DGA 域名数据集上的性能,共进行三轮独立的实验,测试集和验证集的具体构成如表 4-21 所示,三轮实验分别测试了算法在 D1、D2、D3 这三个词典上的性能,每轮实验的正负样本数比例为 1∶1。三轮独立实验的结果如表 4-22 所示,算法在每轮实验上的准确率(Accuracy)和召回率(Recall rate)均在 99% 以上,漏检率(Missing rate)均在 0.05% 以内,假阳性率(False positive rate)在 0.9% 以内。在 D1、D2、D3 这三个词典上的平均准确率为 99.67%,平均召回率为 99.97%,平均漏检率为 0.03%,平均假阳性率为 0.58%。实验结果说明,本节算法在单一词典生成 DGA 域名数据集上的测试性能良好。

表 4-21　单一域名词典实验数据集

轮次	训练集				测试集			
	Alexa	D1	D2	D3	Alexa	D1	D2	D3
1	50 000	50 000	0	0	50 000	50 000	0	0
2	50 000	0	50 000	0	50 000	0	50 000	0
3	50 000	0	0	50 000	50 000	0	0	50 000

表 4-22　单一域名词典性能

性能指标	轮次 1	轮次 2	轮次 3	平均值
Accuracy	99.72%	99.53%	99.84%	99.67%
Recall rate	100.0%	99.94%	99.97%	99.97%
Missing rate	0.00%	0.06%	0.03%	0.03%
False positive rate	0.56%	0.88%	0.29%	0.58%

第二组实验验证算法在多词典生成 DGA 域名数据集上的性能,共进行三轮独立的

实验,测试集和验证集的具体构成如表 4-23 所示,三轮实验的负样本分别来自于 D1、D2、D3 词典域名的交叉混合,每轮实验的正负样本比例均控制为 1∶1。三轮独立实验的结果如表 4-24 所示,算法在每轮实验上的准确率均在 99% 以上,召回率均在 99% 以上,漏检率均在 0.5% 以内,假阳性率均在 1.1% 左右。三轮实验的平均准确率为 99.29%,平均召回率为 99.73%,平均漏检率为 0.27%,平均假阳性率为 1.16%。实验结果说明,本节算法在多词典生成 DGA 域名数据集上的测试性能良好。

表 4-23　多域名词典实验数据集

轮次	训练集				测试集			
	Alexa	D1	D2	D3	Alexa	D1	D2	D3
1	50 000	50 000	0	0	50 000	0	25 000	25 000
3	50 000	0	50 000	0	50 000	25 000	0	25 000
6	50 000	0	0	50 000	50 000	25 000	25 000	0

表 4-24　多域名词典性能

性能指标	轮次 1	轮次 2	轮次 3	平均值
Accuracy	99.29%	99.43%	99.14%	99.29%
Recall rate	99.72%	99.91%	99.57%	99.73%
Missing rate	0.28%	0.09%	0.43%	0.27%
False positive rate	1.14%	1.04%	1.29%	1.16%

根据表 4-23 和表 4-24 的结果还可以看出,在单一词典生成 DGA 域名数据集和多词典生成 DGA 域名数据集性能测试实验中,假阳性率分别为 0.58%、1.16% 和 0.68%,而平均漏检率仅为 0.03% 和 0.27%。这一结果说明,相比之下,本节提出的算法对于良性域名的检出能力稍差于对词典型 DGA 域名的检出能力。

假阳性率的产生主要有两方面的原因,一方面由分类算法本身引入,另一方面由词典型 DGA 域名的生成机制引入。在实际场景中,的确存在着由某一词典生成的 DGA 域名与良性域名产生碰撞的可能性。根据词典型 DGA 域名的生成原理,分类算法无法避免由此造成的假阳性率。在实际工程应用中,可以通过采用白名单放行等机制避免由此产生的假阳性所带来的负面影响。同时,从实验数据可以看出,在多词典情况下,假阳性率明显高于单一词典(单一词典情况下为 0.58%,多词典情况下上升到 1.16%)。产生这一现象的可能原因是随着挖掘到的域名生成词典规模的扩大,由这一词典随机生成的域名与正常域名产生碰撞的可能性增大,从而假阳性率有明显的上升。

第三组实验验证算法在非平衡数据集上的性能,共进行三轮独立的实验,测试集和验证集的具体构成如表 4-25 所示,三轮实验的负样本分别来自 D1、D2、D3 词典域名及其交叉混合,每一轮实验的正负样本比例均控制在 10∶1。三轮独立实验的结果如表 4-26 所示,算法在每一轮实验上的准确率均在 98% 以上,召回率均在 93.0% 左右,漏检率在 7% 左右,假阳性率均在 0.80% 以内。三轮实验的平均准确率为 98.80%,平均召回率为 93.07%,平均漏检率为 7.27%,平均假阳性率为 0.68%。实验结果说明,本节算法在非平衡数据集上的测试性能良好。

表 4-25　非平衡实验数据集

轮次	训练集				测试集			
	Alexa	D1	D2	D3	Alexa	D1	D2	D3
1	60 000	6000	0	0	60 000	6000	0	0
2	60 000	3000	3000	0	60 000	3000	3000	0
3	60 000	2000	2000	2000	60000	2000	2000	2000

表 4-26　非平衡词典性能

性能指标	轮次 1	轮次 2	轮次 3	平均值
Accuracy	98.76%	98.63%	98.85%	98.80%
Recall rate	93.07%	92.87%	93.26%	93.07%
Missing rate	6.93%	7.13%	7.74%	7.27%
False positive rate	0.67%	0.80%	0.59%	0.68%

对比表 4-26 与表 4-22、表 4-24 的结果可以看出，在非平衡数据集上，漏检率相对而言有着明显的上升，而假阳性率没有明显的区别。产生这一现象的原因是收到的数据中负样本数量不足，挖掘到的域名生成词典不如在平衡数据中完全，因而造成了一定的漏检率，而假阳性率受这一现象的影响不大。虽然漏检率相比平衡数据集有所上升，但仍然保持在 93.0% 左右，在实验环境中负样本数量明显不足的限制条件下，属于比较理想的范围。

综合三轮实验的结果可以看出，本节提出的算法在单一词典生成 DGA 域名数据集上的表现最好，准确率最高，准确率和召回率均在 99% 左右。这说明在已经掌握 DGA 域名生成词典的情况下，本节算法可以准确地检测出由该词典生成的词典型 DGA 域名。本节算法在多词典生成 DGA 域名数据集上的表现稍微逊色于在单一词典生成 DGA 域名数据集上的表现，但也保持在 99% 以上，这说明算法有足够好的挖掘新词典的能力。在非平衡数据集上，算法的准确率保持在 98% 以上，召回率保持在 93% 左右，充分说明算法可以适应实际流量中 DGA 域名远少于正常域名的情况。

4.4　基于反馈学习的 DGA 恶意域名在线检测

本节针对传统机器学习模型用于实际流量检测时的不足，基于自反馈学习与主动学习的思想提出改进算法。

恶意域名使用随机算法产生用于通信的隐蔽信道，信道的生成会使用与时间相关的随机种子。传统的机器学习模型在使用黑名单样本进行训练并应用之后，随着时间推移和恶意域名特征的变化往往会出现检测率下降的问题。机器学习模型的重新训练也面临着两方面困难：重训练所需时间长，重训练所需恶意样本标定困难。针对如上一些问题，本节提出了 F-SVM 算法，基于反馈学习思想改进的 SVM 模型，可以解决在线检测过程中样本标签不足以及检测模型更新代价高昂的问题。

4.4.1　SVM 与支持向量

　　支持向量机(Support Vector Machine,SVM)是一种有监督的机器学习算法。SVM常被用于分类问题,其通过学习训练数据上的距离分布得到分割超平面,每个训练样本会被分割平面标记为正样本或负样本(二分类情况)。SVM 是一个非概率二元分类器,可以是线性模型,也可以通过核技巧(kernel trick)将训练数据投影到高维特征空间,实现非线性分类。SVM 模型通过分割超平面的学习,把每个正样本点和负样本点之间的距离尽可能扩大,然后将新观测到的样本点映射到同一个空间中,基于它们落在间隔的哪一侧来预测所属的类别。

　　恶意域名的检测是一种分类问题,根据特征形成的向量来判断域名是良性还是恶意。SVM 正是适用于这一场景的二分类模型。SVM 是一个在特征空间上寻找最大间隔的分类器,其优化策略便使正样本和负样本之间的间隔最大化。最终分类问题被转换为一个凸二次规划问题,通过优化技巧进行迭代求解,SVM 模型的本质是通过一个多维的分割超平面来实现样本的正负分类。

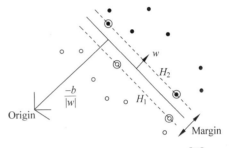

图 4-49　支持向量与分割超平面[20]

　　如图 4-49 所示,在 SVM 中,决定决策边界的数据叫作支持向量,它们决定了间隔(margin)的值为多少,与分割超平面的距离超过最大间隔(max margin)的数据并不会被模型所使用。

　　SVM 的主要问题是找到具有最小间隔的数据点并使该间隔最大化,即:

$$L_P \equiv \frac{1}{2} \parallel w \parallel^2 - \sum_{i=1}^{l} \alpha_i y_i (x_i \cdot w + b) + \sum_{i=1}^{l} \alpha_i$$

其中,$\alpha = (\alpha_1; \alpha_2; \cdots; \alpha_m)$,拉格朗日乘子 $\alpha_i \geqslant 0$。

　　其对偶问题为:

$$\max_{\alpha} \sum_{i=1}^{m} \alpha_i - \frac{1}{2} \sum_{i=1}^{m} \sum_{j-1}^{m} \alpha_i \alpha_j y_i y_j x_i^{\mathrm{T}} x_j$$

$$\mathrm{s.\,t.} \sum_{i=1}^{m} \alpha_i y_i = 0, \quad \alpha_i \geqslant 0, \quad i = 1, 2, \cdots, m$$

解出 α 后,求出 ω 和 b 即可得到超平面。

$$f(x) = \omega^{\mathrm{T}} x + b = \sum \alpha_i y_i x_i^{\mathrm{T}} x + b$$

对任意训练样本 (x_i, y_i),总有 $\alpha_i = 0$ 或 $y_i f(x_i) = 1$。

　　若 $\alpha_i = 0$,则该样本将不会在求和中出现,也就不会对 $f(x)$ 产生任何影响。

　　若 $\alpha_i > 0$,则必有 $y_i f(x_i) = 1$,所对应的样本点位于最大间隔边界上,是一个支持向量。

4.4.2　F-SVM 学习算法

根据 4.4.1 节的原理叙述,SVM 通过最大化数据训练集的间隔来获得分割超平面。分割平面决定于少数距离超平面最近的支持向量。分类的置信度与数据和分割平面的距离成正比。距离分割平面越近的点,分类时的置信度越低;距离分割平面越远的点,分类时的置信度越高。

在实际的流量检测中,我们对一些发生误检的域名人工分析后发现,一部分域名落在了之前最大化间隔的支持向量之间。这一部分没有被先前的 SVM 模型学习到,如果能把这一部分距离超平面距离较近的数据选出作为数据集的更新,则可以捕捉到更为精确的超平面分割标准。

基于上述情况,我们提出了如图 4-50 所示的在线学习算法。

```
1:    funciton F-SVM(D,svm,Gap,Trainset)
2:        Update = ∅
3:        for i = 1 → |D| do
4:            if |Distance(D_i)| < Gap then
5:                Update = Update ∪ D_i
6:            if |Distance(D_i)| > Gap then
7:                Lable D_i by svm
8:        end for
9:        label Update by secondary system
10:       Trainset = (Update ∪ Trainset)
11:       newsvm ← Train(Trainset)
12:       for i = 1 → |Update| do
13:           maxdist = max(|Distance(Update_i)|)
14:       Gap = maxdist
15:       return (Gap,newsvm,Trainset)
16:   end function
```

图 4-50　F-SVM 学习算法

D 为当前时间片的待检数据集。

svm 代表当前时间片使用的检测模型。

Gap 代表待检数据点与分割超平面的距离阈值。其初始值为 1,为训练集上训练的支持向量距离超平面的距离。在每个时间片的检测之后动态调整 Gap 值的大小,新 Gap 值用于下一个时间片的检测。

Update 为用于更新模型的样本数据集合。

newsvm 为在线学习算法训练的新检测模型,用于下一个时间片的检测。

在每个时间片之中应用 F-SVM 在线学习算法,首先输入当前时间片数据集 D,当前检测模型 svm,以及当前距离阈值 Gap。

图 4-50 中,第 3~8 行是 F-SVM 的检测过程,对于距离超平面较远的数据点,其检测的置信度较高,采用 SVM 检测模型的检测结果检测;距离超平面距离较近的数据点,其检测的置信度较低,挑选这一部分数据用于模型的更新。

第 9～10 行对易误检数据集进行标定并用于模型更新,训练出新的 newsvm 模型。

第 11～13 行获取易误检数据集与超平面距离最大值 maxdist。

最后,将 maxdist 传递给下一个时间片检测作为 Gap 阈值,将 newsvm 模型传递给下一个时间片作为检测模型。

4.4.3　算法应用

整个恶意域名检测系统可分为三个部分,如图 4-51 所示。

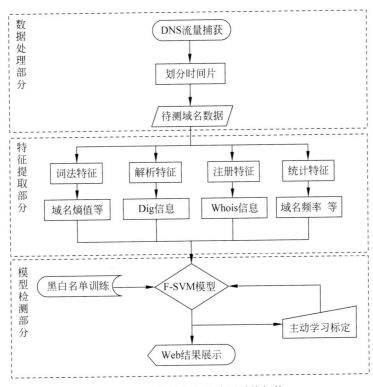

图 4-51　恶意域名在线检测系统架构

第一部分为数据处理部分。系统首先收集 Passive DNS 流量,这部分流量数据会被实时地传送给云端的检测平台。平台对数据按时间划分时间片,提取待检测域名并在第二部分中对时间片进行特征抽取。

当客户端查询本地 DNS 解析器并且服务器的缓存中未包含答案时,DNS 解析器将查询外部根服务器,然后查询顶级域(TLD)服务器和权威名称服务器本身以获取访问权限到请求的信息。通过在 DNS 解析器上激活特殊探针,可以记录包含对客户端的答复的数据包以及进行查询的时间和日期戳。被动 DNS 不存储哪个客户端(或个人)进行查询,仅存储在某个时间点某个域已与特定 DNS 记录相关联的事实。这样可以确保在整个系统中维护隐私。在上海交通大学校园网络中心 DNS 服务器上的收集显示,随着 TLD 数量的不断增加(目前有一千多个),需要记录的数据量很大。每小时处理超过 4 000 000 条 DNS 递归解析记录,每月存储数百亿条记录。

第二部分为特征提取部分。这一部分中通过多种方式提取域名的四类特征共 11 种，用于下一阶段模型的检测。对于每个时间片中的特征提取，使用 Apache Spark 进行并行的加速。

　　第三部分为模型检测部分。首先使用黑白名单训练第一个用于检测的 F-SVM 模型，并将其应用到第一个时间片的检测之中。然后在之后的每个检测的时间片中，使用前一阶段提取出的多维特征与检测模型进行检测。

　　在线检测过程中，F-SVM 在线学习算法会筛选出易被误检的小数据集进行二次精确标定。这一标定可由人工专家辅助进行，也可由自动标定算法实现。由二次标定的标定结果将被用于在下一个时间片检测的过程中训练新的模型，并及时地进行模型更新，用于下一个时间片的检测。

　　最后检测的结果保存至数据库，在 Web 端实时进行展示。检测结果包括恶意域名、恶意域名请求的客户端、恶意域名注册的地理位置，以及每个时间片 F-SVM 筛选出的易误检小数据集。

1. 特征向量提取

　　恶意域名的特征分为四个部分：词法特征、解析特征、注册特征和统计特征，如表 4-27 所示。

表 4-27　F-SVM 模型使用的域名特征

序　号	特 征 类 别	特 征 名 称
1	词法特征	域名长度
2		域名香农熵值
3		域名的可读性
4		域名中特殊字符比率
5	解析特征	解析得到 IP 地址数量
6		NS 记录个数
7		TTL 平均值
8	注册特征	域名注册时间
9		域名有效时间
10	统计特征	IP 对应的域名数量
11		域名解析请求的频率

　　词法特征是域名本身的相关属性，恶意域名的长度通常较长，域名包含的字符杂乱无序导致其香农熵值较高。良性的、正常的域名通常为了方便人们记忆与访问，读起来朗朗上口，而恶意域名往往只需要与代码和机器打交道。我们采用了基于二阶马尔可夫链的项目 gibberish detection 来判断一个字符串是否易于人类发音。同样地，一些由随机算法生成的恶意域名中夹杂着许多特殊字符并不停变换，也是我们注意到的特征之一。

　　解析特征通过 dig 命令得到，与域名的递归解析过程有关。采用 Fast-Flux 的恶意域名采用域名池和 IP 池多重对应，其中采用 Single-Flux 技术的域名会得到解析出大量不同 IP 地址的域名。Double-Flux 技术会不断修改解析 C&C 服务器域名的底层域名服务器对应的 IP 地址,产生大量的 NS 记录。为了及时更新解析的对应关系,这些域名的 TTL 值(Time-to-Live)也会设置较小。

注册特征通过 whois 命令查询,与域名注册时记录的信息有关。恶意域名生存时间往往较短,只会注册使用很短的一段时间,恶意行为结束之后便失效。而良性域名常常有着较长的注册历史。

统计特征则会记录检测周期里一个时间段内的域名请求记录。我们统计了解析到同一 IP 对应的域名数量,以及同一域名在检测周期内被解析的频率。

2. 反馈学习模块

F-SVM 模型在检测数据的过程中选取易误检小数据集,用以反馈更新检测模型,如图 4-52 所示。检测的过程如下。

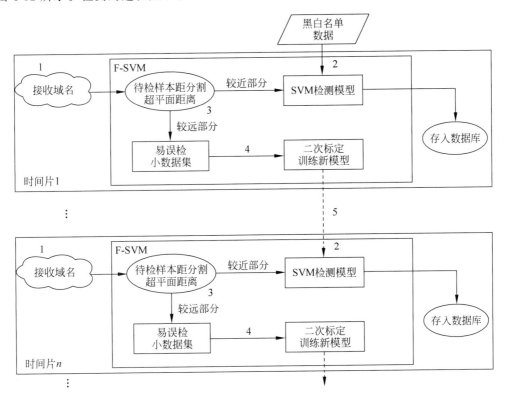

图 4-52　F-SVM 在线检测流程

步骤 1　客户端将待检测的 DNS 流量以日志形式记录,并以定长时间窗口划分为若干时间片,将这些时间片记为时间片 1 至时间片 n。

步骤 2　根据收集到的恶意域名与良性域名组成的黑白名单(白名单来自 Alexa 流量 top 10000,黑名单来自 MalwareDomainList 等三个网站),训练用于检测的初始 SVM 模型,部署在第一个时间片的检测过程中。

步骤 3　在每一个时间片的域名检测过程中,重复以下步骤。在对待检测域名样本进行分类处理的同时,计算该域名与 SVM 模型分割平面的距离 $\mathrm{dist}(x_i)$。$\mathrm{dist}(x_i)$ 较小,也即距离较近的待检域名被划为易误检小数据集 S,这部分易误检小数据集会被二次标定。$\mathrm{dist}(x_i)$ 较小,也即距离较远的待检域名,根据 SVM 的置信度原理,可视为可信结果,这部分结果将被保存。

步骤 4　在上一个时间片的检测结束之后,将分离出的易误检小数据集二次标定,标定结果作为现有黑白名单的补充,重新训练 SVM 模型。

步骤 5　在下一个时间片中,使用步骤 4 所重新训练的 SVM 模型进行检测,重复步骤 3 的检测。

对于易误检小数据集的样本二次标定流程如图 4-53 所示。

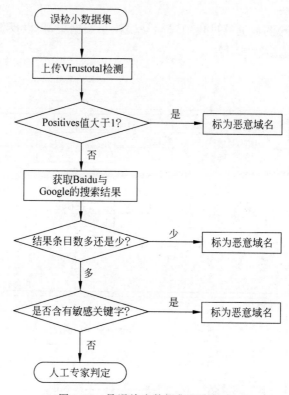

图 4-53　易误检小数据集二次标定

首先,使用第三方引擎 Virustotal 查询域名,如果 Virustotal 返回结果中 Positives 值大于 1,也即两家及以上的机构认为域名恶意,则标记该域名为恶意域名;否则,继续获取 Baidu 和 Google 对这一域名的搜索结果,统计结果数目。如果结果数量多(本模型中采用 10 000 为阈值,因为 Alexa 域名都在这个搜索结果之上),则判定为良性;如果结果数目少,为 50~10 000(本模型中采用 50 为阈值,因为恶意样本域名多数都在这个结果之下),则判断搜索引擎的搜索结果中是否包含关键字。对于以上步骤之后未能精确标定的域名,则存入人工标定数据库,由前端页面展示给安全专家进行人工标定。

4.4.4　实践效果评估

为了评价本章提出的 F-SVM 模型在恶意域名检测当中的作用,本节利用上海交通大学校园网络中心 DNS 服务器的流量,构建真实检测系统并进行了对比实验,验证 F-SVM 模型中反馈模块的改进效果。

1. 数据集

本节采用的实验数据集包括两个,一个是训练所用样本数据集,另一个是真实环境测试数据集。

本实验训练所用黑名单样本来于以下三个恶意域名黑名单库:Malwaredomains、Phishtank、Malwaredomainlist。我们从这三个网站中筛选出部分恶意域名作为训练黑名单样本,为确保黑名单的有效性,筛选出的恶意 URL 样本都经过了人工核实,最终获取的黑名单样本数量为 2317。

本实验训练所用的白名单样本来于 Alexa 访问排名前一万的域名,我们从中筛选出 2834 条域名构成训练所用的白名单样本。正负样本的比例接近 1:1。

本实验真实环境测试数据集中的所有数据来于上海交通大学校园网一周内的 DNS 服务器流量数据,在云平台上以分钟为单位划分时间片并行处理,检测模型每小时更新一次。

2. 特征评估与交叉验证

为了验证 SVM 分类模型的检测效果,我们在数据集上采取了十折交叉验证的方法,将 2800 条白名单与 2400 条黑名单数据平均分为十份,每次随机选取其中的一份作为测试数据,其余九份数据作为训练数据进行实验验证。将十次实验结果的指标平均后作为最终的指标。

在 4.4.3 节中表 4-27 的特征部分将特征分为四个部分:词法特征、解析特征、注册特征、统计特征。为确认这些特征在实际检测中的检测效果,我们将特征分为 14 种组合:F1～F4 分别代表只使用词法特征、解析特征、注册特征和统计特征,F12～F34 代表词法特征和解析特征的两两组合,F123 代表三个特征组的组合,F1234 为全部的特征组合。

得到的检测率如图 4-54 所示,在单一特征组合检测时,词法特征组合获得了最低的检测率,说明对于当前大部分恶意域名人们还是肉眼可以分辨出的。但是单纯的词法特征远不足以检测所有的恶意域名,仍需要解析、注册、统计特征的辅助来进行检测。

而在去掉某些特征进行检测的过程中我们发现每种特征都可以使最终的检测率得到提升,并不存在某种特征是无效的。因此最后决定选择全部 11 种特征的组合。

确定特征组合之后我们在数据集上进行了三种验证:全数据训练、十折交叉训练、随机三等分,得到结果如表 4-28 所示。

表 4-28　数据集上交叉验证结果

验证类型	AUC	检测率	误检率
全数据训练	0.999	99.3%	0.2%
十折交叉训练	0.976	97.5%	0.8%
随机三等分	0.977	97.7%	1.0%

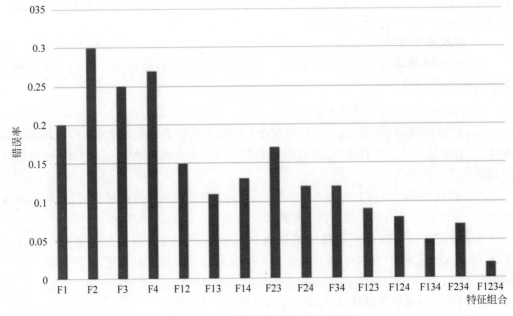

图 4-54　SVM 模型检测率随特征变化

3. 真实环境检测

我们收集了校园网 DNS 服务器 7 日内的 Passive DNS 流量,利用 tcpreplay 模拟真实环境进行测试。DNS 流量记录包括域名解析请求 Query 日志,域名解析响应日志 Response,以及递归解析请求 Recursive。在本节的 C&C 信道检测阶段,我们最终关注的是递归解析请求的部分,因为解析请求与响应请求中含有大量的误操作冗余信息,恶意信道为了躲避追踪,常常选择较高的更新频率,因此必然会在递归解析之中留下踪迹。

接下来,按 10min 划分时间片进行特征抽取、模型检测、模型更新的阶段性工作。总体看来,经过去重和白名单过滤之后,筛选出 615 843 437 条 DNS 域名数据进行分析,并分别应用 SVM 模型与 F-SVM 模型,分析结果如表 4-29 所示。

表 4-29　实际流量环境中模型的检测结果

模　　型	恶意域名数	误报情况 (1000 个采样估计)	误报情况 (自动化标定)	准确率
SVM	19 463	293(70.7%)	6103	68.6%
F-SVM	18 384	72(92.8%)	1139	93.8%

值得说明的是,在真实环境的检测中,准确判定一个域名是不是恶意需要人工专家的经验和介入。因此在实际流量环境的检测结果中,我们只能关注检出结果中的准确率,很难获知漏检的情况。

我们采用两种方式获知最终的检测率。第一种是抽样估计,我们随机选取了 1000 个被模型标为恶意的样本,利用人工的方式确定这些结果的准确性。第二种是自动化标定,本节结合第三方病毒库与搜索引擎提出了自动化的标定算法,并将其应用到恶意域名的检测过程中。最终两种方式得到的准确率比较接近,应用 F-SVM 算法在长时间维度的检测中起到了检测率提升的作用。

4. 自反馈学习效果可视化

将 F-SVM 算法应用在实际环境的 7 日校园网 DNS 流量之中,按 10min 划分时间片。绘制每个时间片中检测率的变化曲线,如图 4-55 所示。

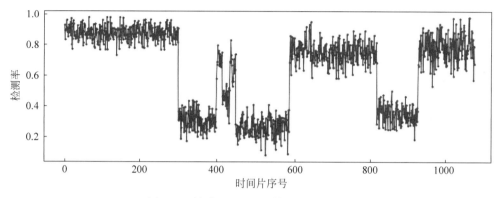

图 4-55　未使用 F-SVM 模型的检测效果

从实际流量的应用结果可以发现,最开始应用时检测率维持在较高水平,约在 90% 左右,这和我们在 5000 条域名的训练集上交叉训练的结果相近。但随着检测过程的推进,我们发现检测模型的检测率出现了若干低谷。在这些低谷对应的时间片中,模型出现了大量误检,检测率降至 30% 左右。

这一现象引起了我们的注意,将图 4-55 中第一个检测率低谷放大之后如图 4-56 所示。在 40~140 时间片(即图 4-55 中的 285~385 时间片)的检测时间内,检测率出现了长时间的降低,这些时间片对应到现实中是 10h 左右。

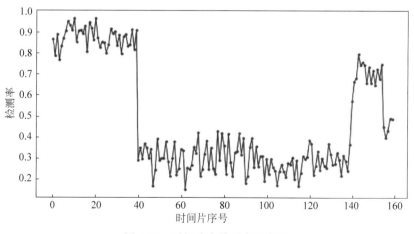

图 4-56　时间片中检测率的变化

经分析后发现,这是由于这一部分的数据中包含若干被误检的域名数据。其中既有被误检为良性的恶意域名,也包含被误检为恶意的良性域名。如果在 285~385 时间片之间能够发现这些无法检测的恶意域名并加以学习与更新,则可以很好地解决这一低谷中的数据误差。

F-SVM 算法正是为解决这样的实际检测问题而设计的。通过计算与分割超平面的距离,F-SVM 算法挑选出原支持向量机模型分类中置信度较低的数据点,并将这部分数据点进行及时的准确标定。对这部分误检情况的分析,挑选部分情况展示如表 4-30 所示。这部分小数据集根据它们到超平面的距离被筛选出来,其中有的域名落在了检测模型的良性结果一侧,但经过二次标定后为恶意,有的落在了检测模型的恶意结果一侧,但经过二次标定后为良性,也有一些数据没有发生误检。这些发生了误检的情况和检测正常的数据都会被用于模型的更新。

表 4-30　易误检小数据集情况分析

域　　名	模型检测结果	距超平面距离	人工标定	自动化标定	备　　注
chukumaandtunde. net	良性	0.23	恶意	恶意	Virustotal＝1.5,根据搜索引擎发现恶意
chungcudephanoi. com	恶意	−0.83	恶意	恶意	Virustotal＝1,根据 Twitter 社区发现恶意
registrydefenderplatinum. com	恶意	−0.93	恶意	恶意	Virustotal＝2
v3club. net	恶意	−0.37	良性	良性	Virustotal＝1,但搜索引擎结果未发现相关关键词
deepbluesoft. com	良性	0.49	良性	良性	Virustotal＝0 搜索结果不触发关键词

应用了 F-SVM 在线学习算法后的检测率变化见图 4-57。原先长段的低谷被截短,实现了易误检域名及时地发现与检测。在整个检测过程中,应用 F-SVM 算法可以维持检测率始终保持在较高的水平。结果如表 4-30 所示,应用 F-SVM 后,7 日内的检测率提升近 30%。

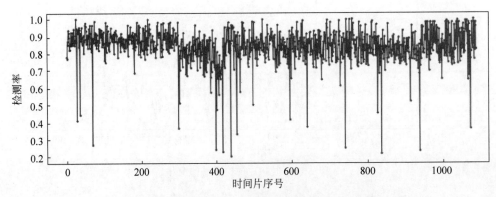

图 4-57　应用 F-SVM 在线学习算法后的检测率

5. 小数据集模型更新效率

如 4.4.3 节所述,F-SVM 算法的核心思想是利用在线检测过程中易被误检的数据进行反馈学习,更新模型。在检测过程中,流量数据按 10min 划分时间片,特征提取、数据传输、模型更新等操作都需要在这个时间间隔内完成。

SVM 的训练计算复杂度为 $O(d \times L^2) \sim O(N_{sv}^3 + LN_{sv}^2 + d \times L \times N_{sv})$。其中:$N_{sv}$ 代表支持向量的个数 num_support_vectors;L 代表训练集样本的个数;d 代表每个样本原始的维数,这个维数是指没有向高维空间映射之前的特征数目。

根据不同的应用场景,SVM 的优化算法 SMO 算法复杂度为 $N \sim N^{2.2}$。对比之下,chunking scale 算法的复杂度为 $N^{1.2} \sim N^{3.4}$。也就是说,一般 SMO 比 chunking scale 算法有一阶的优势。由于核函数映射的计算,非线性的 SVM 模型训练比线性 SVM 的 SMO 算法要慢很多。

如果数据集不断膨胀,那么 SVM 模型的训练过程将会愈发耗时。F-SVM 注意到了这一问题,并严格控制用于更新的易误检数据集比例。经过实验数据的检测,应用我们的算法所检测出的易误检的数据集可以很好地降低数据规模。

如图 4-58 所示,每个时间片中应用 F-SVM 模型所检测出的边界数据集只占到总训练数据规模的 1% ～ 5%,这样得到的小数据集用于模型更新再训练,可以控制对模型训练耗时的影响。在实验过程中,最开始时模型更新的训练时间在 30s 左右,到第 1000 个时间片后,训练时间依然控制在 180s,相对于所划分的时间片长度,训练时间得到了高效的控制。

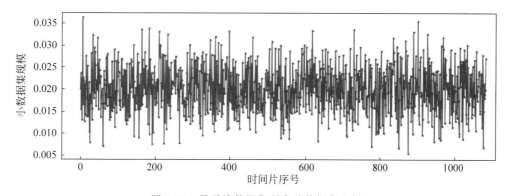

图 4-58　易误检数据集所占总数据集比例

小　　结

本章介绍了如何检测僵尸网络在建立通信过程中使用的 DGA 域名的四种方法,通过识别恶意域名可以有效地阻断僵尸网络的通信。本章详细阐述了基于 DNS 图、知识图谱、图网络以及反馈学习的 DGA 恶意域名检测方法,并且对于 DGA 域名检测的实验设计也进行了详细的描述,利于对此研究方向有兴趣的读者更好地从事研究工作,有一定的参考意义。

参 考 文 献

[1] WEIMER F. Passive DNS Replication[C]. In 17th Annual FIRST Conference on Computer Security Incident Handling, Singapore, 2005.

[2] Internet Systems Consortium, Inc. ISC Security[DB/OL]. [2013-6-11]. https://security.isc.org/.

[3] PEARL J. Reverend Bayes on Inference Engines: A Distributed Hierarchical Approach[C]. In 2nd National Conference on Artificial Intelligence, Pittsburgh, Pennsylvania, USA, 1982: 133-136.

[4] DNS-BH Malware Domain Blocklist[DB/OL]. [2013-6-10]. http://www.malwaredomains.com/.

[5] Malware Domain List[DB/OL]. [2013-6-10]. http://www.malwaredomainlist.com/.

[6] Arbor Networks, Inc. ATLAS Summary Report: Global Fast Flux[R/OL]. [2013-6-11]. http://atlas.arbor.net/summary/fastflux.

[7] abuse.ch. Zeus Tracker[EB/OL]. [2013-6-12]. https://zeustracker.abuse.ch/.

[8] abuse.ch. Palevo Tracker[EB/OL]. [2013-6-12]. https://palevotracker.abuse.ch/.

[9] abuse.ch. SpyEye Tracker[EB/OL]. [2013-6-12]. https://spyeyetracker.abuse.ch/.

[10] 国家计算机网络应急技术处理协调中心. CNCERT/CC[EB/OL]. [2013-6-12]. http://www.cert.org.cn/.

[11] 中国反网络病毒联盟. Anti Network-Virus Alliance of China[EB/OL]. [2013-6-12]. http://www.anva.org.cn/.

[12] Vitalwerks Internet Solutions, LLC. No-IP[EB/OL]. [2013-6-10]. http://www.noip.com/.

[13] Dyn Inc. DynDNS[EB/OL]. [2013-6-10]. http://dyn.com/.

[14] 3322 动态域名. 公云[EB/OL]. [2013-6-10]. http://www.pubyun.com/.

[15] The Spamhaus Project Ltd. The Spamhaus Don't Route Or Peer Lists[EB/OL]. [2013-6-14]. http://www.spamhaus.org/drop/.

[16] The OpenBL.org project. OpenBL.org[EB/OL]. [2013-6-14]. http://www.openbl.org/.

[17] GERZO D. BruteForceBlocker [EB/OL]. [2013-6-14]. http://danger.rulez.sk/index.php/bruteforceblocker/.

[18] IETF. Sender Policy Framework (SPF) for Authorizing Use of Domains in E-Mail, Version 1[DB/OL]. (2006-4)[2013-6-14]. http://www.ietf.org/rfc/rfc4408.txt.

[19] DEAN J, GHEMAWAT S. MapReduce: Simplified Data Processing on Large Clusters [J]. Communications of the ACM, January, 2008, 51 (1): 107-113.

[20] LOW Y, GONZALEZ J, KYROLA A, et al. GraphLab: A New Parallel Framework for Machine Learning[C]. In 26th Conference on Uncertainty in Artificial Intelligence, Catalina Island, California, USA, 2010: 340-349.

[21] MALEWICZ G, AUSTERN M H, BIK A J C, et al. Pregel: A System for Large-Scale Graph Processing[C]. In ACM SIGMOD International Conference on Management of Data, Indianapolis, Indiana, USA, 2010: 135-146.

[22] ROSVALL M, AXELSSON D, BERGSTROM C T. The map equation[J]. The European Physical Journal Special Topics, 2009, 178(1): 13-23.

[23] PLOHMANN D, YAKDAN K, KLATT M, et al. A comprehensive measurement study of domain generating malware[C]//Proceedings of Security Symposium (USENIX), 2016: 263-278.

[24] AN J, CHO S. Variational autoencoder based anomaly detection using reconstruction probability [J]. Special Lecture on IE, 2015, 2(1): 1-18.

第 5 章

僵尸网络 DNS 隐蔽隧道 检测方法与实践

在僵尸网络成功建立通信之后,搭建网络隐蔽通道是僵尸网络绕过网络安全策略进行数据传输的重要途径,而 DNS(域名系统)则是实现应用层隐蔽通道的常用手段。检测 DNS 隐蔽隧道也是检测和阻断僵尸网络的关键。

5.1 基于机器学习的检测方法

5.1.1 DNS 隐蔽通道分析

基于 DNS 协议的隐蔽通道可分为两类:第一类基于 DNS 的递归域名解析,在本节中称为基于域名的隐蔽通道;另一类则需要客户端与隐蔽通道服务器直接通信,在后文中称为基于服务器的隐蔽通道。

1. 基于域名的 DNS 隐蔽通道

攻击者注册一个域名,并将其域名服务器(NS)设置为隐蔽通道的服务器地址。隐蔽通道客户端向任意一台 DNS 递归服务器请求该域名下的子域名,实现与服务器通信。客户端向服务器发送的数据,编码为域名的子域名字符串;服务器返回的数据,则包含在 DNS 回答的资源记录(RR)中。

DNS 域名由一系列标签(Label)构成,标签最长为 63B,整个域名长度不超过 255B[1]。标签允许包含英文字母、数字和连字符,且不区分大小写。因此,DNS 隐蔽通道通常将数据 Base32 编码后作为子域名标签。BIND、djbdns[2]等 DNS 服务器支持二进制数据的标签,使域名中可存储的数据增加 60%。

服务器向客户端发送数据,最常用的资源记录类型为 NULL 和 TXT,前者可包含任意长的二进制数据,后者则要求为可打印字符,需对数据 Base64 编码。TXT 记录可能包含二进制数据,使可承载的数据量增加了 33%。其他常用的资源记录类型有 SRV(服务定位)、MX(邮件交换)、CNAME(规范名称)、AAAA(IPv6 地址)和 A(IPv4 地址)记录,其可实现的下行带宽依次递减。由于 A、MX 和 AAAA 记录的请求在互联网 DNS 流量中所占比例最大,尽管带宽小于 NULL 等,但它们仍然是注重隐蔽性的 DNS 通道的首选。

基于域名的 DNS 隐蔽通道还受到 DNS 消息长度的限制。RFC 1035 要求 UDP 传输的 DNS 消息不得超过 512B。DNS 协议的扩展 EDNS0 则取消了这一限制,需传输大量数据的 DNS 通道通常会启用 EDNS0。

基于域名的 DNS 隧道程序实现,可分为 IP over DNS 和 TCP over DNS 隧道。其中,IP over DNS 隧道的实现有:NSTX[3],使用 TXT 记录;Iodine[4],可选择 NULL、TXT、SRV、MX、CNAME 或 A 记录;DNSCat[5],使用 A 或 CNAME 请求。Iodine 和 DNSCat 在发送 A 记录请求时,下行数据依然由回答中的 CNAME 记录提供。TCP over DNS 隧道的实现有:OzyManDNS[6],Dns2tcp[7],tcp-over-dns[8] 和 Heyoka[2],它们均使用 TXT 资源记录。

2. 基于服务器的 DNS 隐蔽通道

当网络安全策略允许主机与任意一台 DNS 服务器通信时,则可以使用基于服务器的 DNS 隐蔽通道。此时,攻击者只需将基于 UDP 的服务运行在 53 端口即可。例如,将 OpenVPN 服务器架设在 UDP/53,从客户端直接建立 VPN 连接。Iodine 检测到客户端能与隧道域名 NS 直接通信时,也会自动采用 Raw UDP 模式建立隧道。在这种模式下,整个 UDP 载荷均为隐蔽通道数据,通信效率大幅提高。然而,由于这些报文不是有效的 DNS 消息,网络安全工具解析这些数据包时会出现异常(Malformed),从而引起怀疑。

也有方法[9]是在现有 DNS 消息末尾的松弛空间注入数据,不影响 DNS 服务器和流量检测工具对数据包的解析,解决了上述 Raw UDP 隧道的缺陷,实现了相应的隐蔽通信程序包 PSUDP。此外,还有在编码域名中使用前向指针提高注入数据检测难度的方法。

3. DNS 数据连接的定义

为了判断各个客户端的域名请求行为存在隐蔽通信的可能,首先必须对 DNS 流量中的数据连接进行定义,以确定各个消息的通信双方。

对于截取的 UDP/53 数据包,首先将其作 DNS 协议解析。如果解析中无任何错误,且完毕时指针位于 UDP 载荷的末尾,则该数据包是一个无注入的合法 DNS 数据包。我们将这类数据包的 DNS 连接双方定义为〈client_ip, pure_domain〉。其中,client_ip 是 DNS 客户端地址,即 DNS 查询包的源,或 DNS 回答包的目的 IP 地址。pure_domain 为 DNS 请求域名(QNAME)的纯域名部分,即将 QNAME 去除由同一 DNS 授权的子域名标签。

如果将数据包解析为 DNS 时发生错误,或者解析完毕后指针未在 UDP 载荷末尾,表明该数据包可能为 Raw UDP 隧道,或者存在松弛空间的数据注入。这类数据包的通信双方记作〈client_ip, server_ip〉。网络边界监控时可认为内网主机地址为 client_ip,本节中将源和目的 IP 中数值较小的作为 client_ip,较大的作为 server_ip,从而再确定传输方向。

5.1.2 数据特征提取

表 5-1 列出了本系统从截取的一个数据包中提取的 12 个特征。数据包特征参数用于初步过滤不符合 DNS 隐蔽通道特性的数据包,降低进入 DNS 连接统计表的数据量。同时,作为 DNS 数据连接统计的输入。

表 5-1　数据包特征

特 征 类 别	♯	特 征 名 称
数据包解析	F_1	数据包解析异常
	F_2	UDP 载荷长度
	F_3	DNS 消息长度
	F_4	注入数据长度
请求域名	F_5	标签数量
	F_6	子域名字串长度
	F_7	域名包含二进制数据
	F_8	域名存储数据量
DNS 消息	F_9	编码域名含前向指针
	F_{10}	含 CNAME 记录
	F_{11}	回答部分资源记录数据尺寸
	F_{12}	全部资源记录数据尺寸

格式异常(F_1)和注入数据(F_4)针对基于服务器的 DNS 隐蔽通道,分别检测 Raw UDP 和松弛空间注入两种方式。DNS 隐蔽通道传输数据时,UDP 载荷长度(F_2)通常大于合法 DNS 消息长度;基于域名的通道数据存储在子域名和资源记录中,大幅增加 DNS 消息长度(F_3)。

基于域名的 DNS 隐蔽通道,上行数据通常只能存储在 QNAME 中,因而 QNAME 的特征,如标签数量(F_5)、子域名长度(F_6)成为检测的重要依据。本章文献[5]提出,在域名中使用二进制数据(F_7)也是明显的可疑行为,根据是否存在二进制数据,可计算子域名中容纳的信息量(F_8),对于 Base32 编码的子域名(即 F_7 = false),有 $F_8 := 0.6 \times F_6$,对于二进制数据(如果 F_7 = true),则 $F_8 := F_6$。

编码域名中使用前向指针(F_9)是本章文献[2]提出的提高数据注入检测难度的手段;隐蔽性较高的 A 记录查询,CNAME 记录(F_{10})是存储大量下行数据的常用手法。基于域名的 DNS 隐蔽通道,下行数据存放在资源记录中,尤其是回答部分(Answer Section)的资源记录中。回答部分所有资源记录数据长度(RDLENGTH)之和记为 F_{11},DNS 报文中全部资源记录 RDLENGTH 之和记为 F_{12}。

通过对现有隐蔽通道程序的实验分析,本节确定的数据包过滤规则为:

$$(F_1 = \text{false}) \wedge (F_4 = 0) \wedge (F_6 \leqslant 4) \wedge (F_{11} \leqslant 1)$$

符合该条件的,即无格式异常、无数据注入、子域名长度不超过 4B 且回答资源记录总长不超过 1B 的,将被过滤模块丢弃,其余数据包进入 DNS 连接特征的统计。

DNS 连接统计表中存储了经过数据包过滤后,各个 DNS 数据连接的统计信息。如表 5-2 所示,DNS 连接的特征可分为三类:特征集 FS_1 包含时间段 T 内该 DNS 连接监测到的传出和传入数据包数量;FS_2 统计了该连接中具有前向指针、具有 CNAME,以及 QNAME 带有二进制数据的数据包数量;FS_3 则是域名特征 F_2,F_3,F_4,F_5,F_6,F_8,F_{11},F_{12} 的统计特性(均值、最大值、最小值及部分特征的求和)。

表 5-2 DNS 数据连接特征集

特征集	特征集说明
FS_1	传入和传出 DNS 数据包数量
FS_2	含有前向指针、CNAME 记录和二进制域名的数据包数量
FS_3	数据包特征 $F_2, F_3, F_4, F_5, F_6, F_8, F_{11}, F_{12}$ 的统计参数

当一个 DNS 数据连接在统计表中跟踪的时间达到了统计时限 T 时,连接过滤器读取该连接的特征记录。如果其平均每分钟的数据包数量达到 4 个,则进入分类器判断是否为 DNS 隐蔽通道。对数据包少于 4 个/分钟的连接,认为其是合法的 DNS 请求,从表中直接删除。

5.1.3 检测算法

本节提出的 DNS 隐蔽通道检测流程如图 5-1 所示。DNS 流量探针监测所有 UDP/53 的流量。对于 DNS 探针采集到的数据包,计算数据包特征参数,并根据一定的规则滤除明显不符合 DNS 隐蔽通道特征的数据包。接着,对余下的数据包,根据定义,识别其所属 DNS 数据连接的通信双方,将该数据包的信息更新至 DNS 连接特征统计表。DNS 连接特征统计表维护了一段时间内所有 DNS 数据连接的统计信息,如持续时间、包数量、请求/回答数量、传输数据量等。

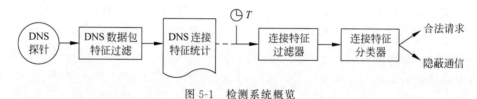

图 5-1 检测系统概览

连接特征过滤器选取 DNS 连接统计表中持续时间达到统计时限 T 的记录,然后滤除 T 时间段内请求数量极少、不符合隐蔽通道特性的连接。其余的 DNS 数据连接经过分类器,应用预先训练的模型,将其判别为合法或隐蔽通道。

本系统的分类器使用 J48 决策树算法,J48 是 C4.5 算法的一个实现。C4.5 算法采用自顶向下、分而治之的决策树构造方法,选择信息增益率最大的属性进行分裂,递归直至决策树各节点样本均为相同类别或无属性可分裂[10]。

分为 m 个类别的样本集合 D,其信息期望(熵)如式(5-1)所示。

$$\text{Info}(D) = -\sum_{i=1}^{m} p_i \log_2(p_i) \tag{5-1}$$

其中,p_i 是任一样本属于类别 C_i 的概率,由 $|C_{i,D}|/|D|$ 估计。

样本集合 D 中属性 A 有 v 个不同的取值,$\{a_1, a_2, \cdots, a_v\}$,那么用属性 A 可以将 D 划分为 v 个子集 $\{D_1, D_2, \cdots, D_v\}$,其中,$D_j$ 包含 D 中 A 属性值为 a_j 的样本。属性 A 的信息期望如式(5-2)所示。

$$\text{Info}_A(D) = \sum_{j=1}^{v} \frac{|D_j|}{|D|} \times \text{Info}(D_j) \tag{5-2}$$

由此可计算属性 A 的信息增益,即属性 A 对分类提供的信息量,如式(5-3)所示。

$$\text{Gain}(A) = \text{Info}(D) - \text{Info}_A(D) \qquad (5\text{-}3)$$

信息增益越大,则选择属性 A 后对分类的不确定程度越小。

C4.5 算法选择分裂属性基于信息增益率,即信息增益与分割信息量的比值,以克服信息增益倾向于选择具有大量取值的属性的缺点。

本节选择 C4.5 算法的原因在于决策树效率高、能够取得较为准确的检测结果,同时,其输出直观明了,容易找到最能区分合法流量和 DNS 隐蔽通道的属性。

5.1.4　实践效果评估

1. 训练数据集

本节实验使用的合法 DNS 流量样本取自上海交通大学校园网的 DNS 流量,在 1h 的流量截取文件中,提取单一客户端对同一纯域名请求次数最多的 6890 个 DNS 数据连接,并确认了其均不属于 DNS 隧道。

为获得 DNS 隐蔽通道样本,实验运行了多个现有的 DNS 隧道软件,截取使用过程中的流量。测试的 DNS 隐蔽通道软件包括 Iodine、Dns2tcp、DNSCat、tcp-over-dns 和 PSUDP。对于支持多种资源记录格式的 Iodine、Dns2tcp 和 DNSCat,实验分别截取了其在 NULL、TXT、SRV、MX、CNAME、KEY 等资源记录,以及 Raw UDP 模式下的流量。为使训练产生的模型,既能识别数据传输中的隐蔽通道,又可检测小流量、低频率的通道,对上述 DNS 隧道软件的实验中,分别截取了其活动状态(有数据通过隧道传输)和空闲状态(隧道保持连接)时的特征。隧道传输的数据,采用浏览器自动加载网页的方法模拟。

PSUDP 采用在现有 DNS 流量中注入数据的被动工作方式,自身不产生 DNS 请求,因此,对 PSUDP 的实验,我们以 1 次/秒的频率产生 DNS 请求,使 PSUDP 能够进行数据传输。

上述 DNS 隐蔽通道软件的实验总共产生 22 种隐蔽通道模式。实验对每种流量模式分别截取 6 个时间段,得到总共 132 个 DNS 隐蔽通道特征样本。

2. 分类器效果评估

本节检测系统的参数 T 代表一个 DNS 连接进入分类器前进行监测的时间,提高 T 的取值可增强对小流量 DNS 隐蔽通道的数据采集,但同时也增加了检测的延迟。在对分类效果的评估中,我们对 T 分别选取 1min、2min、3min、5min 和 10min,比较在不同检测延迟下本系统的检测效果。

表 5-3 比较了不同的 T 取值下样本分类训练的准确率,分别使用全部训练集,以及十折交叉验证的方法评估。结果显示,不同的 T 的取值对分类器训练的准确率影响较小,5 个训练集的分类准确率均可达 99.6% 以上。在后续的实验中,本节将比较 $T = 1$min 和 $T = 5$min 产生的模型的检测效果。

表 5-3　分类器准确率

延迟 T	准确率（全训练集）	准确率（交叉验证）
1min	99.96%	99.79%
2min	99.98%	99.80%
3min	99.94%	99.69%
5min	99.92%	99.75%
10min	99.92%	99.83%

对于训练使用的 22 种 DNS 隐蔽通道模式，实验重新截取了相应的流量并计算特征值，应用 $T=1\text{min}$ 和 $T=5\text{min}$ 的模型进行分类，结果显示，两个模型均能检测全部 22 种已知的 DNS 隐蔽通道。为了检验模型对训练未涉及的 DNS 隐蔽通道的检测能力，实验另行测试了三个 DNS 通道程序，分别为 OzyManDNS、Heyoka，以及作者自行设计的 DNS 隐蔽通道（ChanA），基于 Base32 域名编码和多个 A 记录的数据返回。对于上述三个未经训练的 DNS 通道软件，检测结果如表 5-4 所示。

表 5-4　检测训练集以外的 DNS 隐蔽通道

通 道 名 称	$T=1\text{min}$	$T=5\text{min}$
OzyManDNS-active	No	Yes
OzyManDNS-idle	No	Yes
Heyoka-active	Yes	Yes
Heyoka-idle	No	Yes
ChanA-active	No	Yes
ChanA-idle	No	No

$T=5\text{min}$ 产生的模型可检测传输和空闲状态的 OzyManDNS、Heyoka 以及传输状态的 ChanA，其对未经训练的隐蔽通道检测能力明显优于 $T=1\text{min}$ 的模型（仅能检测活动状态的 Heyoka）。

传统的基于高请求频率判断 DNS 隐蔽通道的方法，仅依赖于统计同一客户端对同一纯域名的请求量。图 5-2 对比了实验采集的合法请求与隐蔽通道样本的数据包数量分布，DNS 隧道软件在保持连接和低速率传输时的请求频率与合法应用难以区分，根据此参数设定阈值，为使误报率保持在合理范围内，将不可避免地忽略低带宽的隐蔽通信。

3. 实际环境评估

本节实现的检测系统，在上海交通大学校园网的 DNS 流量监控服务器上进行了部署测试，通过处理实时的 DNS 流量，检验本系统的检测准确率。系统监测的 DNS 流量来自约 30 万个源 IP 地址，DNS 请求量约 3000 次/秒。

实验运行了两套检测程序，分别使用 3.2 节训练产生的 $T=1\text{min}$ 和 $T=5\text{min}$ 的模型。经过数据包过滤模块，$T=1\text{min}$ 的 DNS 数据连接统计表中需暂存的记录为 4.8 万条，最大内存使用 25MB；$T=5\text{min}$ 的统计表存储数据的周期较长，暂存的记录数量多于前者，为 11 万条，最大内存使用 50MB。

经过 10h 的运行和检测，实际环境测试结果如表 5-5 所示。$T=1\text{min}$ 和 $T=5\text{min}$ 模

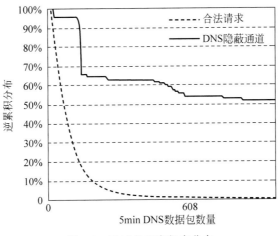

图 5-2 同域名查询频率分布

型在 10h 内分别产生了 202 万个和 30 万个样本进入分类器,前者产生的样本数量为后者的 6～7 倍。两个模型均从 DNS 流量中检测到 7 个隐蔽通道的存在。

在误报方面,$T=1\text{min}$ 模型的分类误报率为 0.045%,$T=5\text{min}$ 模型的分类误报率为 0.107%。尽管 $T=1\text{min}$ 模型的分类准确性要高于 $T=5\text{min}$ 的模型,但因为 $T=1\text{min}$ 产生的样本总数为 $T=5\text{min}$ 的 6～7 倍,因而 $T=1\text{min}$ 取值下误报的 DNS 连接数量(110 个)要高于 $T=5\text{min}$ 的误报数量(45 个)。

由于 DNS 流量进入分类器前,经过了数据包过滤、DNS 数据连接过滤,分类器处理的数据量大幅降低,因此,本系统对全部 DNS 流量的误报率远低于表 5-5 中分类器的误报率。

表 5-5 实际环境测试结果

	$T=1\text{min}$	$T=5\text{min}$
样本总数	2 020 457	302 528
检测数	1774	310
隐蔽通道	7	7
样本误报	914(0.045%)	324(0.107%)
客户端总数	25 599	9665
客户端误报	26(0.102%)	38(0.393%)
域名总数	27 375	2802
域名误报	53(0.194%)	23(0.821%)
DNS 连接总数	391 635	64 473
DNS 连接误报	110(0.028%)	45(0.070%)

5.2 基于时序特征的检测方法

随着近年来对抗技术的逐渐升级,恶意软件使用 DNS 隧道技术进行更为隐蔽的通信。最新的隐蔽信道技术将信息封装在域名的子域名请求与 TXT 相应记录中,实现通信。

这种隐蔽通信产生的流量更小,难以捕获,给拦截工作带来了巨大的麻烦。本节对新型隐蔽信道的时间序列特征进行分析研究,提出了基于异常检测模型的 DNS 数据泄漏检测算法。在保持对实际流量中占比很小的隧道域名的高检测率的同时,使用时序特征加强了和易误检合法域名的区分度,大幅降低了误检率。

5.2.1　基于自编码器的异常检测

这种为了数据交换而滥用 DNS 协议的行为已经在以前的研究中得到了一定的研究。最常见的特有属性是:长查询和响应不同的资源记录分布,以及大量的请求和编码数据而不是纯文本。虽然这些异常可能会捕获 DNS 上数据交换的整个情况,但它们不足以准确检测数据泄漏,因为并非所有数据交换都是恶意的。

过去的工作常常利用异常检测来克服上述工作中遇到的问题。Cambiaso 等[10]将整个 DNS 通信作为一个整体,查看请求和响应的滑动窗口,提取特征,然后使用主成分分析(PCA)降低维数。对于输入特征向量,使用异常检测模型计算异常分数,特别是孤立森林模型。孤立森林模型是一个单类分类器(即仅针对现有合法数据进行训练),当应用于未来数据时,可以检测异常行为。因此,需要从两个方面进行讨论:①对模型进行训练;②将模型应用于新数据。训练阶段获取一组先前收集的特征向量并输出异常模型,该模型本质上是一个作用于样本并输出异常分数的函数。模型的输入是每个域 i 和特定时间段(例如,前一天)的集合 $W_t P_i$,输出是 $0\sim1$ 的异常分数。异常分数是污染率的函数,表示为数据中噪声的分数。训练阶段的输出是异常模型和异常分数阈值 t_s,它们将应用于未来的数据。当新样本到达时,将模型应用于该样本,以便使用函数 iforest 为每个样本分配一个分数 s,$s=$ iforest(fe(features)),其中,fe 是将样本转换为特征向量的特征提取函数。在这种情况下,数据泄漏通道只占整个 DNS 流量的一小部分(0.01%或更少),这使得检测变得相当困难。通过使用隔离林等异常检测模型,如果一个信道的得分超过异常得分(即 $s>t_s$),则样本被视为异常,它所指的域名将被标记为用于 DNS 上的数据交换的域名。

本节借鉴异常检测的思想,提出基于自编码器异常检测模型的 DNS 域名数据泄漏信道检测算法,如图 5-3 所示。首先从 DNS 服务器获取 DNS 流量,分别抽取时序特征与词法特征,之后合并两部分特征,使用自编码器异常检测模型对其进行检测。根据自编码器的重构误差作为阈值,检测数据泄漏的隐蔽信道。

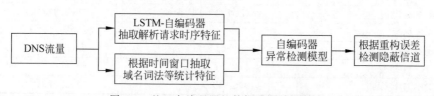

图 5-3　基于自编码器的数据泄漏检测算法

5.2.2　特征提取

1. 时序特征抽取算法

为了刻画域名解析请求的时间序列特征,采用 LSTM 与自编码器结合的方式自动化地进行特征的抽取。

LSTM 是传统 RNN 的一个变体，它通过将神经元连接到一个直接循环输入的网络中，从而保留了序列数据的时间维数据。图 5-4 显示了 LSTM 存储单元的基本结构，它有两个不同的组成部分：长期状态分量 $c(t)$ 和短期状态分量 $h(t)$。储器单元包含三个控制门输入、输出和遗忘门，它们分别在每个单元中执行写入、读取和复位功能。乘法门允许模型长时间存储信息，从而消除了 RNNs 中观察到的梯度消失问题。以下方程组分别表示输入、遗忘、细胞激活和输出的描述，使 LSTM 能够按如下式预测输出向量。

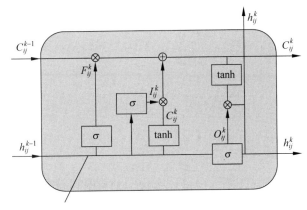

图 5-4　LSTM 存储器单元

式(5-4)中 W 和 b 分别表示权重矩阵和偏差向量，$\sigma(\cdot)$ 表示标准 logistic sigmoid 函数。变量 i、f、o 和 c 分别是输入门、遗忘门、输出门和细胞激活向量。

$$
\begin{aligned}
i_t &= \sigma(W_{xi}x_t + W_{hi}h_{t-1} + W_{ci}c_{t-1} + b_i) \\
f_t &= \sigma(W_{xf}x_t + W_{hf}h_{t-1} + W_{cf}c_{t-1} + b_f) \\
c_t &= f_t c_{t-1} + i_t g(W_{xc}x_t + W_{hc}h_{t-1} + b_c) \\
o_t &= \sigma(W_{xo}x_t + W_{ho}h_{t-1} + W_{co}c_t + b_o) \\
h_t &= o_t h(c_t)
\end{aligned}
\tag{5-4}
$$

如图 5-5 所示，将域名的解析请求次数等时序信息按时间窗口统计为时间序列，首先输入到第一层 LSTM 网络中，LSTM 网络在训练过程中会输出指定维度的短期状态分量 LSTM 隐含层信息，这一层信息经过全连接层会输入到整个自编码器的隐含层。再通过同样结构的全连接层和 LSTM 层后得到与原序列等长的序列。整个 LSTM 自编码器的损失函数定义为输出序列与输入序列的均方误差 MSE。

在训练阶段将正常流量输入模型训练，模型根据重构时间序列的重构误差来进行梯度下降训练。当模型收敛后，将模型的隐含层信息作为域名的时序特征。

2. 词法特征选择与评估

在词法特征提取阶段使用长度为 λ 的滑动窗口，即在每 λ 分钟的 DNS 流量上工作一次，即最后收集的所有日志的组合。我们使用滑动窗口将多维特征转换为一个滑动窗口内域名的特征向量。

$$\text{MSE} = \frac{1}{n} \sum_{i=1}^{n} (Y_i^p - Y_i^r)^2$$

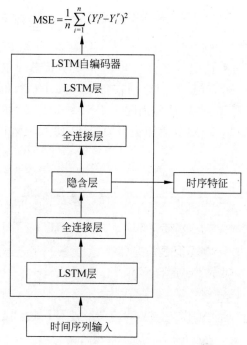

图 5-5　基于 LSTM 自编码器的时序特征抽取算法

本节提取了 6 个其他维度的域名特征,作为基础的信道区分特征,如表 5-6 所示。这些域名特征的分布表现如图 5-6 所示。

表 5-6　DNS 数据泄漏异常检测特征选取

序　　号	特 征 名 称	特 征 表 现
1	域名熵值	域名无序、熵值高
2	唯一解析*请求比率	超过半数解析为唯一解析*
3	唯一解析*请求数量	唯一解析流量大
4	解析请求长度	解析中包含长字符串
5	域名标签数量	使用多级子域名编码信息
6	可读单词比例	编码后的信息不包括可读单词

*唯一解析指在时间窗口内只有一次解析记录的域名。

特征 1　域名熵值

在信息论中,随机变量的熵是变量可能结果中固有的"信息""惊喜"或"不确定性"的平均水平。熵最初是由科学家香农创造的,作为他的信息理论的一部分。一般情况下,熵是在离散随机变量 X 上使用式(5-5)计算。

$$H(X) = -\sum_{i=1}^{n} \Pr(x_i) \cdot \log \Pr(x_i) \tag{5-5}$$

式中 $\Pr(x_i)$ 是由 n 个符号组成的序列 x 中信息的第 i 个符号(例如,字符)的概率。英语文本数据流的熵相对较低,因为英语易于阅读,即易于预测,即使不知道下一段是什么,也可以很容易地预测。例如,字母 E 总是大于字母 Z,或者 Qu 与任何其他字母组合的概率

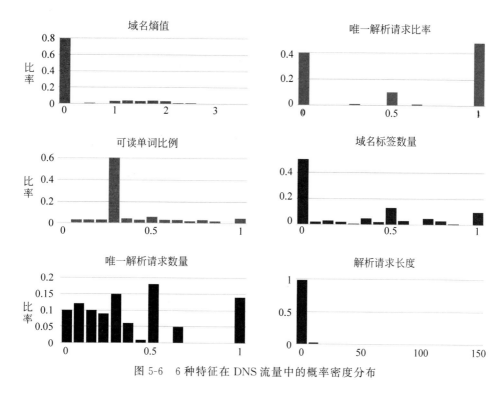

图 5-6　6 种特征在 DNS 流量中的概率密度分布

总是大于 Q。如果不压缩，英语文本的每个字母都需要 8 位编码，但事实上，英语文本的熵只有 4.7 位左右。对于将数据加密为字符串的情况，使用熵可以有效地将普通数据与加密数据分开。

特征 2　唯一解析请求比率

子域名被用作消息载荷的域名不太可能被重复。因此，当比较用于数据泄漏的域名与普通域名时，我们期望后者具有更高的唯一查询率。计算方法是在一段时间窗口内，某一子域名被解析的次数/该主域名被请求的次数之和，如式（5-6）所示。

$$\text{Unique}(W_{t_{\text{now}}}^{P_i}) = \frac{\| \, Q \mid Q \in W_{t_{\text{now}}}^{P_i} \, \|}{\sum\limits_{W_{t_{\text{now}}}^{P_i}} 1} \tag{5-6}$$

特征 3　唯一解析请求数量

在正常情况下，DNS 通信量相当稀少，因为响应大部分缓存在存根解析程序中。但是，在通过 DNS 进行数据交换的情况下，特定域名的通信量通过不重复的消息或短生存时间来避免缓存，以便数据到达攻击者的服务器。避免缓存以及冗长的数据交换，可能会导致比正常设置更高的请求量。这一特征的计算方法如式（5-7）所示。

$$\text{Vol}(W_{t_{\text{now}}}^{P_i}) = \| \, Q \mid Q \in W_{t_{\text{now}}}^{P_i} \, \| \tag{5-7}$$

特征 4　解析请求长度

作为对流量大小特性的补充，在给定查询大小限制的情况下，在查询量和查询长度之间进行权衡。因此，查询长度平均特征是一种有效的泄漏检测特征。

特征 5 域名标签数量

标签数量也是重要部分,为了躲避检测以及安全对抗手段,数据传输时通常会将信息编码在三级甚至四级的子域名当中。而我们常见的域名请求大多层级简单,不会过多。

特征 6 可读单词比例

由于这种子域名编码数据泄漏通常使用 Base32 或 Base64 等编码方式,导致其可读性较正常域名相差很多。因此我们根据常用单词库匹配每个域名当中可读单词所占的比例,作为一个高区分度的特征。

5.2.3 检测算法

为了刻画域名解析请求的时间序列特征,我们采用 LSTM 与自编码器结合的方式自动化地进行时间序列特征的抽取。并与 5.2.3 节中选取的六维域名词法特征结合作为最终异常检测自编码器模型的输入。根据自编码器模型的输出值检测异常的通信信道。

我们使用反向传播算法来迭代这些参数的调整,构建这个结构化的自编码器网络来学习正常 DNS 流量数据。选择合适的迭代轮数(epochs),并使用均方误差作为这个半监督微调阶段的损失函数。在测试过程中,我们计算重建误差来判断它是否属于 DNS 隧道。我们使用均方误差(MSE)作为异常指标,该指标便于评估 DNS 隧道检测的性能。如果 MSE 的值大于阈值,我们将其标记为 DNS 隧道。

其他备选的自编码器结构还包括重构变分概率自动编码器异常检测方法。重建概率是一种考虑变量分布变异性的概率测度。重建误差由自动编码器(AE)和基于主成分(PCA)的异常检测方法组成。实验结果表明,该方法形成了基于自动编码器的方法和基于主成分的方法。利用变分自动编码器的产生特性,推导出数据重构方法,分析异常产生的根本原因。

如图 5-7 所示,自动编码器由编码器和解码器两部分组成。W 和 b 是神经网络的权值和偏差,σ 是非线性变换函数,如式(5-8)所示。

$$h = \sigma(W_{xh}x + b_{xh})$$
$$z = \sigma(W_{hx}x + b_{hx})$$
(5-8)
$$\|x - z\|$$

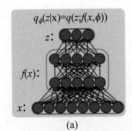
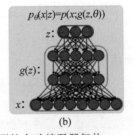

图 5-7 用于异常检测的自动编码器架构

编码器通过非线性后的有限映射将输入向量 x 映射到隐藏表示 h。解码器通过与编码器相同的变换将隐藏表示 h 映射回原始输入空间。原始输入向量 x 和重建 z 之间的差称为重建误差。一个自动编码器学习如何使重建误差最小化。图 5-7(a)的自动编码器训练算法如图 5-8 所示。首先,DNS 流量将被处理成时间序列,然后使用 Alexa top 域名过滤良性合法通道。这些区域被输入自动编码器中,并使用重建损失梯度进行训练。经过训练后,算法将输出一个编码器和一个解码器。我们将所有的流量数据输入编码器,最终得到所有的时间序列特征。使用这些特性,可以更容易地将数据泄漏通道与合法通道分开。

Algorithm 利用自动编码器提取时间序列特征
输入: 由流量提取得到的时间序列 $c^{(1)}, \cdots, c^{(N)}$;
输出: 时间序列特征 $F^{(1)}, \cdots, F^{(M)}$
1 初始化参数 φ, θ;
2 过滤正常的通信信道到 $x^{(1)}, \cdots, x^{(k)}$
3 **repeat**
4 $\quad E = \sum_{i=1}^{N} \left\| x^{(i)} - g_\theta \left(f_\varphi \left(x^{(i)} \right) \right) \right\|$
5 $\quad$ /* 计算 reconstruction 的和 */
6 $\quad$ 更新参数 φ, θ
7 $\quad$ /* 使用 E 的梯度 */
8 **until** 参数收敛;
9 将数据 $c^{(1)}, \cdots, c^{(N)}$ 输入编码器 f_θ

图 5-8 结合时间序列特征的异常检测算法

5.2.4 网络参数调优

深度学习模型的性能取决于预先确定的超参数,这些超参数是通过优化过程获得的。与模型参数不同,模型参数是通过优化函数来最小化目标(或损失)函数来学习的,而在模型训练过程中不需要学习超参数。深度神经网络模型存在多个超参数,本节中提出的模型优化了 5 个超参数,如表 5-7 所示。

表 5-7 异常检测模型超参数选择

网 络 层	超 参 数	参 数 值
LSTM 层	输出单元数	15,30,60,90,120
全连接层	隐含单元数	10,20,30,40,50
—	Dropout 率	0.1,0.2,0.3,0.4,0.5
—	学习率	1e-4,1e-5,1e-6,1e-7
—	优化器	Adam,SGD,Adadelta,RMSprop,Nadelta,Nadam,Radam

神经网络存在许多超参数优化方法,如随机搜索、网格搜索和贝叶斯优化。在本节中,我们应用了一个网格搜索框架来优化所提出的 LSTM 自编码器和异常检测自编码器的超参数。选择网格搜索方法是因为它在低维空间的可靠性。与手动搜索相比,第二种方法简单易行,易于实现网格化。

本节采用的超参数优化方法如下:给定一个集合 $\forall$,该集合的索引为 n 个可能的配置超参数 h,网格搜索需要为每个超参数($h_1 \sim h_k$)选择一组值,使验证损失最小化。网格搜索算法以"网格"格式组合所有值的组合,这样网格搜索中的实验次数为 $S = \prod n = \ln(\|h(k)\|)$。表 5-7 列出了网格搜索框架中用于优化模型超参数的超参数搜索空间。本节中包含的其他基准模型也使用类似的方法进行了优化。

在深度学习模型中,优化模型参数的过程通常使用基于随机梯度的优化算法来执行。有许多优化算法可用于深度学习模型,如 RMSProp、AdaGrad 和 vSGD。在我们的网络中,使用了基于随机梯度的优化算法 Adam。网格搜索框架确定的学习速率值为 1×10^{-6}。

5.2.5　实践效果评估

1. 数据集

实验的流量数据收集自上海交通大学 DNS 服务器数据,包括客户端 1 个月的响应信息。实时 DNS 流量包含 1 889 224 056 个 DNS 查询。平均每天有 60 942 711 个查询。我们使用 Alexa top 100 000 域名列表来过滤正常的 DNS 行为。在所有查询中,约 30% 被选为绝对良性查询。这些数据将在以后的模型训练中作为白名单使用,后文将称这部分数据集为 ART-Dataset(Alexa in Real Time)。而由于我们选择的是异常检测模型,并不需要在训练阶段获得恶意样本来进行有监督的学习训练。

这里选择了一些常见的 DNS 隧道软件和一些 DNS 数据窃取的恶意软件样本来模拟攻击者建立通信,并使用抓包工具记录流量。我们选择了两个 DNS 数据泄漏恶意软件 FrameworkPOS 和 Wekby,以及两个 DNS 隧道软件 OzymanDNS 和 Heyoka。利用这 4 个软件,生成了恶意流量的 ground truth。这些标定好的恶意流量将被用于后续异常检测模型中异常分数阈值的确定。这部分恶意样本后文将称为 WHOF-Dataset(Wekby Heyoka + OzymanDNS + FrameworkPOS)。

2. 时序特征有效性

使用从实时流量中过滤出的良性流量和恶意软件生成的恶意流量构建了一个数据集。其中,良性 DNS 记录共 20 179 032,包含一天的 Alexa 域名请求。恶意流量有 1123 条记录,包含 4 种不同 DNS 通信软件生成的流量,约占良性流量的 0.01%。

这里首先训练一个 LSTM-AE 模型来自动抽取域名解析请求时间序列数据上的特征。在这一部分选择时间窗口为 15min,全连接层的输入为 96 维,输出即隐含层长度为 32 维。这一部分模型共训练了 50 轮,学习率设为 1e-6,优化器为 Adam。训练数据按 IP 和主域名进行聚类,并统计时序结果。最终将得到的 LSTM 自编码器应用于整个数据集,得到输出序列与原序列之间的 MSE。按五种类型流量区别开显示如图 5-9 所示(参见彩色插页)。80% 的恶意域名(橙色部分)的重构误差大于 5,而只有 1% 的正常流量具有 5 以上的重构误差。使用 MSE 作为指标区分合法与恶意域名得到 AUC 指标为 0.73,可见由 LSTM 自编码器自动抽取的时序上的特征可以比较有效地进行合法域名与隐蔽信道域名的区分。

3. 异常检测模型阈值

只利用时序特征并不完整,接下来利用前述时序特征与传统的域名词法与解析特征相结合,再次构建异常检测模型。模型的输入包括时序特征、词法特征和解析特征,模型输出异常值作为异常检测的标准。第二部分的输入为 38 维特征,我们最终采用了两层的自编码器模型。第一层包含 19 个神经元,隐含层由十个神经元组成。激活函数的选择上,第一层和第二层之间选择 tanh,第二层和第三层之间应用 Relu。损失函数选择 MSE。这一部分模型训练了 20 轮,学习率为 1e-4。同样是使用良性合法域名进行训练知道均方误差不再下降后,将模型应用于整个数据集上。计算每一个 IP 对主域名的请求簇的异常分数。所有的分数表现如图 5-10 所示(参见彩色插页)。最终我们选择 MSE=2 作为区分良性与恶意域名的阈值,这一阈值可以区分 99% 以上的合法域名与隐蔽通信信道域名。

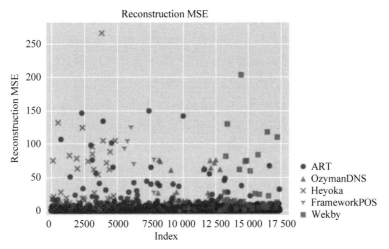

图 5-9　五种类型域名经过 LSTM 自编码器训练后的时序重构误差

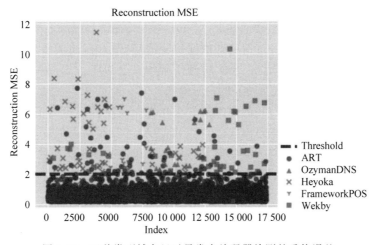

图 5-10　五种类型域名经过异常自编码器检测的重构误差

4. LSTM-AE 算法与机器学习算法的对比

下面使用本章文献[11]中的决策树算法、文献[12]中的 Isolation Forest 算法，以及未采用时序特征训练的原始自编码器、差分自编码器和本章所提出的采用了时序特征的 LSTM-AE 进行对比实验。结果如表 5-8 所示。

表 5-8　不同模型在训练集与实际环境的表现

检测模型	监督学习	训练样本*	特征选择	训练集表现		实际环境表现
				Acc	Rec	Precision
决策树	有	ART+WHOF	词法+解析	0.8921	0.9923	0.7129
Isolation Forest	无	ART+WHOF	词法+解析	0.9144	0.9838	0.8336
AutoEncoder	无	ART	词法+解析	0.9325	0.9902	0.8942
Variational-AE	无	ART	词法+解析	0.9223	0.9854	0.8523
LSTM-AE	无	ART	词法+解析+时序	**0.9413**	**0.9938**	**0.9143**

　　实验环境由模拟恶意流量和合法流量组成,定义准确率指标 Acc 为检出结果中实际恶意的域名数量/检出的总域名数,召回率 Rec 为被检测正确的域名个数/总名数量。真实环境由真实 DNS 流量与模拟恶意流量组成,由于实际环境中无法得知总的恶意样本数,故定义检测精度(Precision)为检出的恶意域名数/总的检出数。

　　通过不同模型的比较可以发现,本节所使用的结合时序特征的 LSTM-AE 算法获得了最好的检测指标表现。传统的决策树方法在训练集上表现尚可,但在真实环境中检测效果不佳,这可能是因为真实环境中的域名表现变化复杂,通过训练集上的少量样本种类没有办法学习到全部的恶意特征。

　　在 LSTM-AE 之外的几种传统的异常检测模型中,单纯的 AutoEncoder 获得了最好的效果,好于基于树模型的 Isolation Forest 与网络结构更为复杂的 Variational AE。说明小特征集上,非线性的特征变换是有效果的,但增加网络层数、调整网络分布等方法并不能使结果得到改善。

　　LSTM-AE 在实际环境中的部署中检测出了 3 个其他模型未检测出的恶意域名,如 ipfswallet. tk,googleblockchaintechnology. com,franceeiffeltowers. com 等。经人工验证,这些域名都属于利用 DNS 进行隐蔽数据传输的隐蔽信道,使用多个子域名请求来编码传递信息。而这些域名的 Virustotal 检测结果均在 2 以下。说明本章提出的 LSTM-AE 模型对新型隐蔽通信信道有较好的检测效果。

　　总的来说,这些结果表明,我们提出的方法在复杂现实环境中的 DNS 隧道检测中显著优于其他模型。在半监督学习模式下,我们的模型可以自动化地提取域名解析请求序列当中的时间序列特征。我们不需要学习恶意样本和合法域名样本的特征来完成分类任务。我们的模型可以从大量的正常 DNS 流量中获取特征向量,并提取特征向量之间的相似度。

5. 误检情况分析

　　我们对域名检测中的错误分类情况进行了分析,发现了一些滥用 DNS 协议进行数据交换的情况。这些误分类域域名主要是一些软件服务。

　　kr0. io 是其中一个域名,其 DNS 查询由名称服务器 NS1 应答。IPASS. com 网站这个名称服务器属于 iPass group,这是一家总部位于美国的移动连接公司,提供 Wi-Fi-as-a-Service 解决方案。它是一个正常的合法域名,但存在着恶意操作的嫌疑,因为它的 iPass 不是一家安全公司,但是他们的服务似乎经常向他们的服务器进行 DNS 查询,格式如下"c3auaaemnpkwuqaizgirxj4ma4rf7qervhn7ejpc rc fhrdzbfosrsqblywkova. kr0. io"。因此,我们提出的方法检测到的这些查询由于熵高,异常平均长度超过 60 个字符。

　　groupinfra. com 的名称服务器来自 logica. com。logica. com 网站属于一家英国公司,被 CGI 收购。这一域名的完整请求为"uldap. _ tcp. 052bfd48-d82f-48e7b789-cf90b86a25. groupinfra. com",且这一请求类型为 SRV。我们的检测模型出于异常的平均请求长度、高熵值以及 SRV 记录(通常被 Iodine、DNS2tcp 等隧道软件所使用)而判定其为恶意通信信道。但其实际的控制者是合法的,因此不能对这一行为进行恶意判断。

小　　结

利用 DNS 进行数据传输由来已久,近年来僵尸网络也逐渐开始采用 DNS 隐蔽隧道进行数据通信。本章介绍了两种基于机器学习和时序特征的 DNS 隐蔽隧道检测方法,同时详细阐述了实验设计的过程,为检测僵尸网络隐蔽通信提供了一种解决思路。

参 考 文 献

[1]　IETF. RFC 1035 Domain Names-Implementation and Specification[DB/OL]. [2011-8-16]. http://www.ietf.org/rfc/rfc1035.txt.

[2]　REVELLI A,LEIDECKER N. Introducing Heyoka:DNS Tunneling 2.0[C]. Proceedings of the SOURCE Conference,Boston,2009.

[3]　GIL T M. NSTX (IP-over-DNS)[CP/OL]. [2011-6-28]. http://thomer.com/howtos/nstx.html.

[4]　ANDERSSON B,EKMAN E. iodine[CP/OL]. [2011-6-28]. http://code.kryo.se/iodine/.

[5]　PIETRASZEK T. DNScat[CP/OL]. [2011-6-28]. http://tadek.pietraszek.org/projects/DNScat/.

[6]　KAMINSKY D. The Black Ops of DNS[C]. Proceedings of the Black Hat USA 2004,Las Vegas,2004.

[7]　DEMBOUR O. Dns2tcp[CP/OL]. [2011-6-28]. http://www.hsc.fr/ressources/outils/dns2tcp/index.html.en.

[8]　VALENZUELA T. TCP-over-DNS[CP/OL]. [2011-6-28]. http://analogbit.com/software/tcp-over-dns.

[9]　BORN K. PSUDP:A Passive Approach to Network-Wide Covert Communication[C]. Proceedings of the Black Hat USA 2010,Las Vegas,2010.

[10]　CAMBIASO E ,AIELLO M ,MONGELLI M,et al. Feature Transformation and Mutual Information for DNS Tunneling Analysis[C]//2016 Eighth International Conference on Ubiquitous and Future Networks (ICUFN),IEEE,2016.

[11]　章思宇,邹福泰,王鲁华,等. 基于 DNS 的隐蔽通道流量检测[J]. 通信学报,2013,34(05):143-151.

[12]　NADLER A,AMINOV A,SHABTAI A. Detection of Malicious and Low Throughput Data Exfiltration over the DNS Protocol[J]. Computers & Security,2019,80:36-53.

第 6 章

基于深度学习的僵尸网络检测方法与实践

传统的僵尸网络检测技术通过对僵尸网络流量检测分析,运用机器学习算法学习异常流量特征,能够有效检测僵尸网络攻击,为网络安全态势感知提供支撑。但随着网络攻击复杂化、智能化的加剧,当前僵尸网络异常检测技术难以满足网络安全高精确率、低误报率的要求。研究人员开始尝试将深度学习应用于僵尸网络的检测中,本章将介绍两种基于深度学习的检测技术与实践,分别为基于时空特征和基于生成式对抗网络的方法。

6.1 深度学习介绍

近年来,深度学习作为机器学习的一个新的分支,在各种应用领域都取得了巨大的成功。深度学习模型由多层组成,以多层抽象的方式学习数据特征。深度学习方法可以根据训练数据是否含有标签而划分为监督学习、半监督学习和无监督学习。实验结果表明,与传统的机器学习方法相比,深度学习方法在图像处理、计算机视觉、语音识别、机器翻译、艺术、医学成像、医学信息处理、机器人技术和控制、生物信息学、自然语言处理(NLP)、网络安全等领域都取得了更好的效果。

6.1.1 深度学习基本原理

深度学习网络最基本的成分是神经元(neuron)模型,单个神经元的结构如图 6-1 所示。

神经元输入 n 个来自其他神经元传递的信号 $x_i(i \in [1,n])$,并根据各输入信息不同的权重 $\omega_i(i \in [1,n])$ 进行关联处理,因此神经元接收到的总输入值如式(6-1)所示。

$$\sum_{i=1}^{n} \omega_i x_i \tag{6-1}$$

之后将关联处理后的总输入值与神经元设定的阈值 θ 进行比较,然后利用激活函数(Activation Function)处理得到神经元的输出,如式(6-2)所示。

$$y = f(\sum_{i=1}^{n} \omega_i x_i - \theta) \tag{6-2}$$

许多的神经元连接构成了神经网络层次结构,深度神经网络的层次更深,架构更为复杂,且随着深度的增加深度学习的模型能力将随指数增长。最基本的深度学习网络结构如图 6-2 所示。

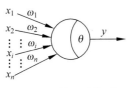

图 6-1　神经元模型

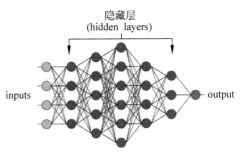

图 6-2　深度学习网络结构

6.1.2　深度学习与僵尸网络

随着云服务和物联网(IoT)设备的数量呈指数增长,僵尸网络攻击事件大大增加,僵尸网络安全防护迫在眉睫。McAfee Labs 报告[1]显示,2019 年第一季度发现的新恶意软件数量达到了历史新高,达到 6600 万,其中僵尸网络占了很大一部分。传统的基于人工的可疑代码检测、逆向工程和漏洞识别的方法耗时较高,以至于无法满足日益增长的高精度、高实时性的僵尸网络检测能力要求。

近年来,研究人员已经提出了许多将深度学习应用于多种网络安全领域,如恶意软件分析、入侵检测、僵尸网络检测和软件分析。基于深度学习的防护技术可以从包含各种恶意软件样本的训练数据集中学习恶意软件的模式和特征,然后用于在实际攻击中检测类似的恶意软件[2]。此外,还可以对基于深度学习的防护技术进行改进,以增强其识别未知的恶意软件的功能,这使得基于深度学习的防护技术成为网络安全任务的理想选择。

在僵尸网络领域,深度学习有以下优点。

(1)容易实现特征工程。

传统的机器学习需要人工手动地进行特征选择与提取,容易出现特征不准确、不充分的问题。而深度学习可以自行学习数据的内在特征与联系,不再需要人工提取特征。僵尸网络特征多样纷杂,深度学习可以更好地提取僵尸网络特征内容。

(2)容易实现高维空间特征表达。

传统机器学习使用浅层架构,容易出现泛化受限的问题。而深度学习的网络结构较之传统的机器学习层次更深,可以通过逐层逐次地学习更高维度的数据特征和抽象意义,可以有效地学习复杂的高维函数,更容易表达高维空间的特征[3]。深度学习可以更好地学习僵尸网络特征的联系和相似性,可以更好地刻画特征的内在本质。

(3)容易实现大数据学习。

随着数据量的增大,深度学习由于其深层架构的特点,利用大量的参数,可以更为有效地学习大量数据的多维特征,使得模型可以通过大量数据特征更好地理解数据的抽象本质。相较于传统的机器学习,随着数据量的提升,深度学习的性能随之提升,而机器学习的性能表现则不会有明显提升。目前,僵尸网络数据集日益庞杂,高达数千万个数据包,使用深度学习可以更好地学习到僵尸网络数据的特征。

目前,深度学习在僵尸网络领域的应用主要可以分为两个方向[4],第一个方向是利用深度学习模型中的生成模型,如深度自编码器(Deep Auto Encoder,DAE)、循环神经网络(Recurrent Neural Network,RNN)、长短时记忆网络(Long Short Term Memory Network,LSTM)、深度信念网络(Deep Belief Nets,DBN)等用于模型预训练阶段,对高维特征逐层转换,学习其抽象特征,完成对僵尸网络的检测分类;另一个方向是采用深度学习模型中的判别模型,如深层感知机(Deep Multilayer Perceptron,DMLP)、卷积神经网络(Convolutional Neural Network,CNN)等自动学习僵尸网络的内在特征,并通过Softmax 等函数直接进行判别分类。

本章将利用深度学习算法,从两个方向利用时间和空间两种维度的特征实现对僵尸网络的检测,然后尝试将两种维度特征相结合实现更有效的检测。

作为深度学习算法在僵尸网络检测领域的新尝试,6.3 节将利用深度学习算法中的生成式对抗网络,从时间和空间两个维度尝试对僵尸网络特征数据的对抗生成,然后实现对僵尸网络检测模型性能的增强。

6.2　基于时空特征深度学习的僵尸网络检测

本节将研究僵尸网络流量的分割方法以及僵尸网络空间特征与时间特征的提取方法,并设计相应的实验以检验模型的检测性能。在最后研究将时间特征与空间特征相融合对僵尸网络检测性能的影响。

6.2.1　基于 ResNet 的僵尸网络检测技术研究

将僵尸网络流量数据转换为图像,利用图像分类算法进行检测是近年来热门的僵尸网络检测方法。这种方法的依据是不同种类的流量数据之间具有较为明显的差异性,相同种类的流量数据则具有一定的相似性和连续性。目前,基于空间维度的僵尸网络检测方法都是利用卷积神经网络(CNN)进行图像分类,这是因为卷积神经网络可以提取低、中、高不同层次的特征,且随着网络层次的提高,能够提取到的不同层次的特征会更加丰富、更加抽象、更加具备语义特征。然而,随着神经网络的不断加深,输入到输出的直接映射会变得更加复杂,神经网络学习这种映射关系会变得更加困难,很容易出现训练集准确率不升反降的现象。因此,本节为了在加深网络层次以提取更加丰富的特征的同时,尝试克服网络层次过深导致的训练退化问题,采用深度残差网络从空间维度实现对僵尸网络的检测。

1. 深度残差网络

随着深度学习的发展,人们发现深度学习的模型能力会随着模型深度的增加呈指数增长。然而,随着神经网络的加深,精度会达到阈值,然后迅速下降,出现训练退化问题,造成训练误差较高。因此,Kaiming He 等[4]针对这个问题提出了深度残差网络(Deep Residual Network,ResNet),使得神经网络层次不断加深的同时,确保训练集的准确率不会下降。

ResNet 之所以可以同时保证网络层次深度和训练集准确率的原因在于引入了一种残差网络结构(Residual Network),通过在输入与输出之间加入短路连接(Shortcut Connection),使得输入信息可以跳过中间多层传递直接传到之后的层中。残差网络学习到的是输入和输出的差异值 $F(x) = H(x) - x$，而不是传统神经网络学习的输入到输出的直接映射 $H(x)$。通过这种直接学习两者之间的差异的方式，使得更容易将学习对象逼近到 0。残差网络模块的结构如图 6-3 所示。

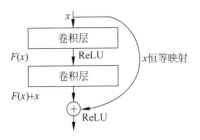

图 6-3　残差网络模块结构

残差学习模块通过短路连接（Shortcut Connection）的引入在输入、输出之间建立了一条直接的关联通道，从而使残差模型可以集中精力学习输入、输出之间的残差。如此，可以将残差模型定义为式（6-3）。

$$y = F(x, \{W_i\}) + x \qquad (6\text{-}3)$$

其中，x 和 y 表示该层的输入输出，$F(x, \{W_i\})$ 表示需要学习的残差映射。如图 6-3 所示的例子包含两层，则 $F = W_2\sigma(W_1 x)$，其中，σ 表示 ReLU 激活函数。如果输入、输出的通道数相同时，就可以直接将 F 和 x 相加得到输出。而当输入、输出的通道数不相同时，就需要寻找一种有效的手段即恒等映射（Identity Mapping）使得处理后的 x 和 y 通道数目相同。因此，上述定义可以更加标准地写为式（6-2）。

$$y = F(x, \{W_i\}) + W_s x \qquad (6\text{-}4)$$

而恒等映射（Identity Mapping）有两种方式，第一种通过简单地将 x 相对 y 缺失的通道直接补零（padding）从而使其通道数相同的方式进行映射；另一种则是通过使用 1×1 的卷积来表示 W_s 映射从而使得最终的输入 x 与输出 y 的通道达到一致的方式。对于这两种方法，当短路连接（Shortcut Connection）跨越两种尺寸的特征图时，它们执行时的步长为 2。

经过一段时间的发展，ResNet 模型衍生出了多种网络结构，包括 ResNet50、ResNet101、ResNet152、ResNet50V2、ResNet101V2、ResNet152V2、ResNeXt50、ResNeXt101 等。本次实验选用经典且符合输入维度的 ResNet50 网络结构。ResNet50，顾名思义，由 50 个全连接层或卷积层及若干池化层、激活层构成。ResNet50 网络结构如表 6-1 所示。

表 6-1　ResNet50 网络结构

层　次　名	输 出 尺 寸	ResNet50
Conv1	112×112	7×764，步长 2
Conv2_x	56×56	3×3，最大池化，步长 2
		$\begin{bmatrix} 1 \times 1, & 64 \\ 3 \times 3, & 64 \\ 1 \times 1, & 256 \end{bmatrix} \times 3$
Conv3_x	28×28	$\begin{bmatrix} 1 \times 1, & 128 \\ 3 \times 3, & 128 \\ 1 \times 1, & 512 \end{bmatrix} \times 4$
Conv4_x	14×14	$\begin{bmatrix} 1 \times 1, & 256 \\ 3 \times 3, & 256 \\ 1 \times 1, & 1024 \end{bmatrix} \times 6$

层 次 名	输 出 尺 寸	ResNet50
Conv5_x	7×7	$\begin{bmatrix} 1\times1, & 512 \\ 3\times3, & 512 \\ 1\times1, & 2048 \end{bmatrix} \times 3$
	1×1	平均池化,1000 路全连接层,softmax
计算量(FLOPs)		3.8×10^9

ResNet50 首先通过一个 7×7 的卷积核进行特征的抽取,卷积核的步长为 2,所以会使得图像的长宽降低为原先的 1/2。随后,再经过一个最大池化(MaxPool)层,进一步降低图像的分辨率;之后送入多组不同维度的"建筑块"中进行特征学习,最后送入全连接层进行分类。"建筑块"由两个残差块和一个下采样块组成,"建筑块"结构如图 6-4 所示。

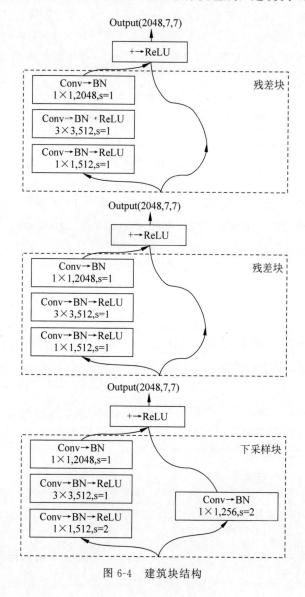

图 6-4　建筑块结构

2. 基于 ResNet 的检测模型

本节提出的基于 ResNet 的僵尸网络检测模型总体框架如图 6-5 所示,包括数据预处理、训练及测试模块。

图 6-5　基于 ResNet 的检测框架

首先将 ISCX Botnet 数据集进行数据预处理转换成模型所需图像。数据预处理分为以下三个步骤。

步骤 1　数据流分割

僵尸网络流量分类研究的主体对象需要按照一定的粒度分割成特定的流量单元。目前,网络流量分割粒度主要包括 TCP 连接、流、会话、服务和主机。本文采用僵尸网络领域常用的流粒度。流被定义为拥有相同五元组且按照时间顺序排列的数据包的集合。定义单个数据包为 $p=(q,l,t)$,其中,q 代表该数据包的五元组,即 $\langle src\_ip, src\_port, dst\_ip, dst\_port, protocol \rangle$,$l$ 代表该数据包的长度,t 代表该数据包的起始时间。则单条数据流可定义为式(6-5):

$$f=\{p_1=(q_1,l_1,t_1),p_2=(q_2,l_2,t_2),\cdots,p_n=(q_2,l_2,t_2)\}$$
$$=(Q_f,L_f,D_f,T_f) \qquad (6\text{-}5)$$

其中,$q_1=q_2=\cdots=q_n$,$t_1<t_2<\cdots<t_n$ 表示流中数据包按时间起始排序,Q_f 表示单条流中所有数据包一致拥有的相同五元组的内容,$L_f=l_1+l_2+\cdots+l_n$ 表示单条流中所有数据包的长度总和,也称为单条流长度,$D_f=t_n-t_1$ 表示单条流的持续时间,$T_f=t_1$ 代表单条流开始的时间,也就是单条流中第一个数据包开始的时间。

其次,每个数据包内数据包括多个协议层信息,网络流量数据包内容可以根据协议层划分为只选择应用层(L7)数据和选择全部数据(ALL)两种。直觉上讲,流量数据本质内容应该反映在应用层,如 HTTP 代表浏览器流量、P2P 协议代表对等网络流量。因此,部分研究人员只选取了应用层信息[12],即有效负载(Payload)。另一方面,其他协议层的数据应该也包含一些流量特征信息,如传输层包含端口信息,也可以作为流量特征识别的一个重要参考指标。本文考虑到检测全面性等问题,选用全部数据信息进行了数据流分割处理。

步骤 2　数据流清理

一方面,为了保护流量中的用户隐私以及防止流量信息泄漏,需要在流量处理阶段对流量数据进行流量清洗以消除其辨别特性。可用的方法是将 MAC 地址和 IP 地址分别进行随机化[13];另一方面,流量清洗也可以清除那些重复内容的数据流。

步骤 3　图像生成

不同数据流的长度不一定相等,但传入 ResNet 检测模型的数据图像需要拥有相同的维度以实现训练,因此在进行训练之前需要对每条流截取相同长度的数据内容。目前,业界常见的截取方式有三种:①直接截取原始数据包的前 24B,总共截取前 24 个数据包的内容,组成 576px 的数据进行检测[14];②使用数据流 TCP Payload 前 1024B 进行流量识别[15-17];③利用 MNIST 数据集的 IDX 格式,提取 Payload 的前 784B,转换成 28×28 大小的图像进行检测[18]。本文采用的是使用较多的提取前 1024B,对于不足 1024B 的情况使用 0x00 填充,然后转换为 32×32 大小的图像进行检测的方法。

本文预处理模块借助本章文献[18]提供的处理工具 USTC-TK2016,并个性化改进为适应本节所需要的数据格式的预处理工具。数据预处理模块处理得到的数据统计结果如表 6-2 所示。

表 6-2　ISCX Botnet 数据集预处理结果统计

流 量 形 式	流 量 种 类	样 本 数 量	总　　　计
Training＋ALL	Benign	141 887	347 121
	Botnet	205 234	
Testing＋ALL	Benign	112 302	321 893
	Botnet	209 591	
总计	—	—	669 014

对原始 ISCX Botnet 数据集进行预处理后得到图像,并按照 ISCX Botnet 数据集提供的 IP 数据标签对转换得到的图像打上标签,其中,0 代表良性流量,1 代表僵尸网络流量。将得到的 32×32 的图像进行可视化分析,每种僵尸网络任意选取 9 张图,任意选取四种僵尸网络得到的可视化图像如图 6-6 所示。

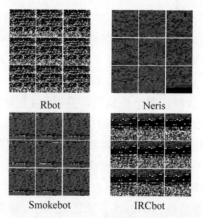

图 6-6　ISCX Botnet 数据集流量可视化结果

由图 6-6 可以看出,不同种类的僵尸网络流量之间的区分度较为明显,相同种类的僵尸网络流量的一致性也较为突出,使用图像分类的方法对僵尸网络进行检测是有效的。

最后将处理后的图像数据和标签数据送入 ResNet 检测模型并使用随机梯度下降算法进行模型训练。之后,采用十折交叉验证技术提高模型的泛化能力。最后使用得到的模型超参数,对测试集数据进行检测分类。

3. 实验数据集

所有检测模型的实际检测效果都和训练及评估检测模型所采用的数据集息息相关，因此选择一个合适的、有效的数据集对于模型训练是至关重要的。目前，僵尸网络检测领域常用的实验数据集有 CTU-13 数据集[5]、ISOT 数据集[6]、Bot-IoT 数据集[7]、ISCX 2012 入侵检测数据集[8]、N_BaIoT 数据集[9]、ISCX Botnet 数据集[10] 等公开数据集。但目前大多数的僵尸网络数据集存在以下三个方面的问题。

（1）通用性较差。

大多数的僵尸网络数据集只包含来自极个别的僵尸网络流量数据，存在僵尸网络数据样本多样性较差的问题，这样训练得到的检测模型只能描述非常特定的僵尸网络行为的少部分特征，不具备很好的通用性，且面对新的僵尸网络威胁，无法产生良好的效果。例如，ISOT 数据集仅包含 Storm 和 Zeus 两种 P2P 类型的僵尸网络；N_BaIoT 数据集仅包含 Mirai 和 BASHLITE 两种物联网类型的僵尸网络。使用这些数据集实现的检测模型虽然在这些数据集的检测精度较高，但面对实际僵尸网络流量时很难有较好的检测效果。

（2）不能很好地反映实际情况。

大多数的僵尸网络数据集都是在受控环境中进行生成或捕获的。较之实际的僵尸网络，受控环境中的样本很难实现所有预期的恶意行为，从而使得数据集中的数据无法全面实际地展现僵尸网络特征。另外，受控环境中的样本难以长时间进行生成或捕获，会造成部分处于静默休眠期的僵尸网络采集不全面。

（3）可能存在隐私问题。

大多数的僵尸网络数据集所收集的网络流量为了能够反映检测模型在部署期间将面对的真实环境的能力，通常会在数据集中混入实际生活中的网络流量。但由于隐私问题，在大多数情况下，在实际生产环境中捕获网络流量是不可行的，结果只能在受控环境中生成或捕获流量。

为了解决以上三个问题，本文在评估了多个数据集后，选用了加拿大纽布伦斯威克大学（University Of New Brunswick）网络安全研究所创建的僵尸网络数据集——ISCX Botnet 数据集作为训练和评估僵尸网络检测模型检测效果的基准数据集。该数据集通过采用覆盖方法[11] 合并多个知名数据集，并将恶意僵尸网络流量数据映射到本地网络与良性数据合并，克服了传统僵尸网络数据集存在的部分问题。ISCX Botnet 数据集包含训练集和测试集两部分，共包含 16 种不同类型的僵尸网络流量及大型网络中的未知良性流量。其中训练集包含 15% 的 ISOT 数据集，ISCX 2012 IDS 数据集中部分良性流量和由恶意软件捕获项目创建的 CTU-13 数据集中的 Neris、Rbot、Virut 和 NSIS 这 4 种僵尸网络流量；测试集包含 25% 的 ISOT 数据集，ISCX 2012 IDS 数据集中部分良性流量和 IRC 僵尸网络流量和 CTU-13 数据集中的 Neris、Rbot、Virut、NSIS、Menti、Sogou 和 Murlo 这 7 种僵尸网络流量。在保证了数据集更符合实际情况的基础上，使测试集的僵尸网络种类多于训练集的僵尸网络种类，保证了数据集拥有评估检测模型是否具备检测未知僵尸网络的能力。ISCX Botnet 数据集僵尸网络组成情况如表 6-3 所示。

表 6-3　ISCX Botnet 数据集组成情况

僵尸网络	类　型	训　练　集	测　试　集
Neris	IRC	√(12%)	√(5.67%)
Rbot	IRC	√(22%)	√(0.018%)
Menti	IRC	×	√(0.62%)
Sogou	HTTP	×	√(0.019%)
Murlo	IRC	×	√(1.06%)
Virut	HTTP	√(0.94%)	√(12.8%)
NSIS	P2P	√(2.48%)	√(0.165%)
Zeus	P2P	√(0.01%)	√(0.109%)
SMTP Spam	P2P	√(6.48%)	√(4.72%)
UDP Storm	P2P	×	√(9.63%)
Tbot	IRC	×	√(0.283%)
Zero Access	P2P	×	√(0.221%)
Weasel	P2P	×	√(9.25%)
Smoke Bot	P2P	×	√(0.017%)
Zeus control (C & C)	P2P	√(0.01%)	√(0.006%)
ISCX IRC bot	P2P	×	√(0.387%)

4. 效果评估

在模型结构设计方面,预处理过程中已将僵尸网络流量数据转换为 $32×32$ 大小的图像,加上 ResNet50 模型默认的输入维度为 3 维图像,因此基于 ResNet 的检测模型输入维度为 $(32,32,3)$,输出节点设为 2 个,表示模型预测输入的网络流量是良性流量还是僵尸网络流量。迭代次数设为 50 次,批处理个数 batch_size 设为 128,选用 SGD 作为优化器,Softmax 用于最后激活分类,binary_crossentropy 用于进行损失函数训练。

由于不同种类的僵尸网络流量之间以及良性流量之间的差异性较为明显,转换后的图像也相差较大。因此,如果测试集的网络流量分布和训练集的分布相差较大,则检测模型很难发挥较好的效果,因此,本节对测试集全为已知僵尸网络(All Known)和测试集有部分未知僵尸网络(Have Unknown)分别做了实验,并进行对比。其中,测试集全为已知僵尸网络是指将 ISCX Botnet 原训练集与测试集进行合并,并按照 8∶2 的比例重新划分实验所用训练集与测试集。测试集有部分未知僵尸网络即使用原本的训练集与测试集进行模型训练与检测。另外,本节还基于 CNN 实现了检测模型以便对本节提出的模型基于 ResNet 的检测模型进行性能评估与对比。图 6-7 显示了使用全为已知僵尸网络(All Known)的实验数据情况下,基于 CNN 的检测模型和基于 ResNet 的检测模型的检测准确率(Accuracy)和损失值(Loss)。

根据图 6-7 可知,基于 CNN 的检测模型对于全为已知僵尸网络(All Known)的情况检测准确率达到了 98.32%,损失值则在 $[0.04,0.06]$ 内浮动,基于 ResNet 的检测模型的检测准确率则达到了 99.16%,损失值也在 $[0.03,0.04]$ 内浮动。可以说明,基于 ResNet 的检测模型相较于基于 CNN 的检测模型拥有更高的检测准确性。

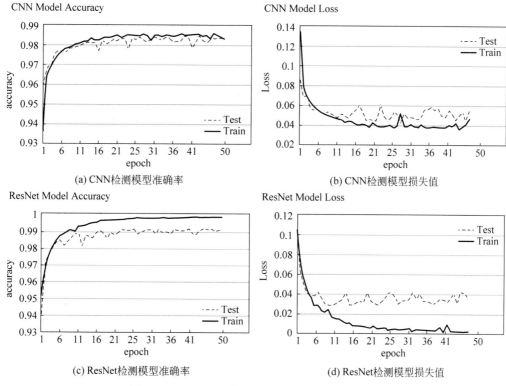

图 6-7　All Known 情况下空间维度模型检测结果

仅根据准确性无法全面展示检测模型的检测性能,图 6-8(参见彩色插页)显示了使用全为已知僵尸网络(All Known)的实验数据情况下,基于 CNN 的检测模型和基于 ResNet 的检测模型对僵尸网络流量的检测准确率、精度(Precision)、召回率(Recall)和 F1 分数(F1-score)数据,具体数值如表 6-4 所示。

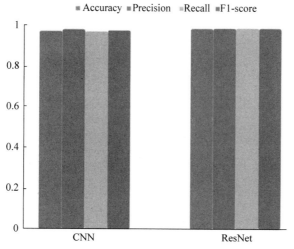

图 6-8　All Known 情况下空间维度模型性能

表 6-4　All Known 情况下空间维度模型性能指标数据

模型	准确率	精度	召回率	F1 分数
CNN	0.9832	0.9875	0.9765	0.982
ResNet	0.9916	0.9928	0.9937	0.9932

由图 6-8 和表 6-4 可知,基于 ResNet 的检测模型在检测准确率、精度、召回率和 F1 分数上都要优于基于 CNN 的检测模型。说明基于 ResNet 的检测模型的检测效果确实要优于传统的基于 CNN 的检测模型,具备更高的准确率、更高的检出率和更低的误报率,是一种准确有效的检测方法。

接下来,本节研究了在有部分未知僵尸网络(Have Unknown)情况下的检测效果,以检验模型检测未知僵尸的能力,检测效果如图 6-9 和表 6-5 所示(图 6-9(b)参见彩色插页)。

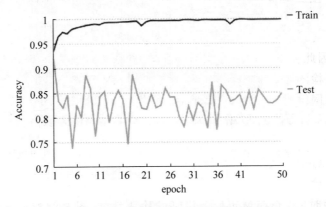

(a) Have Unknown情况下ResNet检测模型准确率

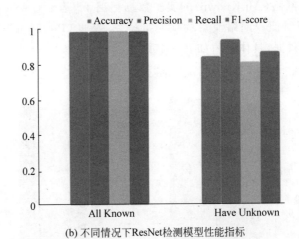

(b) 不同情况下ResNet检测模型性能指标

图 6-9　不同情况下 ResNet 检测模型性能

由图 6-9 和表 6-5 可知,基于 ResNet 的检测模型在测试集有部分未知僵尸的情况下,仍具备一定的检测能力,准确率达到 84.89%,说明本节提出的基于 ResNet 的检测模型具备一定的检测未知僵尸网络的能力。但相较于全为已知僵尸的情况各性能指标均有大幅下降,且测试集准确率浮动较大,说明图像特征在一定程度上可以反映僵尸网络特性,但不具备较高的普适性。

表 6-5　不同情况下 ResNet 检测模型性能指标数据

模型	准确率	精度	召回率	F1 分数
All Known	0.9916	0.9928	0.9937	0.9932
Have Unknown	0.8489	0.9448	0.8156	0.8754

6.2.2　基于 BiLSTM 的僵尸网络检测技术研究

利用流量的统计特征进行检测[19-24]是僵尸网络检测领域的常用方法。使用这种方法的直觉在于,同一僵尸网络中僵尸主机具有较高的相似性与协同性,因此僵尸网络流量便具备较强的同步性、时序性和关联性,提取僵尸网络流量的网络连接统计特征便可以实现对僵尸网络流量的检测。需要注意的是,由于同一僵尸网络的流量具备一定的时序性,因此在设计检测模型时需要考虑到流量的时序特征。目前,基于时间维度的僵尸网络检测方法都是利用长短时记忆网络(LSTM)进行统计特征分类,这是因为长短时记忆网络可以更好地获取序列信息,但是基础的长短时记忆网络只能获取正向顺序的序列信息,而僵尸网络流量由于其关联性以及 Botmaster 和 Bots 之间双向通信会话的特点,具有更为丰富的上下文序列信息。因此本节为了更加充分地学习时序特征,采用可以进行双向时序特性学习,充分理解上下文信息的双向长短时记忆网络进行僵尸网络检测。

1. 双向长短时记忆网络

最基本的神经网络模型无法很好地描述输入序列前后的相关性,导致在处理序列问题时的性能较差。为了解决这个问题,研究人员提出了一种可以学习时序信息的神经网络——循环神经网络(RNN)。经典的 RNN 网络结构如图 6-10 所示。

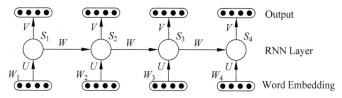

图 6-10　RNN 网络结构[25]

其中,U 是从输入层到隐藏层的权重,W 是与其自身相连的隐藏层的权重,V 是从隐藏层到输出层的权重。从理论上讲,神经网络模型可以处理无限长的序列。但是,在实际应用中相关信息和需要该信息的位置之间的距离可能非常远,随着距离的增大,RNN 对于如何将这样的信息关联起来就显得无能为力,使得较远距离的输入数据无法对模型参数训练做出有效的贡献,使得模型训练容易产生梯度爆炸和梯度消失的问题。因此,为了解决基本的 RNN 模型中梯度消失的问题,Hochreiter S 等[26]提出了长短时记忆网络。

LSTM 基本结构由输入门 i,输出门 o,遗忘门 f 和内部存储单元(Memory cell)组成。LSTM 网络结构如图 6-11 所示。

遗忘门可以确定 $t-1$ 时刻从内部存储单元丢弃了哪些信息。遗忘门计算方法如式(6-6)所示。

$$f_t = \sigma(W_f x_t + U_f h_{t-1} + V_f c_{t-1} + b_f)$$
(6-6)

式中,x_t 和 h_{t-1} 为 LSTM 单元的输入,W_f 代表输入 x_t 和遗忘门 f 的连接权重,c_{t-1} 代表内部存储单元 $t-1$ 时刻的状态,V_f 代表 c_{t-1} 和遗忘门 f 的连接权重,b_f 为偏差项,σ 表示 sigmoid 激活函数。

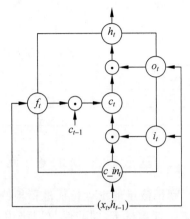

图 6-11 LSTM 网络结构[27]

输入门决定当前在内部存储单元中更新哪些信息。经过两次非线性变换后,选择要更新的内容,然后更新内部存储单元。输入门计算方法如式(6-7)所示。

$$\begin{cases} i_t = \sigma(W_i x_t + U_i h_{t-1} + V_i c_{t-1} + b_i) \\ \text{c\_in}_t = \tanh(W_c x_t + U_c h_{t-1} + V_c c_{t-1} + b_c) \\ c_t = f_t \cdot c_{t-1} + i_t \cdot \text{c\_in}_t \end{cases}$$
(6-7)

式中,W_i 代表 x_t 和 i_t 的连接权重,U_i 代表 h_{t-1} 和 i_t 的连接权重,V_i 代表 c_{t-1} 和 i_t 的连接权重,W_c 代表 x_t 和 c_in$_t$ 的连接权重,U_c 代表 c_in$_t$ 和 h_{t-1} 的连接权重,f_t 和 i_t 代表 c_{t-1} 和 c_in$_t$ 的更新权重,b_i 和 b_c 为偏差项,tanh 代表 tanh 激活函数。

输出门决定 LSTM 单元的输出值,首先确定输出门的输出,然后通过非线性变换获得 LSTM 单元的最终输出。输出门计算方法如式(6-8)所示。

$$\begin{cases} o_t = \sigma(W_o x_t + U_o h_{t-1} + V_o c_{t-1} + b_o) \\ h_t = o_t \cdot \tanh(c_t) \end{cases}$$
(6-8)

式中,W_o 代表 x_t 和 o_t 的连接权重,U_o 代表 h_{t-1} 和 o_t 的连接权重,V_o 代表 c_{t-1} 和 o_t 的连接权重,b_o 为偏差项。

LSTM 解决了 RNN 存在的梯度消失问题,可以选择性地学习距离更远的序列信息。但是 LSTM 只学习了正向顺序的序列信息,不能特别好地反映上下文信息。为此,研究人员提出了可以学习正反两个顺序时序信息的双向长短时记忆网络(BiLSTM)[28-31]。BiLSTM 由前向 LSTM 与后向 LSTM 组合而成,并连接到同一个输出层。BiLSTM 网络结构如图 6-12 所示。

BiLSTM 解决了 LSTM 算法存在的无法编码逆序序列信息的问题,使模型可以学习到它的所有前向节点和后向节点的连续的、完整的序列信息,可以更好地学习双向序列特征和上下文语义信息。

2. 基于 BiLSTM 的检测模型

本节提出的基于 BiLSTM 的僵尸网络检测模型使用与 6.2.1 节相同的僵尸网络检测基准数据集——ISCX Botnet 数据集,故不再赘述。本节提出的僵尸网络检测模型总

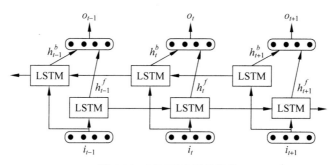

图 6-12　BiLSTM 网络结构

体框架如图 6-13 所示,包括数据预处理、训练及测试模块。

图 6-13　基于 BiLSTM 的检测框架

首先将 ISCX Botnet 数据集进行数据预处理得到检测所需要的统计特征。数据预处理分为以下三个步骤。

步骤 1　数据流分割

本节采用与 6.2.1 节相同的方法进行流量分割,利用五元组分割拥有全部信息的僵尸网络数据流。

步骤 2　特征提取

本节在现有研究的基础上,剔除了部分不适合本文采用的特征,例如,在时间窗口中每秒平均包数这一特征对于本节使用的训练数据集并无作用。本节筛选了部分能够反映僵尸网络流量通信和行为特点的统计特征且真实有效的特征,进一步优化了僵尸网络统计特征的选择与提取。本节提取的统计特征如表 6-6 所示。

表 6-6　提取的流量统计特征

序　号	特　征　名　称	含　　义	类　　型
1	Protocol	传输层协议	基本特征
2	Duration	流持续时间	基于异常行为的特征
3	Reconnect	流重连接次数	
4	IOPR	流中输入包数与输出包数比率	
5	PX	流中数据包的总数量	
6	NNP	流中空包的数量	
7	NSP	流中小数据包的数量	
8	PSP	流中小数据包的百分比	
9	FPS	流中第一个数据包的长度	

续表

序号	特征名称	含　义	类　型
10	TBT	流的总字节数	基于流相似的特征
11	APL	流中数据包的平均长度	
12	DPL	流中相同长度的包数与总数的比值	
13	PV	流中数据包长度的标准差	
14	BS	每秒平均比特数	
15	PPS	每秒平均包数	
16	AIT	流中数据包平均到达时间	

提取的特征主要包括三个种类：基本特征、基于异常行为的特征和基于流相似的特征。其中，基本特征反映了流量的协议特征，基于异常行为的特征反映了流量的通信连接特征和连接行为特征，基于流相似的特征反映了流的数据特征和时间特征。

1）基本特征

流量的基本特征包括流量的源 IP、目的 IP、源端口、目的端口和通信协议。然而由于僵尸可以轻松更改其 IP 地址和端口，因此在实际情况下使用 IP 地址和端口号作为特征很容易导致训练集过拟合，且不具备很好的检测效果，因此本书中仅将 IP 地址和端口用于流量分割。通信协议经常被用于过滤无关流量，以减少数据处理的复杂度，因此通信协议具备一定的检测僵尸网络的能力，原因在于通信协议如果出现在预期不会被使用的环境中，那么便有一定的是僵尸网络的可能。例如，企业网络流量中很少出现 IRC 流量。

2）基于异常行为的特征

流量的异常行为的特征包括流持续时间（Duration）、流重连接次数（Reconnect）、流中输入包数与输出包数比率（IOPR）、流中数据包的总数量（PX）、流中空包的数量（NNP）、流中小数据包的数量（NSP）、流中小数据包的百分比（PSP）、流中第一个数据包的长度（FPS）。选用这些特征有以下几个原因。

（1）流持续时间：僵尸主机拥有相似的通信模式，与 Botmaster 的通信持续时间相近，且大多数僵尸网络的初始连接都是僵尸主机向 Botmaster 发起单向连接请求，持续时间非常短，随后会进行持续时间较长的通信。例如，某些 IRC 僵尸会进行很长时间的聊天通信。

（2）流重连接次数：随着技术的进步，僵尸网络的智能化也在不断提高。僵尸会在遇到某些入侵检测系统启动时断开其连接，并在之后进行重连接。部分僵尸网络还会进行随机重连接，以消除流量的通信相似性，达到逃避检测的目的。因此重连接次数是检测僵尸网络的一种有效特征。

（3）流中输入包数与输出包数比率：研究表明，对于不同类型的协议，输入和输出流量之间会存在一些差异，可以作为检测潜在僵尸网络行为的特征。

（4）流中数据包的总数量：僵尸网络在通信时往往会交换大量的数据包以交换信息，由于僵尸网络结构上的相似性，同一僵尸网络通信时交换的数据包总数较为相近。

（5）流中空包的数量：僵尸网络为了检查哪些僵尸或者 C&C 服务器仍然存活，会不定期发送大量没有数据的数据包。因此交换空包数也可以在一定程度上反映是否是僵尸网络流量。

（6）流中小数据包的数量、交换小数据包百分比：离散型僵尸网络中的僵尸主机更倾向于交换小数据包以检测其对等实体。例如，IRC 僵尸主机会与 C&C 服务器交换小型聊天数据包，P2P 僵尸主机交换小数据包探测对等主机。

（7）流中第一个数据包的长度：僵尸网络流中的第一个数据包通常用于僵尸发起连接，因此同一种僵尸网络的流量第一个数据包内容非常相似。一般情况下，第一个包的长度比其余数据包的长度短。

3）基于流相似的特征

流量的异常行为的特征包括流的总字节数（TBT）、流中数据包的平均长度（APL）、流中相同长度的包数与总数的比值（DPL）、流中数据包长度的标准差（PV）、每秒平均比特数（BS）、每秒平均包数（PPS）、流中数据包平均到达时间（AIT）。僵尸网络生成的网络流量与普通流量相比更加相似且统一，因此流相似特征可以很好地刻画僵尸网络流量的特性。例如，僵尸网络在发动 DDoS 攻击时，常常会产生大量相同长度的数据包。

经过特征提取处理，为每条流提取 16 个特征。处理后的部分特征数据如图 6-14 所示。

	EXBT	Duration	FPL	Length	NP	SLPR	PLSD	AIT	EXNP	reconnects	APL	ABPS	APPS	IOPR	protocol
0	10970.0	4.2731	52.0	52.0	16	0.3125	718.4571	0.2671	0	7.0	685.6250	20537.7834	3.7444	0.7778	TCP
1	709.0	9.1444	52.0	52.0	8	0.5000	119.6358	1.1431	0	6.0	88.6250	620.2703	0.8749	0.6000	TCP
2	117.0	0.0000	117.0	117.0	1	1.0000	0.0000	0.0000	0	0.0	117.0000	0.0000	0.0000	-1.0000	TCP
3	434.0	9.1838	52.0	52.0	8	0.5000	24.4834	1.1480	0	6.0	54.2500	378.0570	0.8711	0.6000	TCP
4	1151.0	61.5530	52.0	52.0	8	0.6250	198.8293	7.6941	0	5.0	143.8750	149.5947	0.1300	1.6667	TCP
5	10942.0	139.1731	52.0	52.0	32	0.3750	473.3239	4.3492	0	16.0	341.9375	628.9721	0.2299	1.0000	TCP
6	8989.0	64.3209	52.0	52.0	17	0.4706	600.1046	3.7836	0	8.0	528.7647	1118.0192	0.2643	1.1250	TCP
7	4631.0	64.3202	52.0	52.0	12	0.6667	547.7226	5.3600	0	7.0	385.9167	575.9932	0.1866	1.4000	TCP
8	9618.0	1.3858	52.0	52.0	17	0.2941	690.2194	0.0815	0	9.0	565.7647	55523.1681	12.2673	1.1250	ICMP
9	539.0	0.7426	52.0	52.0	6	0.5000	106.1546	0.1238	0	4.0	89.8333	5806.6257	8.0797	1.0000	TCP
10	478.0	0.8513	52.0	52.0	6	0.5000	83.4459	0.1419	0	4.0	79.6667	4491.9535	7.0480	1.0000	TCP
11	434.0	9.0707	52.0	52.0	8	0.5000	24.4834	1.1338	0	6.0	54.2500	382.7709	0.8820	0.6000	TCP
12	539.0	0.7280	52.0	52.0	6	0.5000	106.1546	0.1213	0	4.0	89.8333	5923.0775	8.2418	1.0000	TCP
13	478.0	0.7467	52.0	52.0	6	0.5000	83.4459	0.1245	0	4.0	79.6667	5121.1996	8.0354	1.0000	UDP
14	478.0	0.7184	52.0	52.0	6	0.5000	83.4459	0.1197	0	4.0	79.6667	5322.9399	8.3519	1.0000	TCP
15	478.0	0.7404	52.0	52.0	6	0.5000	83.4459	0.1234	0	4.0	79.6667	5164.7753	8.1037	1.0000	TCP
16	344.0	3.3086	52.0	52.0	6	0.8333	28.3471	0.5514	0	4.0	57.3333	831.7717	1.8135	2.0000	TCP
17	74808.0	1.8791	52.0	52.0	96	0.1042	697.2654	0.0196	0	41.0	779.2500	318484.3665	51.0883	0.7455	TCP
18	7648.0	4.7002	52.0	52.0	15	0.5333	596.1746	0.3133	0	6.0	509.8667	13017.3182	3.1914	0.8750	TCP
19	5776.0	7.7662	52.0	52.0	14	0.5714	528.5396	0.5547	0	6.0	412.5714	5949.8855	1.8027	1.0000	TCP

图 6-14　提取后的部分特征数据

步骤 3　数值化与归一化

不同的特征可能有不同的量纲和单位，因此需要对特征数据进行数值化与归一化以消除数据类型、大小之间的差异。本节对于步骤 2 中提取的 16 种特征中的非数值特征"protocol"进行数值化处理，protocol 共有 107 种取值，因此可以利用 One-Hot 编码将"protocol"这一维度的特征编码成 107 维特征向量并和其余 15 种数值特征一起组成 122 维的特征向量。然后使用 min－max 归一化方法对得到的特征向量进行归一化，使得所有维度的数据分布于[0,1]，消除量纲的影响，min－max 归一化公式如式（6-9）所示。

$$x_i = \frac{x - x_{\min}}{x_{\max} - x_{\min}} \qquad (6\text{-}9)$$

其中,x 表示某个维度的数据,$x_{\min}$ 和 $x_{\max}$ 分别表示该维度数据的最小值和最大值,最后处理后得到处于 $[0,1]$ 的数据 x_i。值得注意的是,当该维度数据的最小值和最大值相等时,即 $x_{\min} = x_{\max}$,则 $x_i = 0$。

最后将处理后的特征向量送入 BiLSTM 模型进行训练。模型采用自适应矩估计算法(Adaptive moment estimation,Adam)进行优化训练,Adam 优化算法结合了 AdaGrad[32] 和 RMSProp[33] 两种流行的优化算法的优点,使得 Adam 在稀疏梯度和非稳态问题上有较为优秀的性能。实验采用十折交叉验证技术提高模型的泛化能力。最后使用得到的模型超参数,对测试集数据进行检测分类。

3. 效果评估

模型结构设计方面,基于 BiLSTM 的检测模型输入层节点为 122 个,输出节点设为 2 个,表示模型预测输入的网络流量是良性流量还是僵尸网络流量。迭代次数设为 50 次,批处理个数 batch_size 设为 128,选用 Adam 作为优化器,sigmoid 函数作为激活函数,softmax 函数用于最后分类,使用 binary_crossentropy 损失函数进行模型训练。

本节采用与上述相同的训练方式和评估方法,并实现了基于 LSTM 的检测模型,以进行评估和对比。图 6-15 显示了使用全为已知僵尸网络(All Known)的实验数据情况下,基于 LSTM 的检测模型和基于 BiLSTM 的检测模型的检测准确率(Accuracy)和损失值(Loss)。

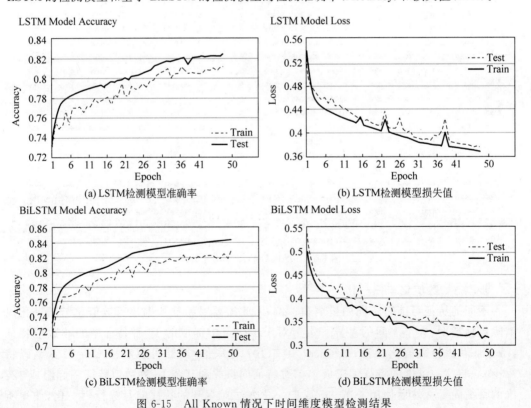

(a) LSTM检测模型准确率　　　　(b) LSTM检测模型损失值

(c) BiLSTM检测模型准确率　　　　(d) BiLSTM检测模型损失值

图 6-15　All Known 情况下时间维度模型检测结果

由图 6-15 可知,基于 LSTM 的检测模型对于全为已知僵尸网络(All Known)的情况检测准确率达到了 81.53%,损失值最终处于 $[0.36, 0.37]$,基于 BiLSTM 的检测模型的检测准确率则达到了 83.45%,损失值最终处于 $[0.34, 0.35]$。可以说明基于 BiLSTM 的检测模型相较于基于 LSTM 的检测模型拥有更高的检测准确性。其他性能指标如图 6-16 和表 6-7 所示。

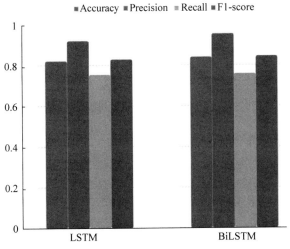

图 6-16　All Known 情况下时间维度模型性能

表 6-7　All Known 情况下空间维度模型性能指标数据

模型	准确率	精度	召回率	F1 分数
LSTM	0.8202	0.9193	0.7533	0.8281
BiLSTM	0.8345	0.9527	0.7577	0.8441

由图 6-16 和表 6-7 可知,基于 BiLSTM 的检测模型在检测准确率、精度、召回率和 F1 分数上都要优于基于 LSTM 的检测模型。说明基于 BiLSTM 的检测模型的检测效果确实要优于传统的基于 LSTM 的检测模型,具备更高的准确率、更高的检出率和更低的误报率,是一种准确有效的检测方法。图 6-17 和表 6-8 显示了在有部分未知僵尸网络(Have Unknown)情况下基于 BiLSTM 的检测模型的检测效果。

表 6-8　不同情况下 BiLSTM 检测模型性能指标数据

模型	准确率	精度	召回率	F1 分数
All Known	0.8345	0.9527	0.7577	0.8441
Have Unknown	0.767	0.761	0.6873	0.7222

由图 6-17 和表 6-8 可知,基于 BiLSTM 的检测模型在测试集有部分未知僵尸的情况下,仍具备一定的检测能力,准确率达到 76.7%,说明基于流量统计特征的检测方法是有效的,且本文提出的基于 BiLSTM 的检测模型在检测未知僵尸的能力方面略优于文献 [47] 提出的基于 LSTM 的检测模型。

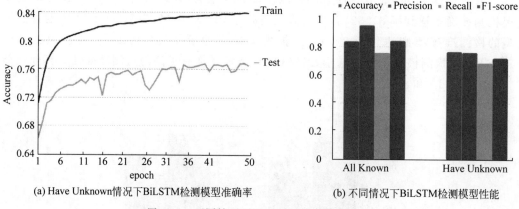

(a) Have Unknown情况下BiLSTM检测模型准确率　　　　(b) 不同情况下BiLSTM检测模型性能

图 6-17　不同情况下 BiLSTM 检测模型性能

6.2.3　基于时空特征相结合的僵尸网络检测技术研究

1. 基于时空特征相结合的检测模型

为了全方位进行僵尸网络特征学习,掌握僵尸网络流量所表现的时空特性,本节将基于 ResNet 的僵尸网络检测模型和基于 BiLSTM 的僵尸网络检测模型相结合,充分学习僵尸网络时空特征。本节提出的基于时空特征相结合的检测框架如图 6-18 所示。

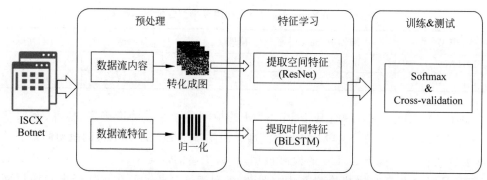

图 6-18　基于时空特征相结合的检测框架

模型结构设计方面为在 6.2.1 节和 6.2.2 节的基础上,将两个检测模型相结合,改变原有的两个模型的两个输出节点为 10 个输出节点,分别输出 10 维向量,采用串联的方式进行向量聚合,构成 20 维的特征向量,并在最后使用 Softmax 预测网络流量是良性流量还是僵尸网络流量。基于时空特征相结合的僵尸网络检测模型网络结构如图 6-19 所示。

2. 效果评估

本节采用与 6.2.1 节相同的训练方式和评估方法,并与基于 ResNet 的僵尸网络检测模型和基于 BiLSTM 的僵尸网络检测模型的检测效果进行了对比。首先检验了基于时空特征相结合的检测对全为已知僵尸的检测效果,如图 6-20 和表 6-9 所示。

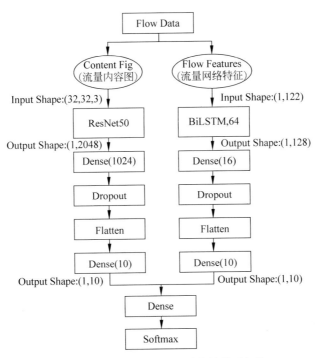

图 6-19　基于时空特征相结合的模型架构

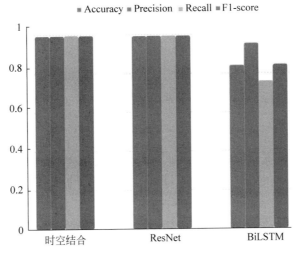

图 6-20　All Known 情况下时空结合检测模型性能

表 6-9　All Known 情况下时空结合检测模型性能指标数据

模型	准确率	精度	召回率	F1 分数
时空结合	0.9929	0.9931	0.9958	0.9944
ResNet	0.9916	0.9928	0.9937	0.9932
BiLSTM	0.8345	0.9527	0.7577	0.8441

基于时空特征相结合的检测方法，在全为已知僵尸网络的情况下取得了更好的检测效果，在各项指标方面也均有略微提高，说明基于时空特征相结合的检测方法可以学习到僵尸网络流量更加全面的特征，有助于更好地识别僵尸网络流量。

接下来检验了基于时空特征相结合的检测对有部分未知僵尸网络的检测效果，如图 6-21 和表 6-10 所示。

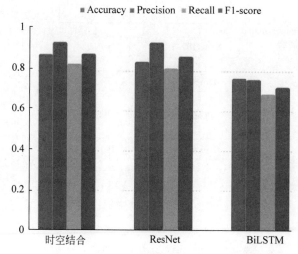

图 6-21　Have Unknown 情况下时空结合检测模型性能

表 6-10　**Have Unknown 情况下时空结合检测模型性能指标数据**

模型	准确率	精度	召回率	F1 分数
时空结合	0.8844	0.9451	0.8370	0.8877
ResNet	0.8489	0.9448	0.8156	0.8754
BiLSTM	0.767	0.761	0.6873	0.7222

基于时空特征相结合的检测方法，在有部分未知僵尸网络的情况下取得了更好的检测效果，在各项指标方面也均有略微提高，说明基于时空特征相结合的检测方法有更优秀的检测未知僵尸网络的能力。为了更好地说明模型检测未知僵尸网络的能力，统计了模型检测到的未知僵尸网络的数量，如图 6-22 所示。

由图 6-22 可知，本节提出的基于时空特征相结合的检测模型对于各种未知僵尸均拥有一定的检测能力。其中，Sogou 和 Smoke 僵尸样本数量本身较少（均为几十个），虽然没有完全检测但也具备一定的效果。而 Weasel 僵尸和 Zero Access 僵尸样本数量较多，其中，Weasel 僵尸有上万个，Zero Access 僵尸有上千个。但检测效果较差，原因在于 Weasel 僵尸网络采用 RSA 通信加密，Zero Access 僵尸网络采用 XOR 通信加密，而不是更常见的 RC4 加密方式。且 Weasel 僵尸网络流量统计特征较为特殊，例如，其数据流长度均为 900 左右，远高于常见的僵尸网络流量长度。

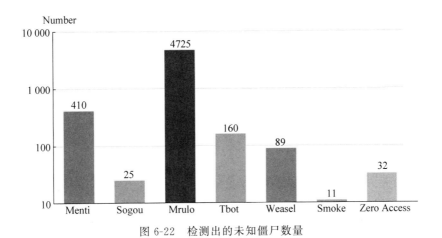

图 6-22　检测出的未知僵尸数量

6.3　基于生成式对抗网络的僵尸网络检测技术研究

本节将研究生成式对抗网络在僵尸网络检测领域的应用。本节同样将从空间和时间两个维度分别研究僵尸网络特征的生成对抗,以提高检测模型的检测能力和鲁棒性。

6.3.1　生成式对抗网络

生成对抗网络[34](Generative Adversarial Network,GAN)是近几年人工智能深度学习领域最重要同时也最热门的研究方向,其优秀的数据生成能力已受到广泛的关注。GAN 基于博弈论的思想,通过设置一个生成模型和一个判别模型相互竞争学习,以学习获得高维、复杂的真实样本数据分布。GAN 的网络结构如图 6-23 所示。

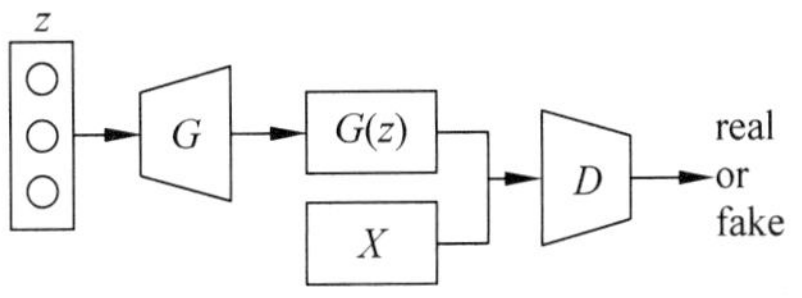

图 6-23　GAN 结构

GAN 包括一个生成器和一个判别器,生成器 G 输入随机噪声矢量 z(通常为均匀分布或正态分布),将 z 映射到新的多维数据空间,以生成假样本 $G(z)$,判别器 D 将生成器 G 生成的假样本 $G(z)$ 和数据集包含的真实样本 X 一起输入,并通过判别模型进行二分类以计算测试样本是真实样本而不是假样本的可能性。当判别器 D 的判别准确率达到 50%,即判别器无法确定测试样本是真实样本还是生成器生成的假样本时,则生成器和判别器将同时达到最佳状态,此时生成器 G 已学习到了真实样本的数据分布。生成式对抗网络目标函数如式(6-10)所示。

$$\min_G \max_D V(D,G) = E_{x \sim P_{data}(x)}[\log D(x)] + E_{z \sim P_z(z)}[\log(1 - D(G(z)))]$$

(6-10)

其中,x 表示数据样本,$P(z)$ 表示输入噪声的数据分布,$G(z)$ 表示输入噪声生成的样本数据分布,$D(x)$ 表示判别器判别样本 x 是真实样本而不是生成样本的概率。

在网络安全领域,Kim[35]等提出了一种基于迁移学习的生成式对抗网络 tGAN,将自编码器应用于生成式对抗网络,用于恶意代码检测。之后 Kim[36]等又提出了 tDCGAN,提升了模型训练的稳定性,并具备了一定的检测 0-day 攻击的能力。Yin[37]等提出了用于僵尸网络检测的生成式对抗网络 Bot-GAN,提取僵尸网络统计特征作为输入向量,生成假样本以提高僵尸网络检测模型精度。

本节研究生成式对抗网络在僵尸网络领域的应用,从空间和时间两个维度实现僵尸网络流量特征向量的生成,以增加僵尸网络流量特征样本,提高僵尸网络检测模型准确率和鲁棒性。

6.3.2 基于空间维度生成式对抗网络的僵尸网络检测技术

1. 深度卷积生成式对抗网络

随着生成式对抗网络在图像生成领域研究的不断加深,出现了许多优秀的图像生成算法[38],但是基本的 GAN 训练不稳定,容易出现生成器产生无意义的输出的现象。为此,Radford[39]等提出了深度卷积生成式对抗网络——DCGAN,创新地将基本的 GAN 中生成器的全连接层替换为反卷积层,从而在图像生成任务中实现了出色的性能。DCGAN 的生成器网络结构如图 6-24 所示。

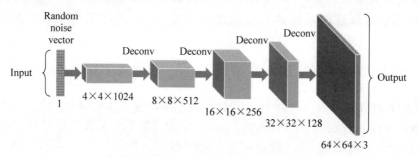

图 6-24　DCGAN 生成器网络结构

DCGAN 去除了全连接层,将生成器的随机噪声输入直接连接到卷积层的特征输入,并使用微步卷积(Fractional-Strided Convolutions)代替池化层在生成器中进行上采样;同时,在判别器中使用步长卷积(Strided Convolutions)代替池化层进行下采样。DCGAN 利用 CNN 强大的特征提取能力提高了生成网络的学习效果,通过在层内使用批标准化[40](Batch Normalization,BN)令生成器得以稳定学习,使得模型可以更好地学习样本数据分布,更稳定地生成高质量的图片。

2. 基于 DCGAN 的僵尸网络检测框架

标准的生成式对抗网络是一个两分类模型,但是对于僵尸网络检测来讲,判别器的输入样本包括真实样本中的良性流量样本和僵尸网络流量样本以及生成器生成的假样本 $G(z)$。因此,本节提出的基于 DCGAN 的僵尸网络检测框架,将 6.2.1 节提出的基于 ResNet 的僵尸网络检测模型作为判别器,并修改其输出节点为 3 个,分别对应良性样本(Benign)、僵尸样本(Botnet)、生成器生成样本(Fake),即变为三分类模型。基于 DCGAN 的僵尸网络检测框架如图 6-25 所示。

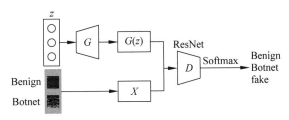

图 6-25 基于 DCGAN 的检测框架

基于 DCGAN 的僵尸网络检测框架可以源源不断地生成网络流量图像,扩充僵尸网络训练集,并通过生成式对抗网络的反馈机制提升检测模型的准确性。基于 DCGAN 的僵尸网络检测框架使用改进后的交叉熵损失函数(cross-entropy),如式(6-11)所示。

$$L_c = -E_{x,y \sim p_{data}(x,y)} \log P_{model}(c \mid x) \tag{6-11}$$

其中,(x,y) 表示所有输入样本及样本标签的集合,包括真实样本 (x_{true}, y_{true}) 和生成样本 (x_{fake}, y_{fake}) 两部分,c 表示样本所属的类别且 $c \in [Benign, Botnet, Fake]$,$P_{model}(c \mid x)$ 表示检测模型预测的样本 x 属于类别 c 的概率。

3. 效果评估

在模型结构设计方面,基于 DCGAN 的检测模型输入为 6.2.1 节中处理后的僵尸网络流量图片以及数据采用正态分布的噪声 z。

生成器由多个卷积层、上采样层和 LeakyReLU 激活层组成并进行图像样本生成,其中卷积层采用 5×5 卷积核,上采样层采用 2×2 的上采样因子,LeakyReLU 激活层负斜率系数设为 0.2,迭代次数设为 50 次,批处理个数 batch_size 设为 128,选用 Adam 作为优化器,式(6-11)所述的改进后的交叉熵损失函数作为生成器的损失函数。

判别器采用 6.2.1 节中所述的基于 ResNet 的僵尸网络检测模型,输出节点设为 3 个,表示模型预测输入的网络流量是良性流量、僵尸网络流量还是生成器生成的流量。

为了进行对比实验,本节还实现了基于对抗自编码器[41](Adversarial Autoencoders,AAE)的检测模型和基于基础 GAN 的检测模型。

在全为已知僵尸网络(All Known)的情况下对基于 GAN、DCGAN、AAE 的检测模型分别混入 100、500、1000、2000、5000、8000 个生成器生成的样本,观测三种检测模型的检测性能指标。三种生成式对抗网络生成的样本情况如图 6-26 所示。

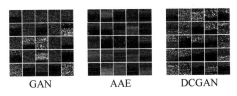

GAN   AAE   DCGAN

图 6-26 不同生成器生成的图片样本

通过分析生成器生成的样本可知,相较于 GAN,DCGAN 学习到的数据分布更为详细,样本之间的差异也更为明显。AAE 通过调整输入噪声 z,避开了 GAN 无法生成离散样本的问题,使得样本更为平滑,但同时也具有自编码器存在的分辨率较低的问题。

三种基于生成式对抗网络的僵尸网络检测框架的检测准确率如图 6-27 所示。

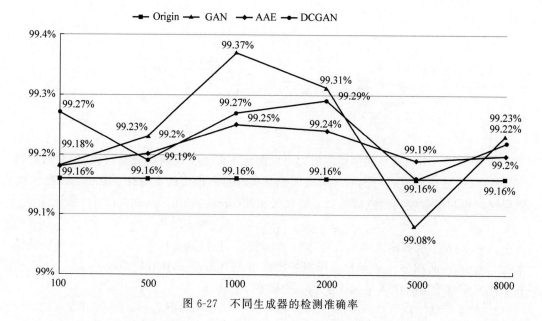

图 6-27　不同生成器的检测准确率

如图 6-27 所示(参见彩色插页),每个正方形点表示基于生成式对抗网络的检测框架混入相应生成样本时的检测准确率。其中,红线(图中的 Origin)代表原基于 ResNet 的检测模型准确率。在混入 100、500、1000、2000、5000、8000 个生成器生成的样本后,检测模型准确率基本具有小幅度提高,且从效果来看基于 DCGAN 的检测模型效果最好,基于 AAE 的检测模型次之,基于基础 GAN 的检测模型效果最差。另外,基于 DCGAN 的检测模型在混入 1000 个生成器生成的样本后,检测准确率达到最大值,之后随着样本数量增多,准确率开始下降。

接下来比较基于 DCGAN 的僵尸网络检测模型和原有的基于 ResNet 的检测模型的其他性能指标,如图 6-28 和表 6-11 所示。

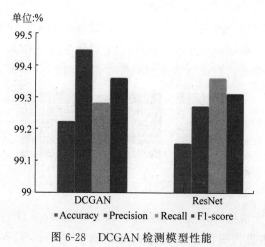

图 6-28　DCGAN 检测模型性能

表 6-11　DCGAN 检测模型性能数据

模型	准确率	精度	召回率	F1-分数
DCGAN	0.9923	0.9946	0.9929	0.9937
ResNet	0.9916	0.9928	0.9937	0.9932

基于 DCGAN 的僵尸网络检测框架在准确率、精度和 F1 分数上相较于基于 ResNet 的检测模型均略有提升,在召回率上略有下降。总体来说,加入生成式对抗网络之后检测各性能均有了部分提高,并在一定程度上降低了误报率,有助于更加准确有效地进行僵尸网络检测。

6.3.3　基于时间维度生成式对抗网络的僵尸网络检测技术

1. 基于 BiLSTM-GAN 的僵尸网络检测框架

近年来,随着自然语言处理领域研究不断深入以及生成式对抗网络的日渐成熟,时间序列生成领域逐渐产生了一些成果,如 A. Oord[42] 等提出的用于生成原始音频的 WaveNet,S. Mehri[43] 等提出的用于语音合成的 SampleRNN;O. Mogren[44] 提出了一种使用一个 LSTM 层和一个全连接层组成生成器和判别器的 C-RNN-GAN,用于生成古典音乐;Yu 等[45] 提出了一种使用两个 LSTM 层和一个全连接层组成生成器和判别器的 C-LSTM-GAN,通过音乐的旋律生成歌词;更进一步,Zhu[46] 等人提出了一种使用 BiLSTM 组成生成器,CNN 组成判别器的 BiLSTM-CNN-GAN,用于生成医用心电图。

在参考现有的时间序列生成算法和 6.3.2 节的研究基础上,提出了一个基于 BiLSTM 的僵尸网络检测框架,如图 6-29 所示。

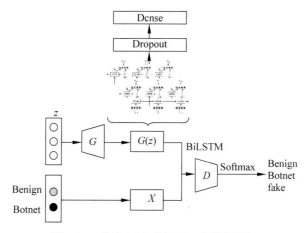

图 6-29　基于 BiLSTM-GAN 的检测框架

基于 BiLSTM-GAN 的僵尸网络检测框架同 6.3.2 节一样,使用改进后的交叉熵损失函数(cross-entropy),不断生成僵尸网络统计特征样本,提高检测模型的检测准确率。

2. 效果评估

在模型结构设计方面,基于 BiLSTM-GAN 的检测模型输入为 6.2.2 节中处理后的僵尸网络流量统计特征以及数据采用均匀分布的噪声 z。

生成器由四层架构组成,包括一个输入层,一个输出层和两个 BiLSTM 隐层,进行僵尸网络时间特征生成。其中,输入层节点设为 128 个,BiLSTM 隐层节点为 64 个,输出层节点为僵尸网络流量统计特征维数即 122 个,迭代次数设为 100 次,批处理个数 batch_size 设为 128,选用 Adam 作为优化器,式(6-11)所述的改进后的交叉熵损失函数作为生成器的损失函数。

判别器采用 6.2.2 节中所述的基于 BiLSTM 的僵尸网络检测模型,输出节点设为 3 个,表示模型预测输入的网络流量是良性流量、僵尸网络流量还是生成器生成的流量。

在全为已知僵尸网络(All Known)的情况下对基于 BiLSTM-GAN 的检测模型分别混入 100、500、1000、2000、5000、8000 个生成器生成的样本,观测检测模型的检测性能指标。值得注意的是,由于基本的 GAN 不具备学习时间序列的能力,因此本实验未实现使用基本 GAN 进行检测与对比。基于 BiLSTM-GAN 的僵尸网络检测框架的检测准确率如图 6-30 所示。

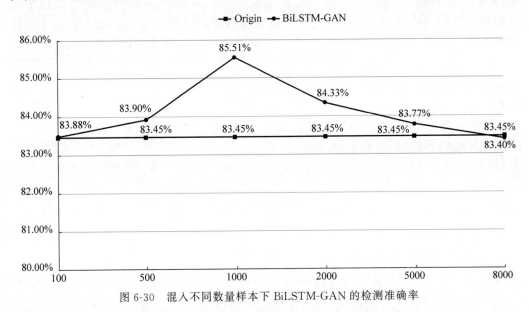

图 6-30   混入不同数量样本下 BiLSTM-GAN 的检测准确率

如图 6-30 所示,基于 BiLSTM-GAN 的僵尸网络检测框架在混入 1000 个样本时准确率达到最大,为 85.51%,之后随着样本数量增多,准确率开始下降。接下来,对比了在混入 1000 个样本的情况下,基于 BiLSTM-GAN 的僵尸网络检测框架和原有的基于 BiLSTM 的检测模型的其他性能指标,如图 6-31 和表 6-12 所示。

表 6-12   BiLSTM-GAN 检测模型性能指标数据

模型	准确率	精度	召回率	F1 分数
BiLSTM-GAN	0.8551	0.9155	0.8238	0.8672
BiLSTM	0.8345	0.9527	0.7577	0.8441

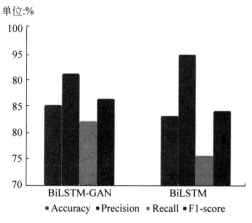

图 6-31　BiLSTM-GAN 检测模型性能

　　基于 BiLSTM-GAN 的僵尸网络检测框架在准确率、召回率和 F1 分数上相较于基于 BiLSTM 的检测模型均略有提升,在精度上略有下降。同样地,在加入 BiLSTM-GAN 之后检测性能有了部分提高,同时降低了误报率,有助于僵尸网络流量的识别。

小　结

　　本章介绍了两种基于深度学习算法检测僵尸网络的方法与实践,首先是基于僵尸网络流量内容的相似性提出的基于 ResNet 的检测方法与实践效果,接着针对僵尸网络的协同性、时序性特点,介绍了一种基于 BiLSTM 的检测模型,并且将两者相结合,同时基于僵尸网络的时空特征介绍了一种效果更好的检测模型。此外,针对僵尸网络训练样本少的问题,介绍了一种基于生成式对抗网络的模型加强方法,可用于提高检测模型的泛化能力。本章介绍的两种基于深度学习的模型设计和实践方法,对于将来希望将深度学习应用于僵尸网络检测的学者有一定的启发和参考意义。

参 考 文 献

［1］ BEEK C,DUNTON T,FOKKER J,et al. McAfee labs threats report[J]. McAfee Report,2019：1-41.

［2］ SINGLA A,BERTINO E. How deep learning is making information security more intelligent[J]. IEEE Security & Privacy,2019,17(3)：56-65.

［3］ BENGIO Y,DELALLEAU O. On the expressive power of deep architectures[C]. International Conference on Algorithmic Learning Theory,Berlin,Heidelberg,2011：18-36.

［4］ HE K,ZHANG X,REN S,et al. Deep residual learning for image recognition[C]. Proceedings of the IEEE conference on computer vision and pattern recognition,2016：770-778.

［5］　GARCIA S，GRILL M，STIBOREK J，et al. An empirical comparison of botnet detection methods ［J］. Computers & Security，2014，45：100-123.

［6］　ZHAO D，TRAORE I，SAYED B，et al. Botnet detection based on traffic behavior analysis and flow intervals［J］. Computers & Security，2013，39：2-16.

［7］　KORONIOTIS N，MOUSTAFA N，SITNIKOVA E，et al. Towards the development of realistic botnet dataset in the internet of things for network forensic analytics：Bot-iot dataset［J］. Future Generation Computer Systems，2019，100：779-796.

［8］　SHIRAVI A，SHIRAVI H，TAVALLAEE M，et al. Toward developing a systematic approach to generate benchmark datasets for intrusion detection［J］. Computers & Security，2012，31（3）：357-374.

［9］　MIRSKY Y，DOITSHMAN T，ELOVICI Y，et al. Kitsune：an ensemble of autoencoders for online network intrusion detection［J］. arXiv preprint arXiv：1802.09089，2018.

［10］　BEIGI E B，JAZI H H，Stakhanova N，et al. Towards effective feature selection in machine learning-based botnet detection approaches［C］. 2014 IEEE Conference on Communications and Network Security. IEEE，2014：247-255.

［11］　AVIV A J，HAEBERLEN A. Challenges in experimenting with botnet detection systems［C］. Proceedings of the 4th Conference of Cyber Security Experimentation and Test，2011.

［12］　WANG Z. The applications of deep learning on traffic identification［J］. Black Hat，USA，2015，24.

［13］　KOUKIS D，ANTONATOS S，ANTONIADES D，et al. A generic anonymization framework for network traffic［C］. 2006 IEEE International Conference on Communications. IEEE，2006，5：2302-2309.

［14］　李勤，师维，孙界平，等. 基于卷积神经网络的网络流量识别技术研究［J］. 四川大学学报（自然科学版），2017，（5）.

［15］　马若龙. 基于卷积神经网络的未知和加密流量识别的研究与实现［D］. 北京：北京邮电大学，2018.

［16］　卓勤政. 基于深度学习的网络流量分析研究［D］. 南京：南京理工大学，2018.

［17］　吴迪，方滨兴，崔翔，等. BotCatcher：基于深度学习的僵尸网络检测系统［J］. 通信学报，2018，39（8）：18-28.

［18］　WANG W，ZHU M，ZENG X，et al. Malware traffic classification using convolutional neural network for representation learning［C］. 2017 International Conference on Information Networking（ICOIN）. IEEE，2017：712-717.

［19］　SHANTHI K，SEENIVASAN D. Detection of botnet by analyzing network traffic flow characteristics using open source tools［C］. 2015 IEEE 9th International Conference on Intelligent Systems and Control（ISCO）. IEEE，2015：1-5.

［20］　KIRUBAVATHI G，ANITHA R. Botnet detection via mining of traffic flow characteristics［J］. Computers & Electrical Engineering，2016，50：91-101.

［21］　GADELRAB M S，ELSHEIKH M，GHONEIM M A，et al. BotCap：Machine Learning Approach for Botnet Detection Based on Statistical Features［J］. International Journal of Computer Network and Information Security（IJCNIS），2018，10（3）：563-579.

［22］　PEKTA A，ACARMAN T. Effective feature selection for botnet detection based on network flow analysis［C］. International Conference of Automatics and Infomatics，2017.

［23］　WANG W，SHANG Y，HE Y，et al. BotMark：Automated botnet detection with hybrid analysis of flow-based and graph-based traffic behaviors［J］. Information Sciences，2020，511：284-296.

[24]　HEYDARI B, YAJAM H, AKHAEE M A, et al. Utilizing Features of Aggregated Flows to Identify Botnet Network Traffic[C]. 2017 14th International ISC (Iranian Society of Cryptology) Conference on Information Security and Cryptology (ISCISC). IEEE, 2017: 25-30.

[25]　XU G, MENG Y, ZHOU X, et al. Chinese Event Detection Based on Multi-Feature Fusion and BiLSTM[J]. IEEE Access, 2019, 7: 134992-135004.

[26]　HOCHREITER S, SCHMIDHUBER J. Long short-term memory[J]. Neural computation, 1997, 9(8): 1735-1780.

[27]　Shu-heng W A, IBRAHIM T U, ABIDEREXITI K. Sentiment classfication of Uyghur text based on BLSTM[J]. Comput. Eng. Des., 2017, 38(10): 2879-2886.

[28]　YAO X L. Attention-based BiLSTM neural networks for sentiment classification of short texts [C]. Proc. Int. Conf. Inf. Sci. Cloud Comput., 2017: 110-117.

[29]　GHAEINI R, HASAN S A, DATLA V, et al. Dr-bilstm: Dependent reading bidirectional LSTM for natural language inference[J]. arXiv preprint arXiv: 1802.05577, 2018.

[30]　SUN S, XIE Z. Bilstm-based models for metaphor detection[C]. National CCF Conference on Natural Language Processing and Chinese Computing. Springer, Cham, 2017: 431-442.

[31]　POLIGNANO M, BASILE P, de Gemmis M, et al. A comparison of word-embeddings in emotion detection from text using BiLSTM, CNN and self-attention[C]. Adjunct Publication of the 27th Conference on User Modeling, Adaptation and Personalization, ACM, 2019: 63-68.

[32]　DUCHI J, HAZAN E, SINGER Y. Adaptive subgradient methods for online learning and stochastic optimization[J]. Journal of Machine Learning Research, 2011, 12(Jul): 2121-2159.

[33]　TIELEMAN T, HINTON G. Rmsprop: Divide the gradient by a running average of its recent magnitude. coursera: Neural networks for machine learning[J]. Technical Report, 2012: 31.

[34]　GOODFELLOW I, POUGET-ABADIE J, MIRZA M, et al. Generative adversarial nets[C]. Advances in Neural Information Processing Systems. 2014: 2672-2680.

[35]　KIM J Y, BU S J, CHO S B. Malware detection using deep transferred generative adversarial networks[C]. International Conference on Neural Information Processing, Springer, Cham, 2017: 556-564.

[36]　KIM J Y, BU S J, CHO S B. Zero-day malware detection using transferred generative adversarial networks based on deep autoencoders[J]. Information Sciences, 2018, 460: 83-102.

[37]　YIN C, ZHU Y, LIU S, et al. An enhancing framework for botnet detection using generative adversarial networks[C]. 2018 International Conference on Artificial Intelligence and Big Data (ICAIBD), IEEE, 2018: 228-234.

[38]　PAN Z, YU W, YI X, et al. Recent progress on generative adversarial networks (GANs): A survey[J]. IEEE Access, 2019, 7: 36322-36333.

[39]　RADFORD A, METZ L, CHINTALA S. Unsupervised representation learning with deep convolutional generative adversarial networks[J]. arXiv preprint arXiv: 1511.06434, 2015.

[40]　IOFFE S, SZEGEDY C. Batch normalization: Accelerating deep network training by reducing internal covariate shift[J]. arXiv preprint arXiv: 1502.03167, 2015.

[41]　MAKHZANI A, SHLENS J, JAITLY N, et al. Adversarial autoencoders[J]. arXiv preprint arXiv: 1511.05644, 2015.

[42]　OORD A, DIELEMAN S, ZEN H, et al. Wavenet: A generative model for raw audio[J]. arXiv preprint arXiv: 1609.03499, 2016.

[43]　MEHRI S, KUMAR K, GULRAJANI I, et al. SampleRNN: An unconditional end-to-end neural audio generation model[J]. arXiv preprint arXiv: 1612.07837, 2016.

［44］ MOGREN O. C-RNN-GAN：Continuous recurrent neural networks with adversarial training ［J］. arXiv preprint arXiv：1611.09904，2016.

［45］ YU Y，CANALES S. Conditional LSTM-GAN for Melody Generation from Lyrics［J］. arXiv preprint arXiv：1908.05551，2019.

［46］ ZHU F，YE F，FU Y，et al. Electrocardiogram generation with a bidirectional LSTM-CNN generative adversarial network［J］. Scientific Reports，2019，9（1）：6734.

［47］ 尹传龙.基于深度学习的网络异常检测技术研究［D］.郑州：战略支援部队信息工程大学，2018.

第7章

僵尸网络追踪溯源方法与实践

对于僵尸网络攻击者的追踪溯源一直以来都是一个难题,由于攻击者所采用的隐藏自己真实 IP 地址或身份的手段很多,现有的追踪溯源方法可以分为两类:基于流量追踪和基于攻击者目的的追踪。本章将介绍基于流量水印、定位文档、蜜罐的三种僵尸网络追踪溯源方法。

7.1　基于流量水印的僵尸网络跳板追踪

7.1.1　僵尸网络跳板

攻击者为了隐藏自己的真实 IP 地址,在控制 C&C 服务器或者通过僵尸网络窃取敏感数据时会设置若干个跳板。本节的目标在于识别僵尸网络所使用的跳板机,这是僵尸网络追踪溯源的第一步。

跳板的实现方式和类型有很多,在控制 C&C 服务器时,可以通过多重 SSH、多重 Telnet 或者多重 HTTP 代理实现;对于一些针对性比较强的僵尸网络,例如针对政府、银行、科研机构等重要机构的僵尸网络,攻击者会通过 TCP 反向 shell 获取到受害主机的 shell,从而达到入侵受害主机的目的。在这种场景下,一般攻击者使用 SSH 协议作为跳板协议;对于实施的数据窃取攻击,在数据泄漏阶段,为了隐藏登台服务器的真实 IP 地址,攻击者会在僵尸主机与登台服务器之间设置若干跳板,一般通过 HTTP 代理、shadowsocks 代理或者 TOR 网络等方式实现。

从以上分析可以得知,僵尸网络中所使用的跳板协议多为加密协议,因而基于数据包内容的被动跳板检测算法会失效,而基于数据包内容的主动跳板追踪算法会破坏加密数据包的完整性,导致双方无法通信,无法达到跳板追踪的目的。而从时序角度出发,跳板大多都是充当代理的角色,对于接收到的数据包会实时地转发给下一跳,因而数据包之间的延迟特征可以保留在跳板之间,这也是追踪跳板的主要依据。

7.1.2　流量水印

流量水印是一种主动的流量分析方法,旨在特定的通信流量上嵌入隐蔽的特征,这些特征一般是时间特征或者空间特征,对于未经授权的地方,无法识别出这些特征。该方法对于网络攻击中的跳板追踪十分有效,这是因为跳板在网络攻击中所起的作用是代理作用,流量的 IPD 特征会在基于跳板的攻击链中保存下来,在网络中检测到流量水印便可以认为检测到了攻击链中的一环。流量水印的生成方法是在数据发送端主动地去调制数据流,改变数据流的时间特征或者空间特征,时间特征包括包间时间延迟、数据传输速率等,空间特征包括数据包大小、数据包内容等,同时为了检测流量水印,可以在网络的关键节点或者已知的跳板附近部署流量监控器捕获网络流量,进行线下分析,或者部署在线的流量水印检测器,在线实时检测,从而实现对僵尸网络跳板的追踪,并最终还原僵尸网络的攻击链。

从 7.1.1 节对跳板的特征的分析中可以得知,现在的跳板为了避免内容分析,采用了加密协议,基于数据包空间的流量水印方案会破坏数据包完整性,对于加密流量会失效,也无法对跳板进行追踪,所以本节采用基于时序的流量水印。

1. 数据包间延迟

本节所研究的数据包间延迟(Inter Packet Delay,IPD)是指在一次 TCP 连接中客户端发出两个相邻数据包的时间间隔,如式(7-1)所示。

$$\text{IPD}_i = t_i - t_{i-1} \tag{7-1}$$

2. 网络中对数据包间延迟造成影响的因素

在真实的网络条件下,IPD 不会像理想条件下那样一直保持稳定。对 IPD 造成影响的因素有很多,例如,由于网络拥塞而引起的延迟或丢包,由于路由器处理速度引起的延迟,以及由于协议算法而造成的延迟等。在以上所述的因素中,对 IPD 造成影响较为显著的是丢包和 TCP 拥塞控制算法。其中,丢包是指在网络通信过程中,部分数据包没有到达目的地址的现象,通常由于硬件设备故障、网络拥塞、数据损坏或防火墙过滤等原因造成,是较为常见的一种现象。TCP 拥塞控制算法是为了防止过多的数据注入到网络中,通过拥塞窗口处理拥塞现象的一种机制,由慢启动、拥塞避免、快重传和快恢复四种算法组成。在现有的 TCP/IP 体系中,由于 TCP 是全双工且可靠的,所以丢包现象是由传输层的 TCP 来处理的,在基于 TCP 的网络通信中,TCP 通过数据包的序列号和确认号来确保每一个数据包都被对方接收到,当出现丢包现象时,TCP 便会采用重传算法使丢包的一方重新发送数据包。在现有的 TCP 中,所采用的重传算法是快重传算法。

1)慢启动

在通信双方开始通信时,不能对网络资源的使用情况做出准确的预测,如果此时发送大量的数据包,则很容易导致路由器资源的耗尽,为了避免这种情况的发生,TCP 使用了慢启动算法,逐步探测可用带宽,数据发送端需要在收到确认包之后再发送下一个数据包,因此此阶段的数据包间延迟如式(7-2)所示。

$$\text{delay} = \text{RTT} + t_{\text{proc}} \tag{7-2}$$

其中,RTT 是一个连接的往返时间,即从发送一个数据包到收到该数据包的确认包的时间间隔,t_{proc} 是数据发送端从接收到上一个确认包到发送下一个数据包的处理时间。由于 RTT$\gg t_{\text{proc}}$,所以 RTT 是慢启动阶段对数据包间延迟造成影响最大的因素。

2)拥塞避免

该算法通过控制窗口大小来进行拥塞控制,在发送端出现超时重传或者三次重复

ACK 时,便认为出现了网络拥塞,若拥塞是超时引起的,则进入慢启动阶段,若拥塞是由重复 ACK 引起的,则窗口大小减半,再逐渐增加。

3)快重传与快恢复

快重传算法是针对超时重传算法效率低而提出的一种高效的算法,由于 TCP 采用的是累计确认机制,即下一个数据包的序列号等于该数据包的序列号加上该数据包的数据报文长度,在数据接收端接收到序列号比期望值的数据包时便认为因为丢包而导致了数据包失序,立即发出三个重复的确认数据包,使数据发送端及时知道有数据包在传输过程中出现了丢包现象,而发送端只要连续接收到三个重复确认包就应当立即重新发送接收方尚未收到的数据包,而不是像超时重传算法一样等待设置的重传计时器到期。发送端在发送数据包时,即使是按序发送,由于 TCP 数据包封装在 IP 数据包中,IP 数据包在发送时乱序,也会导致 TCP 数据包的乱序,由于接收端无法确定数据包失序是由于丢包现象还是乱序发送造成的,需要权衡,所以将三次重复确认包作为丢包的依据。快恢复与快重传通常配套使用,在出现丢包现象时,避免进入慢启动阶段而导致网络性能下降,执行拥塞避免算法。

3. 丢包现象给跳板 IPD 造成的影响

通过分析拥塞控制算法,我们现在来具体分析在出现丢包现象时,跳板 IPD 的变化。图 7-1 描述了在出现丢包情况下的跳板的数据包间时间延迟,其中,左边部分是僵尸主机与第一跳跳板的通信,数据包[13]在传输过程中发生了丢包现象,导致第一跳跳板没有接收到数据包[13],但却收到了数据包[14],接收端意识到数据包失序可能是由于丢包引起的,便连续向发送端发送三个数据包[12]的确认包,发送端收到这三个重复的确认包便意

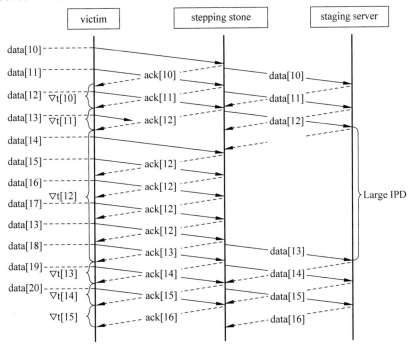

图 7-1 丢包给跳板通信带来的时间延迟

识到数据包[13]在传输过程中丢失,便重新发送数据包[13]。由于跳板起到代理的作用,所以跳板要保证数据包按序发送,在接收到数据包[13]之前,不会将后续的数据包发送给下一跳跳板,而是重新组织后续的数据包,使其顺序正确,在收到数据包[13]之后,再按照顺序将后续的数据包依序发送给下一跳。在图 7-1 的右半部分可以看到,数据包[12]和数据包[13]之间有较大的发送延时。根据这个特性,可以设计基于丢包的流量水印算法。

4. 基于 Netfilter 的丢包

Netfilter 是 Linux 2.4.x 引入的新一代防火墙机制,是 Linux 内核的一个子系统,采用了模块化设计,并且提供了若干钩子(hook)函数,允许开发人员对数据包进行读取、过滤、修改等处理操作,具有良好的可扩展性。Netfilter 提供了五个钩子函数:NF_IP_PRE_ROUTING,NF_IP_LOCAL_IN,NF_IP_FORWARD,NF_IP_LOCAL_OUT,NF_IP_POST_ROUTING,如图 7-2 所示,这五个钩子函数包含数据包在计算机中的几个重要处理阶段。

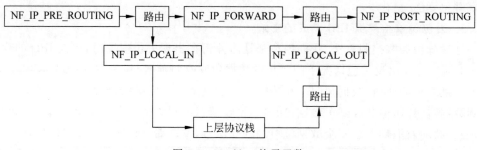

图 7-2   Netfilter 钩子函数

基于 Netfilter 的丢包通过 Linux 内核模块实现,通过 NF_IP_POST_ROUTING()函数将丢包函数挂钩于 NF_IP_LOCAL_IN 和 NF_IP_LOCAL_OUT 两个挂钩点上,对于要丢弃的数据包返回 NF_DROP,对于不丢弃的数据包返回 NF_ACCEPT 即可。

7.1.3   流量水印系统设计

本节所提出的流量水印系统是基于时序的主动追踪系统,本节使用随机丢包的方式来生成流量水印,这样的优势是丢包给 IPD 造成的影响较为显著,可以作为识别的依据,而丢包现象在网络中极为常见,在嵌入流量水印的过程中我们丢弃选中的数据包,而不影响其他的数据包,相较于其他的流量水印算法,本算法产生的流量水印具有更好的隐形性。

流量水印系统由流量水印生成模块和流量在线实时水印检测模块两个模块构成,该系统模块图如图 7-3 所示。

流量水印生成模块的作用是生成流量水印,并记录流量水印的 IPD 序列,定期地将 IPD 序列发送给流量水印检测模块,其中,水印是在僵尸主机的出流量中嵌入的。该模块由三个子模块组成:二进制序列生成模块、在线丢包模块和 IPD 序列记录模块。流量水印生成模块工作在僵尸主机的防火墙,输入为未嵌入流量水印的数据流,输出为嵌有流量

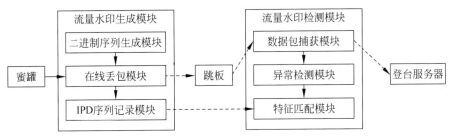

图 7-3　流量水印系统

水印的数据流。

流量水印在线实时检测模块的作用是实时在线监听流量,经过异常检测和特征匹配后检测出嵌有流量水印的流量,从而检测到跳板以及数据流向,该模块由三个子模块组成:数据包捕获模块、异常检测模块和特征匹配模块,该模块的输入为数据流量和 IPD 序列,输出为嵌有流量水印的通信双方的 IP 地址,第一个 IP 地址为发送方 IP 地址,第二个 IP 地址为接收方 IP 地址,流量水印在线实时检测模块工作在网络的关键节点,监听的范围越广,检测到流量水印的概率就越大,在网络上部署的同时工作的流量水印实时在线检测模块越多,检测到完整的攻击链的概率越大。

1. 流量水印生成模块

流量水印生成模块的工作顺序如下:首先由二进制序列模块生成一个二进制序列 X,在线丢包模块根据序列 X 丢弃数据流中的指定数据包,并记录 IPD 序列,定时地同步给流量水印检测模块。流量水印检测模块的算法流程图如图 7-4 所示。

二进制序列 X 服从二项分布,$X \sim B(N, p)$,其中,N 是二进制序列 X 的长度,p 是 X 中 1 出现的概率,由概率统计学的知识可知,该序列的期望值为 Np,即在该序列中 1 会出现 Np 次。为了保证流量水印的隐形性,即不可被未授权的第三方识别,采用真随机数生成器来生成随机二进制序列。真随机数通过采集硬件的热力学噪声作为种子,生成目标范围的随机数 R_i。若式(7-3)成立,则 X_i 的值取为 1,否则取为 0,即可得到二进制序列 X。

$$R_i < \mathrm{INT\_MAX} \times p \tag{7-3}$$

在线丢包模块的作用是根据二进制序列丢弃数据包,输入是二进制序列和正常流量,输出是嵌有水印的流量。对于僵尸主机与第一个跳板的通信,从三次握手的数据包开始计数,对于输出流量中的第 i 个数据包,根据二进制序列 X 判断是否要丢弃该数据包:若 X_i 为 1,则丢弃该数据包,否则不对该数据包进行操作。对于输出流量的每个数据包,最多会被丢弃一次,防止通信中断。在 TCP 通信中,采用累计确认的机制,第 i 个数据包的序列号 seq_i 是由上一个同方向数据包的序列号 seq_{i-1} 和报文长度 len_{i-1} 决定的,计算公式如式(7-4)所示。

$$\mathrm{seq}_i = \mathrm{seq}_{i-1} + \mathrm{len}_{i-1} \tag{7-4}$$

根据式(7-4),可以从三次握手开始对一个数据流进行统计,根据序列号判断一个数据包是否是顺序的,以及判断该数据包在数据流中的次序。

IPD 序列记录模块的输入是入流量,输出是水印流量的 IPD 序列,与在线丢包模块工作在同一个内核模块内,在线丢包模块负责对出流量进行处理,而 IPD 序列记录模块负责对入流量进行统计,在图 7-3 中已经分析了跳板对于数据包的处理,跳板向数据发送方发送确认包与向下一条发送数据包时间间隔等于跳板对数据包的处理时间,该时间一般是稳定的,因此跳板发送的相邻两个确认包的时间间隔和转发的时间间隔大致相等。根据这个特征,可以根据两个确认包的时间间隔来对跳板转发这两个数据包的时间间隔做出估计,从而得到 IPD 序列,定期将该序列发送给各个流量水印检测器。

2. 流量水印在线检测模块

流量水印检测器就其功能而言,需要在众多流量中检测出流量水印,能够检测的流量越多,捕获到跳板流量的概率也就越大,因而最好部署在网络的关键节点。而另一方面,检测器捕获到的流量越多,对检测器硬件性能和软件性能的要求也就越高,这会给流量水印的在线检测带来很大的挑战,因而很多流量水印检测算法都采用离线检测的方法来检测流量水印。然而,离线检测由于需要先采集一段时间的流量,再进行水印检测,因而会有一定的滞后性。本节提出的流量水印检测算法是在线实时的,具有实时性。

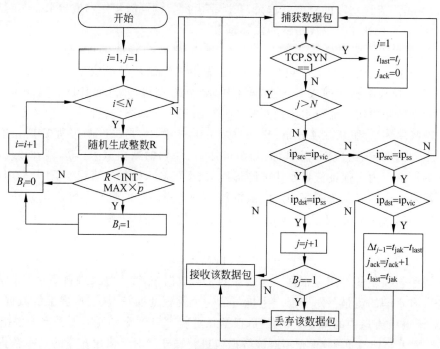

图 7-4　流量水印生成模块

流量水印在线检测模块的输入为网络流量,输出为检测到的跳板的 IP 地址,包含数据流向。在系统资源消耗方面,实时在线检测模块捕获的数据包数量众多,而流量水印的检测需要对一段时间内的流量做特征匹配,对于内存和 CPU 的消耗很大,如何能够及时地对嵌有水印的流量做出识别,并且对没有嵌有水印的流量做出释放操作,是设计实时在线检测算法的一大难点。在内存管理方面,本章使用 C++ STL 关联容器 map 来存储数据流信息,一方面,通过 map 可以快速地在内存中找到目标数据流信息,时间复杂度为 $O(\log n)$;另一方面,本章实现了基于 map 的内存管理,在捕获数据包的过程中将提取到的数据包特征插入到 map 中,而不是将整个数据包存储在内存里,极大限度地减少了对内存的消耗,当 map 的大小超过设定的阈值时,对 map 中的数据流信息做异常检测和特征匹配,同时对完成检测的数据流做出清空处理,防止内存占用无限度增长。此外,将数据包的特征值提取放在每一个数据包的捕获阶段,可以将对 CPU 的占用分摊到平时,从而避免在某个时间段执行大量的计算。

　　流量水印在线检测算法分为三个子模块:数据包捕获模块、异常检测模块与特征匹配模块,该算法的流程图如图 7-5 所示。

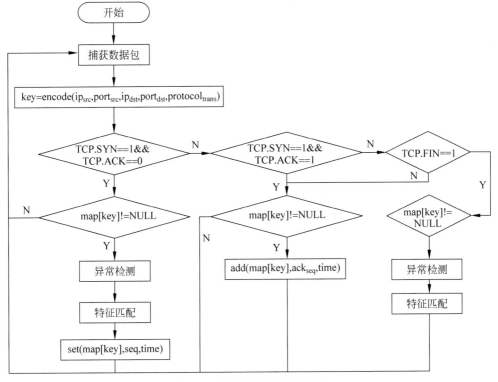

图 7-5   流量水印在线检测模块

　　数据包捕获模块的作用不仅是通过网卡捕获数据包,而且还承担了内存管理的重要任务,在该步骤,对于捕获到的数据包,根据数据包的五元组在 map 找到该数据包所属于的数据流,并提取该数据包的包头信息、时间戳、报文大小等特征值,存储到内存中,并及时判断该数据流是否达到了异常检测的标准,或者 map 的大小是否超过了设定的阈值 M,及时地对内存做出清理。

　　该模块对于捕获到的数据包,对其五元组进行编码,得到键值 key,根据 TCP 标志位对该数据包处在 TCP 通信的不同阶段进行讨论。

　　(1) 第一次握手:根据 key 判断内存中是否存储有该数据流的信息,若有,则对 key 对应的数据流进行异常检测和特征匹配,然后释放该数据流所占用的内存空间。将该数据包作为数据流的第一个数据包,为该数据流申请一块新的内存,并存储第一个数据包的特征值。最后比较 map 大小是否大于设定的阈值 M,在超过 M 的情况下对其他所有的数据流进行异常检测与特征匹配,并清空它们所占的内存空间。

(2) 第一次挥手:根据 key 判断内存中是否存储有该数据流的信息,若有,则直接进行异常检测和特征匹配,并释放内存。

(3) 其他阶段:根据 key 判断内存中是否存储有该数据流的信息,若有且该数据包顺序正确,则提取该数据包的特征值存储到内存的相应位置,若该数据流的数据包个数到达了 N,则进行异常检测与特征匹配。

异常检测模块的作用是对一个数据流是否带有流量水印做出初步判断,输入为一个数据流的每个数据包的时间戳,输出为布尔值,即该数据流是否异常。首先根据时间戳计算出时间间隔序列 $\Delta \hat{t}$,并计算其中较大的时间间隔(异常值)所占的比例,根据该比例判断该数据流是否异常。异常值的判断标准如式(7-5)所示。

$$\Delta \hat{t}_i \geqslant \mathrm{avg}(\Delta \hat{t}) + \mathrm{stdev}(\Delta \hat{t}) \tag{7-5}$$

其中,$\mathrm{avg}(\Delta \hat{t})$ 是 $\Delta \hat{t}$ 的平均值,$\mathrm{stdev}(\Delta \hat{t})$ 是 $\Delta \hat{t}$ 的标准差,若 $\Delta \hat{t}_i$ 满足该式,则认为 $\Delta \hat{t}_i$ 是一个异常值。

统计该数据流中异常值所占比例 r,若式(7-6)成立,则认为该数据流是异常的,进行进一步的特征匹配,其中,α 是设定的阈值。

$$r \geqslant \alpha p \tag{7-6}$$

特征匹配模块的作用通过匹配 IPD 序列的特征来判断异常流量是否带有水印,输入是异常流量 IPD 序列 $\Delta \hat{t}$ 和流量水印生成模块统计的 IPD 序列 Δt,输出是跳板的 IP 地址和数据流向,即该流量是否是水印流量。对于每对 Δt_i 与 $\Delta \hat{t}_i$,计算它们在各自的时间间隔序列中的偏离程度,如式(7-7)所示。

$$\mathrm{feature} = \frac{\Delta t_i - \mathrm{avg}(\Delta t)}{\mathrm{stdev}(\Delta t)}, \quad \widehat{\mathrm{feature}} = \frac{\Delta \hat{t}_i - \mathrm{avg}(\Delta \hat{t})}{\mathrm{stdev}(\Delta \hat{t})} \tag{7-7}$$

设定阈值 β,若 feature 与 $\widehat{\mathrm{feature}}$ 的差小于 β,则认为 Δt_i 与 $\Delta \hat{t}_i$ 在序列中的偏离程度相同,统计偏离程度相同的 Δt 所占比例 rate,若式(7-8)成立,则认为 IPD 序列 $\Delta \hat{t}$ 与 Δt 具有相同的特征,即检测到的数据流是带有流量水印的数据流,将检测到的两个跳板的 IP 地址发送给威胁情报库,其中,γ 是设定的阈值。

$$\mathrm{rate} \geqslant \gamma \tag{7-8}$$

3. 流量水印系统部署

流量水印系统的输入为僵尸病毒样本和第一跳跳板的 IP 地址,其中,第一跳跳板的 IP 地址由流量分析得出。在物理可控的范围内部署一台虚拟机作为高交互蜜罐,将第一跳跳板的 IP 地址写入流量水印生成内核模块的配置文件中,编译生成流量水印生成内核模块,并在上层主机加载该内核模块,将流量水印生成模块嵌入到蜜罐的防火墙中。同时在网络的关键节点以及 AWS 服务器上部署流量水印在线检测模块,最后将僵尸病毒样本放入到蜜罐中运行。流量水印检测器检测到流量水印之后,将检测到的跳板 IP 地址和数据流向发送到威胁情报库中。流量水印系统的拓扑图如图 7-6 所示。

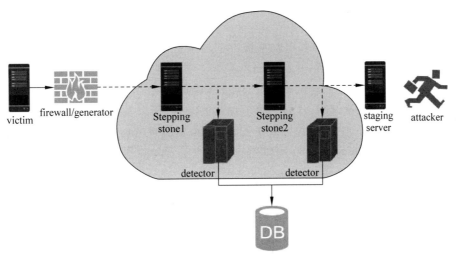

图 7-6　流量水印系统部署

7.1.4　实践效果评估

1. 数据集

本节从 Malware traffic analysis 论坛获取最近活跃的僵尸病毒样本,包括 Qakbot、Trickbot、Bokbot、PsiXBot、Emotet Spambot、LokiBot、Necurs botnet 等家族的僵尸病毒样本。由于这些病毒样本数量有限,所以本节还采用了 CTU-13 僵尸网络流量数据集,用以验证僵尸网络 C&C 服务器追踪方法。

2. 评价指标

对于基于动态分析的僵尸网络 C&C 服务器追踪系统而言,检测结果将作为流量水印系统的输入,所以以准确率(Accuracy)和误报率(False Positive Rate,FPR)作为评价指标,分别如式(7-9)和式(7-10)所示。

$$\text{Accuracy} = \frac{1}{N} \sum_{i}^{N} f(p_i == t_i) \tag{7-9}$$

其中,N 为数据流的数量,t_i 为数据流的真实标签,p_i 为系统给出的判断值,若两者相等则 $f(p_i == t_i)$ 取值为 1,否则取值为 0。

$$\text{FPR} = \frac{\text{FP}}{\text{FP} + \text{TN}} \tag{7-10}$$

其中,FP 表示样本为假但是系统判断为真的数据流数量,TN 表示样本为假而且系统判断为假的样本数量。

对于流量水印系统的性能,本节选取的评价指标是隐形性与鲁棒性。

在隐形性方面,本章采用 Kolmogrov-Smirnov 距离描述正常流量与水印流量的相似度,距离越近,相似度越大,反之相似度越小。对于参考分布函数 $F(x)$ 和 n 个采样值的分布函数 $F_n(x)$,K-S 距离的计算公式如式(7-11)所示。

$$\sup_x |F_n(x) - F(x)| \tag{7-11}$$

在鲁棒性方面,设计不同网络拥塞程度的测试场景,以及不同跳板个数的测试场景,使用准确率与误报率来评估流量水印系统的鲁棒性。

3. 实验结果

对于僵尸网络 C&C 服务器追踪系统，由 Cuckoo 动态沙箱捕获流量，并由流量分析模块分析流量，使用聚类分析，并最终做出判定。实验结果如图 7-7 所示。可以看出，该算法对于 CTU-13 数据集的准确率较低，误报率较高，这是因为该数据集中有大量的背景流量，而本算法是以每次 TCP 连接为单位进行的判定，所以在准确率和误报率方面均有不足；而对于 LokiBot、Trickbot 等基于 Cuckoo 采集流量的僵尸网络 C&C 服务器检测实验中，误报率较低，准确率较高，可以用于后续的僵尸网络追踪溯源。

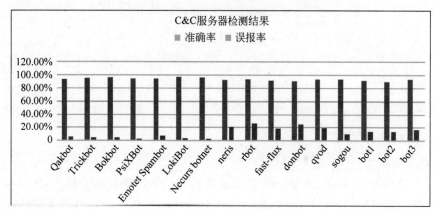

图 7-7　C&C 服务器检测结果

对于僵尸网络跳板追踪系统，按照 7.1.3 节中的部署方案部署攻击场景和追踪系统，其中，僵尸网络是使用已经开源的 Zeus 僵尸网络搭建的，跳板分别部署在 AWS 伦敦机房和俄亥俄机房，跳板使用的代理协议是 ShadowSocks，流量加密算法是 AES-256。

在隐形性方面，控制丢包概率 p，使其取值分别为 0.05％、0.1％、0.2％、0.3％、0.4％、0.5％、0.6％、0.7％、0.8％、0.9％、1.0％，通过计算 K-S 距离来评估水印流量和正常流量的相似度。实验结果如图 7-8 所示。

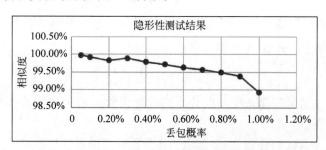

图 7-8　流量水印隐形性测试结果

实验结果表明，p 取值为 0.05％时与正常流量相似度最高，为 99.98％，p 取值为 1.0％时相似度最低，为 98.94％，可以认为流量水印具有一定的隐形性。

在鲁棒性方面，在实验室环境下通过路由器设置带宽上限为 50Mb/s，设计不同的带宽占用场景（10Mb/s，20Mb/s，40Mb/s），测试流量水印检测器的准确率与误报率，实验结果如图 7-9 和图 7-10 所示（参见彩色插页）。

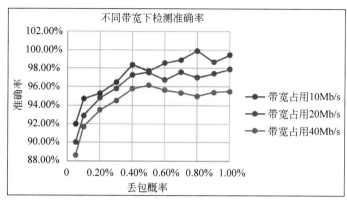

图 7-9　不同带宽占用情况下的准确率

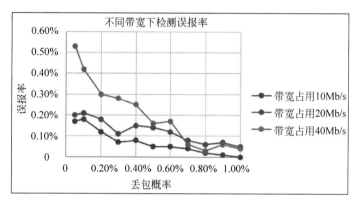

图 7-10　不同带宽占用情况下的误报率

　　实验结果表明,在不同的网络拥塞场景下,本节所提出的流量水印系统的准确率和误报率浮动不大,具有一定的鲁棒性。

　　为了验证流量水印检测算法对不同跳板个数的检测率,考虑到跳板总跨度太大会导致由超时而引起的通信失败,因此,在前面实验场景的基础上设计了 1~5 个跳板的场景,丢包概率取为 0.8%,实验结果如图 7-11 和图 7-12 所示。

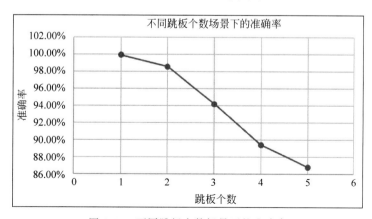

图 7-11　不同跳板个数场景下的准确率

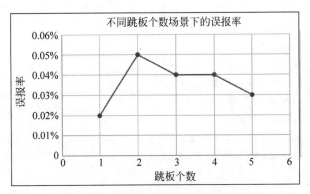

图 7-12　不同跳板个数场景下的误报率

从检测结果可以看出，随着跳板个数的增加，检测的准确率会逐渐降低，这是由于随着跳板增多，每两个跳板之间的网络状况都会影响到数据包间延迟，因此数据包间延迟会受到较大的影响，从而影响检测结果。

7.2　基于定位文档的僵尸网络攻击者追踪

部分僵尸网络会窃取 Bot 中的机密文件，因此可以在沙盒中运行僵尸病毒样本，根据数据窃取攻击的特性，可以在数据泄漏阶段逐级追踪到各个跳板，追踪到存储泄漏数据的 Staging Server，但是不能判断该 Staging Server 是否是由攻击者直接控制，因此，需要实现另外一种能够追踪到 Botmaster 的行之有效的方法。

7.2.1　定位文档系统设计

在攻击者实施的众多种类型的攻击之中，我们需要从与僵尸主机与攻击者有直接或者间接交互的攻击入手，才能有效地实现对攻击者的追踪，因而，数据窃取攻击仍然是本章的入手点。攻击者从宿主机窃取敏感数据或者敏感文件之后，会对这些数据进行整理或查看，特别是一些针对政府机构、高校、医院、研究所等针对性较强的僵尸网络，攻击者会对窃取到的信息十分重视，因而，如果使我们被窃取的文件或者数据再被攻击者查看时将攻击者的信息回传给我们，那么这对僵尸网络攻击者的追踪会有很大帮助。根据前述分析，僵尸程序会将窃取到的键盘记录、网站用户名密码等信息整理成 TXT 文件或者 JSON 文件的形式，传送到 Staging Server，对于文件和屏幕截图，会以 HTTP-Post 的方式传送到 Staging Server。在以上敏感信息中，从综合难度和隐蔽性两方面考虑，最终决定选择文件作为入手点，即制定特定的定位文档，在攻击者打开时便可以回传攻击者信息。

制作定位文档的方式有两种，第一种是在文档中嵌入可执行代码，但是带有可执行代码的文档会被静态病毒检测检查出来，隐蔽性较差，而我们也不可以低估黑客的能力和警惕性，因而这种方案暂不考虑；第二种就是利用 Microsoft Office 文档、PDF 文档或者 PDF 阅读器自身的机制，在文档中嵌入我们服务器的 URL，在攻击者打开时就向指定的

URL 发出请求,从而获取僵尸网络攻击者的 IP 地址,考虑到 PDF 阅读器种类繁多,基于 PDF 的定位文档方案可能会失效的问题,最终选择使用 Microsoft Office 文档来制作定位文档。

定位文档系统由两部分组成:定位文档生成模块和定位文档检测模块。定位文档生成模块的作用是生成定位文档,该模块的输入为未加密的 Microsoft Office 文档(加密的文档无法被转换为定位文档)和配置文档,输出为定位文档;定位文档检测模块的作用是监听指定端口,解析收到的请求,解析出发出请求的文档 id 及发出请求的 IP 地址,并做出响应,该模块的输入为 HTTP 请求,输出为僵尸网络攻击者的 IP 地址。同时,为了防止攻击者有所发觉而做出报复性行为,定位文档检测模块需要配置 DDoS 防御子模块。

本系统还需要用到蜜罐与威胁情报库。蜜罐的作用是定位文档与实施窃取数据攻击的僵尸病毒样本一起放入其中,并运行僵尸病毒样本,使得攻击者能够窃取到定位文档;威胁情报库的作用是记录定位文档检测模块检测到的僵尸网络攻击者的 IP 地址,并与其他检测模块得到的威胁情报做关联分析,还原出僵尸网络的攻击链。安全起见,威胁情报库与定位文档检测模块要部署在两台不同的服务器上,避免定位文档检测服务器遭受攻击时,威胁情报库也受到影响。

7.2.2　定位文档生成模块

1. Microsoft Office Open XML 文档格式解析

可扩展标记语言(Extensible Markup Language,XML)是标准通用标记语言的子集,是一种用于标记电子文件使其具有结构性的标记语言。

早期的 Microsoft Office 文档是以二进制文件格式存储的,从 Microsoft Office 2007 开始,Office 系统支持稳固的 XML 文件格式,相比于二进制文件,Open XML 格式具有压缩文件格式、更安全、方便集成以及兼容性等优点。Open XML 格式将文档数据模块化存储,可以更加方便地访问文档中的特定内容,但这也意味着嵌入的代码(Visual Basic for Applications,VBA)会被存储到文件的单独的节中,更加容易被发现和阻止。

Open XML 格式的文档包含以下五个部件。

(1) 开始部件:开始部件是关系部件的一个 XML 部件,是位置最高的部件,其作用是确定文件的类型,以 Word 为例,其文件扩展名为.docx。

(2) XML 部件:当 Office Open XML 格式文件存储在 Office 2007 以上的系统中时,该文件被分割为若干逻辑部件,这些逻辑部件描述该文档的格式、样式、布局、设置和内容等。

(3) 非 XML 部件:非 XML 部件通常是图片、视频等媒体和 OLE 对象,任何使用二进制内容或者任何不使用 XML 格式的文件类型都被标识为非 XML 部件,这些文件通常是嵌入或者附加到文档的文件,这些文件在 Office 文档中的架构层次和文本关系则由 XML 格式架构文档记录。

(4) 关系部件:关系部件是定义整个文档架构和关系层次结构的 XML 部件。

(5) ZIP 包:Office Open XML 文档实际上是由上述组件打包而成的 ZIP 压缩包,将

Office Open XML 文档的后缀名改为 .zip,再解压缩,即可在解压出的文件夹中看到上述组件。以 Word Open XML 文件为例,解压缩后的组件如图 7-13 所示。

名称	修改日期	类型	大小
_rels	2019/12/25 8:21	文件夹	
customXml	2019/12/25 8:21	文件夹	
docProps	2019/12/25 8:21	文件夹	
word	2019/12/25 8:21	文件夹	
[Content_Types].xml		XML 文档	2 KB

图 7-13　Open XML 组件

如图 7-14 所示,word 文件夹中存储的是描述 Word 文档内容和样式的 XML 文件。

名称	修改日期	类型	大小
_rels	2020/1/2 7:11	文件夹	
glossary	2020/1/2 7:11	文件夹	
media	2020/1/2 7:11	文件夹	
theme	2020/1/2 7:11	文件夹	
document.xml		XML 文档	25 KB
endnotes.xml		XML 文档	2 KB
fontTable.xml		XML 文档	3 KB
footer1.xml		XML 文档	7 KB
footer2.xml		XML 文档	7 KB
footer3.xml		XML 文档	1 KB
footnotes.xml		XML 文档	2 KB
header1.xml		XML 文档	1 KB
header2.xml		XML 文档	1 KB
header3.xml		XML 文档	1 KB
numbering.xml		XML 文档	4 KB
settings.xml		XML 文档	3 KB
styles.xml		XML 文档	41 KB
webSettings.xml		XML 文档	1 KB

图 7-14　Word XML 组件

2. Visual Studio Tools for Office

Office 开发人员工具(Visual Studio Tools for Office,VSTO)是 VBA 的替代,是一套 .NET 台下用于开发自定义 Office 应用程序的 Visual Studio 扩展工具包,开发者可以更加便捷地开发 Office 应用程序,提供了 Microsoft Office 系统的 Word、Excel、PowerPoint 等类型文件的丰富的接口,可以更加方便地对 Office 文件进行操作。

3. URL 与 HTTPS

统一资源定位符(Uniform Resource Locator,URL)是指网络地址,是对可以从互联网上得到的资源的位置和访问方法的一种简洁的表示,是互联网的统一资源定位标志,通常由三部分组成:资源类型、存放资源的主机域名和资源文件名。也可以认为由四部分组成：协议、主机、端口和路径。其一般格式为：

protocol://hostname[:port]/path/[;parameters][?query]♯fragment

超文本传输安全协议（Hyper Text Transfer Protocol over SecureSocket Layer，HTTPS）是一种通过计算机网络进行安全通信的超文本传输协议，是超文本传输协议（Hyper Text Transfer Protocol，HTTP）的安全版本，在使用 HTTP 进行通信的基础之上，使用安全套接层/传输层安全协议（Secure Socket Layer/Transport Layer Security，SSL/TLS）来加密数据包，保护加密数据的隐私与完整性，避免信息被窃听、篡改或劫持的风险。在 HTTP 中，SSL 建立在 TCP 层与 HTTP 层之间，在通信时，客户端和服务器之间首先通过 SSL/TLS 协议建立起一个安全加密的 TCP 连接，然后客户端通过该加密的 TCP 连接向服务器发起 HTTP 请求（GET、POST、DELETE 等）。

由上述分析可以得知，在 HTTPS 通信中，URL 中的主机域名（或地址＋端口号）会以明文形式在数据包中出现，而由于请求 URL 是一个应用层的对象，因而 URL 中的剩余部分（路径和参数）会以密文形式出现在数据包中。因而可以利用这个特性在通信过程中隐藏 URL 请求。

4. 定位文档生成

定位文档生成模块的输入是 Office 文档和配合文件，输出为嵌有特定 URL 的定位文档。本模块的实现原理是在文档的不显著位置插入图片占位符，例如 Word 文档的页眉页脚处，并将其替换为生成的特定 URL，这样在文档被打开时，就会访问我们嵌入其中的 URL，以获得目标图片，定位文档检测器便可以获取到僵尸网络攻击者的 IP 地址。

定位文档生成分为七个步骤：生成特定 URL，复制源文件，新文件中插入图片占位符，新文件转换为 XML 格式文件，使用特定 URL 替换图片占位符，将 XML 格式文件转换为原格式文件，记录存储，如图 7-15 所示。

（1）生成特定 URL：该步骤的主要作用是为每个文档生成一个特定的 URL，该 URL 由协议（使用 HTTPS 可以防止 URL 请求被攻击者获得，因而此处的协议采用 HTTPS）、域名或者 IP 地址＋端口，再加上带有特定字符串的路径组成。其中，域名是使得文档能够找到我们部署的定位文档检测器，特定字符串的作用是辨别该请求是否是由我们的定位文档发出的，以及识别具体是由哪个定位文档发出的，因而该字符串需要具有唯一性，能够防止伪造，同时也要能够保证该字符串与文档的一一对应关系。本节采用真随机数生成算法来生成该字符串。

真随机数生成算法需要 Intel 硬件支持，Intel 睿码技术用处理器上的"熵源"（Entropy Source）硬件，随机地从硅元素中取热力学噪声作为种子，生成目标范围的随机数。由于热力学噪声是不可预测的，所以用此方法生成的随机数可以看作真随机数。在 Visual Studio 2012 以上的版本中，DRNG 库已经实现了基于 Intel 睿码技术的真随机数生成。

（2）复制源文件：为了不破坏源文件，之后的所有操作都在复制文件上操作。首先通过后缀名判断源文件是否是 Microsoft Office Open XML 格式的文件，若其扩展名

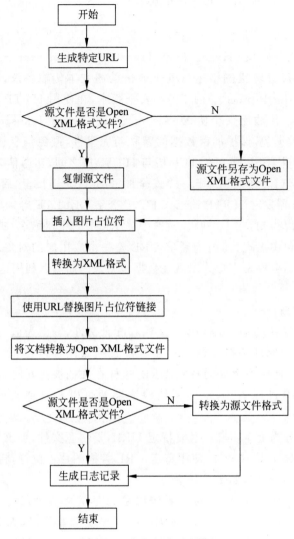

图 7-15　定位文档生成模块

是.doc、.ppt、.xls 等，则使用 VSTO 将其另存为 Office Open XML 格式文档，在嵌入特定 URL 之后将其转换回原格式。因为我们嵌入特定 URL 的操作都是基于 XML 文件进行的，而为了兼容早期的 Microsoft Office 文档，所以要在此步骤对文档格式进行统一。

（3）新文件中插入图片占位符：图片占位符是 Office 文档栈用来占位的符号，是 Office 为了加快打开 Office 文档的速度而制定的，其原理是在打开文档时，先加载文档的文字内容，图片占位符在文档中占据位置，而暂不加载图片内容，待文档被打开后再根据 XML 文档中的链接地址加载图片，这也是我们生成定位文档的核心机制。为了提高定位文档的隐蔽性，占位符要尽可能的小，且位置要隐蔽，因此本节选择在页眉处插入大小为 1×1 的图片占位符。

（4）新文件转换为 XML 格式文件：后续操作的对象是 XML 文件中的内容，因而需要将其转换为 XML 格式的文件,操作方法为将文件的扩展名改为.zip,并将其解压缩即可。

（5）使用特定 URL 替换图片占位符：在解压后的文件夹中删除掉 header2.xml 文件中图片占位符的链接,并新建_rels 文件,在文件中将图片占位符的链接设置为第一步中得到的 URL。替换后多出了一个 header2.xml.rels 文件,_rels 文件夹内容和文件内容分别如图 7-16 和图 7-17 所示。

名称	修改日期	类型	大小
document.xml.rels		RELS 文件	3 KB
header2.xml.rels	2019/12/25 16:13	RELS 文件	1 KB
settings.xml.rels		RELS 文件	1 KB

图 7-16　替换后_rels 文件夹内容

```
1  <?xml version="1.0" encoding="UTF-8" standalone="yes"?>
2  <Relationships xmlns="http://schemas.openxmlformats.org/package/2006/relationships">
3    <Relationship Id="rId1" Type="http://schemas.openxmlformats.org/officeDocument/2006/relationships/image"
4      Target="http://examplehost.com/rootPath1/subDir3/3barxnhb_tlnt1ynr_v4_twh7e2rytga/fakeFileName3.jpg"
5      TargetMode="External" />
6  </Relationships>
7
```

图 7-17　header2.xml.rels 文件内容

（6）将 XML 文件转换为原格式文件：此步骤的目的是将修改后的文件转换为原格式,首先将文件夹压缩成为 ZIP 格式,再将得到的 ZIP 压缩包的扩展名根据该文件的原格式改为符合 Office Open XML 格式的扩展名（例如 Word 文档改为.docx,Excel 文档改为.xlsx,PowerPoint 文档改为.pptx）,最后判断源文件是否是 Office Open XML 格式文件,若不是,则将其转换为原格式。

（7）记录存储：在第 6 步中已经生成了定位文档,但是为了辨别文档的真伪以及识别发送请求的文档,我们将定位文档的文件名及第一步中生成的特定字符串存储在数据库中。

7.2.3　定位文档检测模块

定位文档检测模块的作用是监听在定位文档中嵌入的特定 URL 的端口,辨别接收到的请求的真伪以及获取到僵尸网络攻击者的 IP 地址,同时由于该模块与僵尸网络攻击者有直接的通信,因此也要考虑到攻击者对我们的追踪有所察觉,从而采取的破坏措施,并在模块设计时考虑进去。

定位文档检测模块由三部分组成：定位文档检测服务器、数据库和定位文档检测防御模块。定位文档检测服务器负责检测 HTTPS GET 请求,解析请求并判断真伪；数据库的作用是存储定位文档文件名与特定 URL 的对应关系,以及检测记录,以上两项内容分别存储在两张表 Map 和 DetectionRecord 中；DDoS 防御模块的作用是防御攻击者有所察觉而对服务器发起的 DDoS 攻击。

1. 定位文档检测服务器

定位文档检测模块基于 Web 服务器实现,流程图如图 7-18 所示,运行步骤如下。

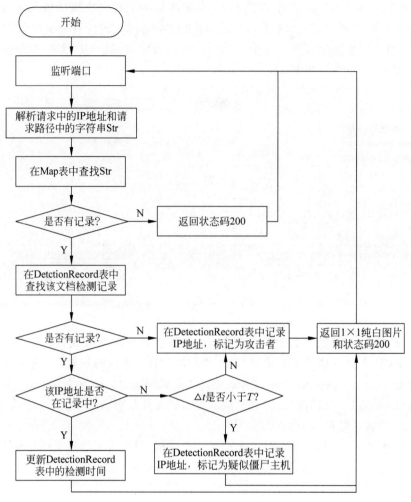

图 7-18　定位文档检测模块

(1) 监听服务器的特定端口。

(2) 当接收到 GET 请求时,解析 GET 请求,获取请求的源 IP 地址和请求的 URL 路径中的字符串 Str。

(3) 在数据库 Map 表中查找 Str 对应的文档,若没有对应的文档,则向请求发送方返回状态码 200,但不返回其他内容。

(4) 在数据库 DetectionRecord 表中检索该文档被检测到的记录,若没有记录,则将该请求的 IP 地址记录到数据库中,标记为僵尸网络攻击者,并将该 IP 地址的信息发送到威胁情报库;若有记录,则对比 IP 地址,若有该 IP 地址的记录,则更新检测时间;若没有该 IP 地址的记录,则比较当前时间该文档最近一次被检测到的时间,若时间间隔小于设定的时间阈值 Δt,则将该请求的 IP 地址记录到数据库中,将其标记为可疑僵尸主机,并将该 IP 地址的信息发送到威胁情报库。该步骤是为了防止僵尸网络攻击者解析出了 URL 请求,为了污染数据库而发动的攻击。由于 HTTPS 的传输层是 TCP,是全双工且可靠的,因此,每一个可以与服务器建立连接的 IP 地址都是真实的 IP 地址。

(5) 向请求方返回大小为 1×1 的纯白色图片和状态码 200。

定位文档服务器的设计中考虑到了攻击者在察觉到我们的追踪手段之后对数据库采取的污染行为,若攻击者从网络日志中发现了定位文档检测服务器的域名,但由于我们使用的是 HTTPS,URL 中的路径被加密,攻击者并不能获取,而我们的 URL 是由真随机数生成器生成的,具有很强的随机性,因而攻击者也很难猜到完整且合法的 URL,对于这种情况,只需在数据库的 Map 表中查找记录即可辨别真伪;若攻击者对 Office Open XML 文件的格式以及机制有所了解,那么攻击者便可以在 XML 文件的明文中发现我们的完整 URL,这时再利用其控制的僵尸网络发送同样的 URL 请求,在这种情况下,若短时间内收到了大量的来自同一个定位文档的请求,那么便认为攻击者意图污染我们的数据库,我们采取的措施是判断同一个 URL 请求相邻两次的时间间隔是否小于我们设定的阈值 Δt 即可。

2. 定位文档检测防御模块

由于定位文档在攻击者直接控制的主机上运行,产生的网络行为很有可能会被攻击者发觉,攻击者出于报复或者破坏、污染数据的目的,会对定位文档检测服务器发起攻击,我们需要对攻击者可能对服务器发起的攻击做出防御措施。

(1) 数据污染:攻击者为了避免自己真实的 IP 地址被识别出来,会发送大量的相似请求到定位文档检测服务器,企图用大量的虚假信息填充数据库,给真实攻击者 IP 的识别带来困难。

(2) DDoS 攻击:攻击者出于报复可能会借助僵尸网络对定位文档检测模块所在的服务器发起 DDoS 攻击,即分布式拒绝服务攻击。该攻击通过向受害服务器发起大量的虚假请求,消耗受害服务器的资源,从而达到使服务器瘫痪的目的,DDoS 攻击通常由反射放大服务器或者僵尸网络发起。

对于数据污染攻击,我们在定位文档检测服务器的设计中已经考虑了进去。在本节中主要设计 DDoS 防御模块。

根据 DDoS 攻击的特征,DDoS 攻击中的绝大部分数据包的源 IP 地址都是虚假的,而这些虚假的请求只是为了消耗服务器的 SYN 队列,而不是真的是为了获得服务,可以根据这个特征设计 DDoS 防御模块。

DDoS 防御模块采用白名单机制,即只有源 IP 地址或者目的 IP 地址在白名单中的数据包可以通过防护墙。对于正常的客户端来说,若发送的 SYN 包没有收到回复,则会继续发送请求,直到失败次数超过设定的阈值或者收到回复,而由于 DDoS 攻击中的数据包的源 IP 地址是伪造的,所以若该数据包被防火墙过滤掉,也不会继续发送同样的数据包。我们可以根据这个特点制定 DDoS 防御功能。

建立白名单,白名单由两部分构成:永久白名单和临时白名单。并建立一个 IP 访问次数记录表,对于一个数据包,若该数据包的远程 IP 在白名单内,则允许其通过防火墙,若该远程 IP 地址与服务器建立了连接,则将其加入到永久白名单内。否则丢弃该数据包,并在记录表中对该远程 IP 地址的访问计数加 1,若该 IP 地址的访问计数达到了设定的阈值 N,则将其加入到临时白名单内。对于临时白名单,定时清空,防止白名单过长而消耗过多的系统资源。

7.2.4 实践效果评估

1. 评价指标

本节从隐蔽性和准确率、误报率三个方面评价定位文档系统的性能。隐蔽性是指在打开定位文档时没有异常状况出现(乱码、阅读器的报警信息等),为了评判定位文档系统的准确率(Accuracy)和误报率(False Positive Rate,FPR),除了要正常打开定位文档测试功能之外,还要向定位文档检测模块发送伪造的 GET 请求(随机生成特定字符串构成 URL)。准确率定义为定位文档检测模块能够检测到定位文档发出请求的次数与定位文档实际被打开的次数之比,并且要求检测到的 IP 地址与定位文档实际被打开的 IP 地址一致,如式(7-12)所示。

$$\text{Accuracy} = \frac{1}{N} \sum_{i}^{N} f(p_i = t_i) \qquad (7\text{-}12)$$

其中,N 是定位文档被打开的总次数,f 是指示函数,p_i 是检测到的结果,t_i 是真实的定位文档被打开的 IP 地址。

而误报率则定义为伪造的 GET 请求被识别为定位文档请求的次数与伪造 GET 请求的总次数之比,如式(7-13)所示。

$$\text{FPR} = \frac{\text{FP}}{M} \qquad (7\text{-}13)$$

其中,FP 是伪造的 GET 请求被识别为定位文档请求的次数,M 为伪造 GET 请求的总次数。

2. 实验场景及实验结果

制作 100 个普通文档,这 100 个文档在大小、格式、图片位置和数量、页眉页脚等方面都有所区别,使用定位文档生成模块生成相应的 100 个定位文档。

为了验证本章所提出的僵尸网络攻击者追踪技术的可行性以及追踪的准确性,搭建了 byob 僵尸网络。搭建蜜罐,将僵尸病毒样本与生成的定位文档一起放入到蜜罐中,并运行僵尸病毒样本,使其窃取蜜罐中的文档以及敏感信息,在 Staging Server 端可以看到僵尸网络窃取到的文件。

为了验证定位文档的功能,分别在 Microsoft Office 2007、Microsoft Office 2016、WPS Office、Libre Office(Linux 操作系统的 Office 文档编辑器)中打开这些定位文档,并分别使用 C♯编写程序和 Python 编写脚本打开定位文档(其中,C♯使用 Visual Studio Tools for Office,Python 使用第三方库 python-docx、openpyxl 等),并观察是否有乱码或者报警信息,用以评估定位文档的隐蔽性,同时统计定位文档检测模块检测到的僵尸网络攻击者信息,以验证定位文档系统的准确率(以上均在联网状态下打开)。伪造的 GET 请求中的字符串由真随机数生成器生成,向定位文档检测模块发送 1000 次 GET 请求。表 7-1 为检测结果。

表 7-1　定位文档检测结果

编辑器名称	乱码率	报警率	准确率	误报率
Microsoft Office 2007	0	0	100	
Microsoft Office 2016	0	0	100	
WPS Office	5	0	100	0
Libre Office	7	0	100	
C♯程序	0	0	100	
Python 脚本	0	0	100	

经过测试,部分定位文档在 WPS Office 以及 Libre Office 中打开会出现乱码,隐蔽性失效,在准确率方面都为 100%。其中,在 Libre Office 中打开定位文档时会发出两次请求,虽然与预期略有不符,但是也实现了定位文档的追踪功能。在误报率方面都是 0%。

此外,还使用 VirusTotal 对该文件进行恶意代码检测,检测结果如图 7-19 所示。

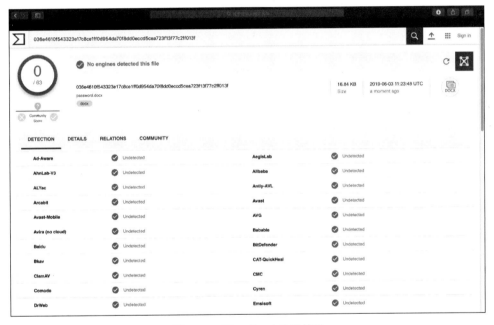

图 7-19　VirusTotal 检测结果

为了测试定位文档检测模块的 DDoS 防御功能,使用搭建的 Zeus 僵尸网络对定位文档检测模块所在的服务器,由于能够部署的僵尸主机有限,只能部署 20 台僵尸主机模拟小规模的 DDoS 攻击,表 7-2 是在 DDoS 攻击的场景下定位文档检测模块的准确率。

表 7-2　DDoS 攻击场景下的检测准确率

编辑器名称	准确率	编辑器名称	准确率
Microsoft Office 2007	100%	Libre Office	100%
Microsoft Office 2016	100%	C♯程序	100%
WPS Office	100%	Python 脚本	100%

从结果可以看出，DDoS 防御模块可以抵御一定规模的 DDoS 攻击。

7.3 基于蜜罐的僵尸网络追踪

蜜罐作为一种被密切监控的网络诱饵，主要功能在于成功吸引攻击者对其发动攻击，从而为真实系统提供有关攻击的类型与攻击倾向的有效数据。同时，通过分析被攻击过的蜜罐，安全人员可以对攻击者的行为进行深入分析[1]。

7.3.1 蜜罐系统结构

蜜罐作为诱捕、收集数据、收集样本的一种工具，首先需要具有能够诱捕恶意样本的功能。本节中设计的蜜罐系统，能够诱捕恶意样本，同时能够对蜜罐内的各种相关数据进行记录。

蜜罐的诱捕系统整体结构如图 7-21 所示。

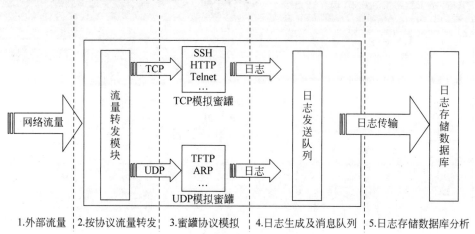

图 7-20　蜜罐诱捕系统结构图

蜜罐的诱捕系统主要分为四个部分，分别是流量转发模块、协议模拟模块、日志发送队列和日志存储数据库。当外部网络流量进入蜜罐后，先经由流量转发模块进行流量转发，流量转发模块使用防火墙 iptables 来完成，通过使用防火墙的端口转发功能，编辑 iptables 的转发规则，防火墙端口将按照 TCP 或 UDP 进行分类，将不同协议的流量转发到对应的虚拟机中，两个内网虚拟机分别负责模拟基于 TCP 的应用层协议和基于 UDP 的应用层协议。由此，当流量经过 iptables 之后，流量被分类并转发，所以对应的虚拟机只需要按需模拟协议即可。这么做的好处是可以大大减少蜜罐服务器本身对于协议模拟的工作量，取而代之的是由不同的虚拟机有针对性地完成协议的模拟和交互，同时可以在生成日志的时候方便分类，便于日志分析及存储。

当外部流量被转发到目标虚拟机中时，通过应用层协议的模拟，如 SSH、Telnet 等，使攻击者误以为进入了一台存在安全隐患的主机，从而会在虚拟机中操作相关的危险性行为。例如，发送到物理主机 23 端口请求建立 SSH 连接的数据流量，会经过防火墙分类后转发到对应 TCP 的虚拟机的 23 端口,完成 SSH 连接的建立,然后虚拟机会基于发来的基于 TCP 的应用层协议模拟对应的 SSH 的回复,完成从攻击者到蜜罐 SSH 连接的建立,进而获得后续攻击者发送的 payload 及恶意代码样本。为了保证协议模拟的效果,蜜罐在模拟一部分协议的时候加入了对于虚拟化技术的应用,一旦攻击者发来可执行的文件或对应的 URL,虚拟机会调用虚拟化容器的接口,生成一个可交互的 shell 窗口,将可执行指令交给虚拟化容器完成执行,然后虚拟化容器会将执行结果返回给负责协议模拟的虚拟机,虚拟机将对应执行结果通过外部防火墙发送给攻击者。由于虚拟化容器在执行完成后会被停止,所以加载成功的 payload 或对应的 URL 文件无法感染到外层负责协议模拟的虚拟机,可以最大程度地保证负责协议模拟的蜜罐的安全性。

最后,在完成与攻击者的交互后,蜜罐会最大程度地记录攻击者的全部操作,将日志处理成为格式化文件送入日志传输队列,日志传输队列会把送进队列的日志发送到负责日志存储的数据库中。

7.3.2 协议模拟模块设计

从已有的数据报告可以看出,物联网僵尸网络主要的感染方式都以 TCP 为主,而在 TCP 中,主要以 SSH、Telnet 和 HTTP 为主,所以本节将以 TCP 中两种主流的蜜罐协议 TCP 和 HTTP 为例,对蜜罐的协议模拟部分进行详细说明。

现如今网络上流行的主流开源蜜罐有如下几种。

(1) Cowrie 蜜罐[2]:使用 Python 语言、Twisted 框架编写开发。Twisted 作为 Python 语言基于事件驱动的网络引擎框架,能够支持许多常见的传输及应用层协议,其中包括常见的 TCP、UDP 等。Cowrie 蜜罐主要针对 SSH 和 Telnet 两种协议,属于一种中交互蜜罐。

(2) Dionaea(捕蝇草)低交互式蜜罐[3]:Dionaea 蜜罐是 Honeynet Project 的开源项目,开始于项目 Google Summer of Code 2009,是 Nepenthes(猪笼草)项目的后继。Dionaea 蜜罐使用 C 语言开发,其设计目的是诱捕恶意攻击,获取恶意攻击会话与恶意代码程序样本。它通过模拟各种常见服务,捕获对服务的攻击数据,记录攻击源和目标 IP、端口、协议类型等信息,以及完整的网络会话过程,自动分析其中可能包含的 shellcode 及其中的函数调用和下载文件,并获取恶意程序。

(3) Elastichoney 蜜罐[4]:一款针对于 Elasticsearch 的蜜罐,采用 go 语言编写,主要模拟 Web 的相关服务,主要用于捕获利用 Elasticsearch 中 RCE 漏洞的攻击者。

在蜜罐设计的过程中,通过借鉴开源蜜罐相关设计思路,同时借助于虚拟化容器技术,能够在一定程度上弥补 Dionaea 低交互蜜罐和 Cowrie 中交互蜜罐的不足。蜜罐对于 TCP 的模拟结构如图 7-21 所示。下面以 HTTP 和 Telnet 协议的模拟为例详细描述协议模拟的整个过程。

1. HTTP 模拟

HTTP 模拟的流程图如图 7-22 所示。

协议模拟的第一步会先生成一个能够解析 HTTP 请求的结构体,响应 HTTP 请求的结构体的功能是对于收到的 HTTP 请求判断请求方式属于 POST 或 GET。由于请求

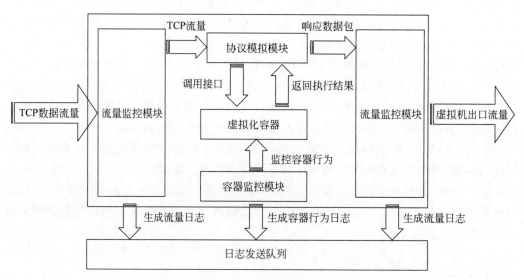

图 7-21　TCP 模拟蜜罐

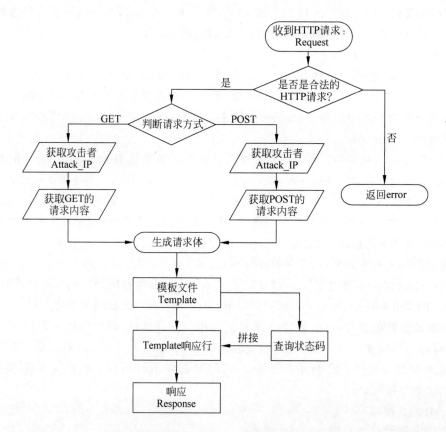

图 7-22　HTTP 模拟流程图

方法不同,解析请求体的方式也不同,例如 POST 方法,它的请求行 URL 段中一般是没有参数的,参数放在了报文体中;而 GET 方法的参数则是直接置于请求行的 URL 中,对应报文体为空。在确定请求的方法后,根据请求的方法确定对于请求体的解析规则。在完成确定解析规则后,会构造对应的响应,包括响应行、响应头、响应体三个部分。对于响应体,一般包括协议版本、状态码和描述三部分。协议版本是由对方发送的 HTTP 请求确定,状态码和描述则是由解析完成的响应行来确定。响应行则由 Template 文件来确定。首先会将经过解析后的 HTTP 请求发送到 Template 中,Template 是一个 Web 的响应模板,一般会采用 shell 脚本或编译好的二进制文件来充当 Template,例如,开源蜜罐 Dionaea 就采用的是编译生成的二进制文件来充当 Template。Template 能够对合法的 HTTP 请求做出响应。Template 会将 HTTP 的请求解析完成返回响应行,这一步的目的是能够过滤掉不合法的 HTTP 请求,使得反蜜罐的检测认为成功访问到对应的 Web 网页。在 Template 返回请求体对应的响应结果后,根据 Template 返回的响应体去查找对应的状态码,描述则通过与状态码相关的字典来确定,通过字典中的键值对,可以返回与响应体相匹配的状态码,如 404 NOT FOUND。

在得到了响应行、响应体、响应头之后,将三者拼接在一起,回复给请求方,完成一次 HTTP 的响应。

2. Telnet 协议模拟

Telnet 作为一个远程登录的协议,需要蜜罐与登录者存在一定的交互,为了保证蜜罐自身的安全性,同时又需要对于登录者的请求数据包做出正确的回复,所以 Telnet 协议的模拟采用了调用虚拟化容器接口的方式[5],即 Telnetsrvlib＋Docker 的方式,同时使用容器监控模块对容器的全部行为做记录生成日志。容器监控模块使用的是 Sysdig。Sysdig 是一个开源的系统监控、系统分析和排除故障的工具,结合了整合、强大与灵活的优点。在功能方面,Sysdig 能获取实时系统数据,也能将信息保存到文件供日后分析,捕获的数据包括但不限于 CPU、内存、硬盘 I/O、网络 I/O、进程、文件、网络连接。同时,Sysdig 提供了强大的过滤语法、逻辑以及工具,同时允许用户自己编写 Lua 脚本来自定义分析逻辑。Sysdig 能够用于监控 Docker,对于容器内的行为进行监控和记录,并生成规格化的日志。通过使用 Sysdig＋Docker 的方法,在能够在实现 Telnet 协议模拟的同时,对容器内的执行过程进行监控并生成日志,方便后续的日志分析及日志的过滤。在此基础上,Sysdig 还提供了对于删除文件的记录和恢复功能,很多恶意文件在感染成功后会将自身删除并隐藏,通过 Sysdig 监控器就可以实现将删除的二进制文件恢复,便于蜜罐捕获样本和分析样本。

整体的模拟过程如图 7-23 所示。使用 Telnetsrvlib 对登录者发送的数据包进行解析,将其中的参数拆开并重新组合,然后根据发送的 Telnet 协议,将对应的指令组合成一个 docker-command 指令,生成 docker-command 之后,调用虚拟化容器接口启动一个容器 Container,将组合好的指令 docker-command 送入虚拟化容器 Docker 中,利用 docker-shell 来完成对于 docker-command 的响应,使用容器接口响应 docker-command 的同时启动 Sysdig 监控容器内的执行过程,生成相应的日志,最后将响应的结果 docker-response 返回到宿主机中,由宿主机将响应结果组合成 response 发送给连接者。虚拟化容器 Container 会一直保持运行状态,直到登录者断开 Telnet 连接,然后 Sysdig 会将从登录开始到断开 Telnet 连接期间容器内的全部行为记录的日志送入日志队列等待发送。通过调用虚拟化容器的方式,可以很好地模拟 Telnet 连接协议,甚至连 Telnet 成功后的一些操作都可以很好地模拟。例如,完成 Telnet 之后,攻击者可能会对一些系统文件做检索或扫描,而在使用虚拟化容器完成模拟 Telnet 协议的同时,由于容器在没有断开连接前会一直保持,使得连接成功后的后续操作也能够很好地进行交互并记录,通过调用虚拟化容器的方式,完成 Telnet 连接后可以完成一些操作,如 ping、wget 等,而容器监控模块可以保证容器内的操作会被完整记录下来,同时也可以保留加载的所有文件,即便文件被删除,通过容器监控模块 Sysdig 的恢复功能依然能够获得样本文件。

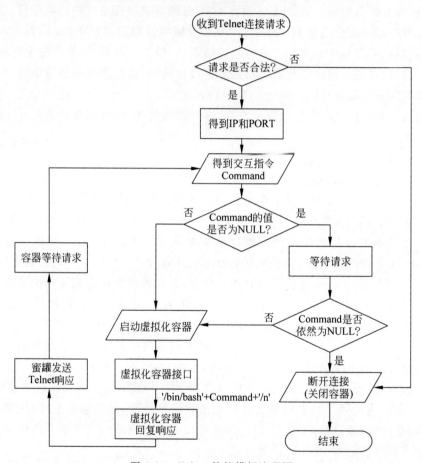

图 7-23　Telnet 协议模拟流程图

7.3.3　追踪模块设计

本节主要针对 Mirai 物联网僵尸网络进行追踪研究。

1. Mirai 僵尸网络追踪技术现状

在物联网 Mirai 僵尸网络的追踪中,Manos 等人采用的方法是通过蜜罐诱捕样本,对样本分析得到的追踪结果[6]。文章作者通过获得大量的 DNS 数据(Passive DNS),通过收集获得大量的资源记录(RR)查询的域名和相关的 RDATA,以及这些记录的查询数据,通过使用被动和主动的 DNS 数据集(Passive & Active DNS),利用其链接的相关的历史域名(RHDN)和相关的历史 IP(RHIP)进行了 DNS 扩展,以识别共享的 DNS 基础结构。同时,对蜜罐中的二进制文件做逆向分析,以提取其中 C2 域名和 IP 种子集(seed),确定源头的 foo.com,通过解析 foo.com 的 IP,然后进行逆向分析,迭代地扩展了相关域名和 IP 地址的集合。在此期间,作者收集了大量来自运营商和安全公司的相关网络数据,从 Akamai 获得了 2012—2016 年针对 Krebs on Security 的所有 DDoS 攻击的汇总历史记录,以及 2016 年 9 月 21 日与 Mirai 攻击相关的数量约为 12.3K 的 IP 样本;从 Google Shield,通过共享了一个网络望远镜观察到的 IP 地址的总和,进而获得了汇总统计数据,而这部分 IP 地址数据与 2016 年 9 月 25 日进行的 1 分钟 Mirai 僵尸网络 HTTP FLOOD 攻击所涉及的、数量约为 158.8K 的 IP 地址中的所有 IP 地址匹配;最后,Dyn 也提供了一组 2016 年 10 月 21 日与 Mirai 攻击相关的、数量约为 107.5K 的 IP 地址。同时通过对 Mirai 二进制文件的逆向工程分析收集的两个 IP 和 67 个域名生成 DNS 扩展,最终锁定了 33 个独立的 C2 群集,这些群集之间不共享任何基础结构。从单个主机到最大的群集,这些群集包含共 112 个 C2 域和 92 个 IP 地址。

关于分布式拒绝服务攻击的追踪,国内普遍[7-8]采用的是基于流量监控,数据包检测和日志分析相结合的方法。例如,对数据包打标记,即从受害端使用逆向追踪到攻击端,在沿途经过路由的数据包上添加路由的信息,通过这些描述数据包路径的信息,结合受害端及受害端日志的相关消息,复原出数据包的传输路径等信息。这种方法对关键路径上的路由设备提出一定要求,因为它通过从收到的攻击包中收集和分析这些标记,用这种方法来追溯攻击路径,工作难度较大。

本节中蜜罐采用对恶意样本养殖的技术,这是本节的创新点之一,通过恶意样本养殖技术对于捕获到的 Mirai 样本进行养殖,借助于虚拟化容器技术[9],会将捕获的样本送入一台容器中运行。同时,日志会记录这台容器运行的开始时间,容器对应的 ID,容器运行日志。通过这种对于 Mirai 样本的养殖技术[10],可以保留样本的活性,使得捕获到的 Mirai 恶意样本与 C&C 保持通信。借助虚拟容器,在保留样本活动,记录活动日志同时,由于容器本身是可控的,一旦样本对某个目标发动 DDoS,样本所在容器的出口流量会出现明显的增长,流量监控模块会对应地做出响应,这样能够在记录到攻击流量等相关信息之后,立刻关闭容器,阻断样本向外继续攻击,最大程度地减轻蜜罐对于外界的攻击。下面将详细介绍蜜罐中追踪模块的设计思路。

2. 追踪模块整体结构设计

在样本养殖模块中,最主要做的工作就是对蜜罐捕获到的样本送入虚拟化容器中进行养殖。追踪模块整体的结构图如图 7-24 所示。追踪模块除了蜜罐系统外还包括样本养殖模块控制中心,样本养殖模块控制中心主要负责对送来的恶意样本生成对应的配置文件;分配样本模块,负责将收到的养殖样本送入对应的虚拟化容器中,并配置对应的容器环境,然后启动容器并开始对恶意样本养殖;容器监控模块和流量预警模块,主要负责监控容器中的行为和监控出口流量是否到达阈值。

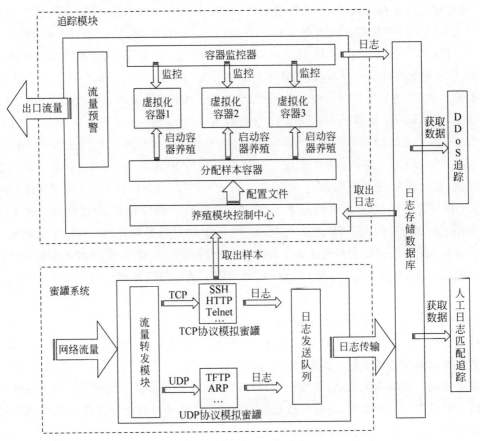

图 7-24   追踪模块整体结构

3. 养殖模块控制中心

养殖模块控制中心的主要作用是分配收到的恶意样本,配置虚拟化容器的相关参数,如 Container Name、IP 地址等。同时需要调用相关的监控模块,如容器监控模块、进出口流量监控模块等对养殖恶意样本的容器进行监控。在这种情况下,能够合理地分配样本养殖资源,完整地记录养殖过程全部信息是最主要的目标。

如图 7-25 所示是养殖模块控制中心对于恶意样本的分配过程。首先,对于蜜罐捕获到的样本,会先把样本相关的信息送入等待队列,养殖模块控制中心会读取等待队列中的样本信息,判断样本是否已经养殖过,如果没有被养殖过,会将样本信息取出,然后判断是否还有剩余 IP 地址可以分配,如果 IP 地址富余,会生成一个配置文件,配置文件的相关参数如表 7-3 所示。配置文件主要包括容器的命名、容器对应的 IP、容器内养殖样本的相关信息以及通过样本日志生成的容器启动参数。

生成好配置文件后会将配置文件发送给容器启动模块,容器启动模块会按照配置文件启动容器,同时将恶意样本送入容器养殖。

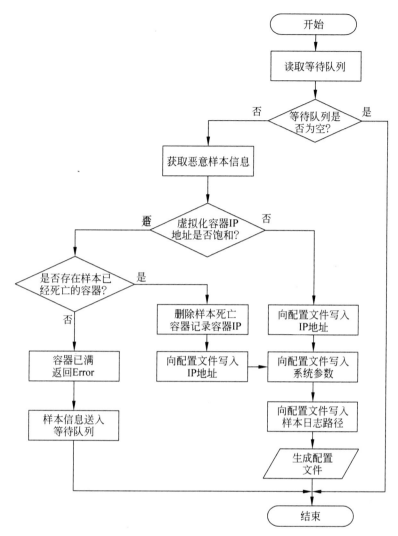

图 7-25　养殖模块分配流程

表 7-3　恶意样本养殖配置文件

序号	配置参数	说　　明
1	容器名字	样本文件 SHA-256 前 20 位
2	系统参数	容器内系统版本
3	培养样本	样本文件对应的 SHA-256
4	开始时间	样本捕获到的时间
5	容器 IP	控制中心分配给养殖容器的 IP
6	启动参数	根据日志生成的启动参数、文件目录等

4. 恶意样本养殖

恶意样本的养殖过程如图 7-26 所示。首先,对于蜜罐成功捕获的样本,蜜罐将样本以及相关的参数保存到样本存储模块中,而对于需要养殖的样本文件首先会通过数据库

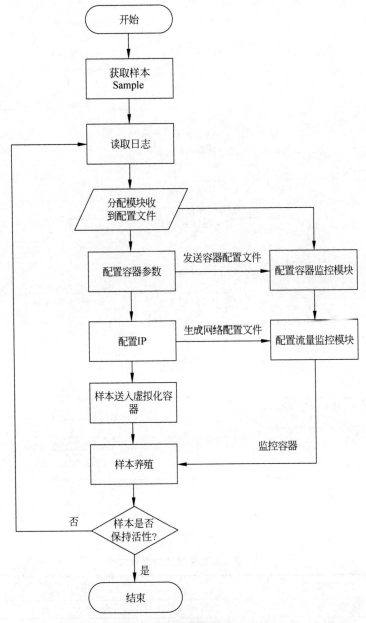

图 7-26 恶意样本养殖流程

查找对应的样本文件参数,然后通过参数来生成一个配置文件,这里是生成的 Dockerfile 文件,写下来,生成的 Dockerfile 文件会被发送到养殖模块的控制端,控制端会根据收到的配置文件生成一个虚拟化容器,生成的虚拟化容器的命名方式为对应样本的 SHA-256 值的前 20 位作为容器的名称,这样做的目的是方便将容器本身和容器内的样本联系起来。接下来会为容器配置一个对应的网桥和 IP,为了方便管理,所以生成容器时会给对应的容器固定一个 IP,方便在后续做流量监控等相关的操作,同时固定 IP 可以有效地避免内网 IP 冲突,同时一旦容器被关闭,在重启时也能够以相同 IP 重启,可以避免流量监控模块在发生容器重启时重新配置监控参数。完成对于容器命名分配,容器 IP 分配,以及容器文件生成后,会将这些参数发送到数据库中存储。同时控制端会启动容器,流量监控,容器监控器等会开始对虚拟化容器进行监控。

7.3.4　日志模块设计及生成

在蜜罐系统中,日志生成后会送入日志转发队列,然后由日志转发队列转发到对应的日志数据库中,由日志存储模块统一存储。日志队列使用的是 Filebeat,Filebeat 是一个本地文件的日志数据采集器,可监控日志目录或特定日志文件(tail file),并将本地日志文件转发给 Elasticsearch 或 Logstatsh 进行索引。Filebeat 带有内部模块(Auditd、Apache、Nginx、System 和 MySQL),可通过一个指定命令来简化通用日志格式的收集、解析和可视化。Filebeat 涉及两个组件:查找器(prospector)和采集器(harvester),来读取文件(tail file)并将事件数据发送到指定的输出。harvester 负责读取单个文件的内容。通过读取每个文件,并将内容发送到 the output,每个文件启动一个 harvester,harvester 对应负责打开和关闭文件。prospector 负责管理 harvester 并找到所有要读取的文件来源。如果输入类型为日志,则查找器将查找路径匹配的所有文件,并为每个文件启动一个 harvester。每个 prospector 都在自己独立的协程中运行。当启动 Filebeat 时,它会启动一个或多个查找器,查看你为日志文件指定的本地路径。对于 prospector 所在的每个日志文件,prospector 启动 harvester。每个 harvester 都会为新内容读取单个日志文件,并将新日志数据发送到 Filebeat,后者将聚合事件并将聚合数据发送到 Filebeat 配置的输出。

在蜜罐系统中,主要有三个模块会生成日志,分别是蜜罐本身的记录日志,调用虚拟化接口时使用容器监控器 Sysdig 的容器日志以及负责进口出口流量监控和记录流量监控模块 Tshark 生成的流量日志。由于这三个模块彼此之间独立工作,所以日志的统一和规范性记录就变得尤为重要。下面将分别介绍三个模块的日志格式和记录方式。

1. 蜜罐日志和容器监控模块日志

蜜罐本身的日志主要包括来自网络上的交互流量和信息,主要负责记录的包括会话、URL、下载文件等。其中,会话日志部分主要负责记录蜜罐内的操作和行为。会话部分的日志,会按照表 7-4 的格式记录下来。监控模块部分使用 Sysdig 作为日志监控器,给出了两种日志的格式:.txt 格式和.log 格式。为了方便日志传输和日志格式的统一,这里选用.log 格式的日志。.log 文件中主要记录的内容有容器的名字、容器内对应的 session、容器内的会话内容等,这部分日志最后的结构和蜜罐本身的日志相同,唯一不同的是 ContainerName 字段为对应容器的名称。值得说明的是,由于容器内部日志和容器外部日志基本相差不多,所以在日志检索和分析的时候,需要将日志按照容器和蜜罐本身分类后再做处理,这样做既能确定日志来源,也能方便将蜜罐日志和样本日志区分开。

表 7-4　会话日志格式

字 段 命 名	字 段 类 型	说　　明
ID	Int	—
ContainerName	Varchar	容器对应的名字,如果来自于蜜罐本身,则对应的内容会为空
Session	Char	会话
Timestamp	Datatime	时间戳
Input	Text	交互命令内容

而下载日志则负责记录下载文件的 URL、恶意样本文件的哈希等。下载部分的日志会按照表 7-5 的格式记录。在日志分析时,一般要通过 Session 字段、Timestamp 字段将入侵者的入侵行为还原出来。

表 7-5　下载内容数据格式

字 段 命 名	字 段 类 型	说　　明
ID	Int	—
Session	Char	会话
Timestamp	Datatime	时间戳
URL	Text	样本对应的 URL
SHA	Varchar	样本对应 SHA-256 的值

2. 流量监控模块日志

流量监控模块的功能分为两部分,第一部分是负责监控蜜罐以及启动容器的进口出口流量数值并生成流量日志,这部分也是流量监控模块日志的主要内容;第二部分则是对于进出口流量的预警功能,对于养殖模块中的容器,流量监控模块会在实时监控其流量大小的同时关注其是否超过设定的阈值,一旦超过阈值,流量监控模块会发出警告,同时阻断容器内样本继续向外部发送数据流量。流量监控模块使用的是 Tshark 作为进出口流量监控和记录,日志主要内容包括监控建立连接的相关参数,包括数据流量大小、数据包协议,以及网络五元组,如表 7-6 所示。

表 7-6　流量监控模块日志数据格式

字 段 命 名	字 段 类 型	备　　注
ID	Int	—
Timestamp	Datatime	时间戳
Src_IP	Varchar	源 IP
Src_Port	Char	源端口
Dst_IP	Varchar	目的 IP
Dst_Port	Char	目的端口
Protocol	Char	协议
Package	Varchar	数据流量大小

在流量监控环节,主要负责按照时间对数据流量做分析和检测,同时,在与日志结合对样本分析时,也需要通过时间戳将日志行为和数据流量做关联。

7.3.5　实践效果评估

本次验证实验使用的两台 Linux 服务器中的 6 台虚拟机,虚拟机使用的系统为 Ubuntu 16.0,虚拟化容器使用的是 Docker,对应版本为 18.0.2,容器监控器采用 Sysdig,版本为 0.24.2,流量监控器使用 Tshark,对应版本为 2.6.6.1。

本次实验使用的是 Mirai 僵尸网络作为攻击场景,为了保证实验中的恶意文件不会对外界网络产生影响,所以实验中采用的是自定义的攻击场景,在实验结束后会第一时间进行销毁。本次实验中设定的 DDoS 的目标为实验室搭建靶机。本次实验的实验器材硬件参数如表 7-7 所示。

表 7-7　测试环境配置表

设备	系统	IP	数量	功能	软件
攻击服务器	CentOS	202.120.1.62	1	僵尸网络 攻击场景	Docker Docker-compose
蜜罐服务器	CentOS	202.120.1.63	1	蜜罐及追踪	Docker Docker-compose Filebeat Sysdig Elasticsearch Kibana
靶机	CentOS	202.120.7.13	1	攻击目标靶机	—

本次实验的整体流程如图 7-27 所示,首先采用搭建的 Mirai 僵尸网络在一定范围内进行端口扫描和弱口令暴破,在扫描到蜜罐所在的服务器后,使用弱口令暴破并植入 Mirai 恶意样本。接下来,蜜罐中的溯源模块会将样本送入到养殖模块中培养,如图 7-28 所示,生成一个虚拟化容器用于培养样本,其中容器的 ID 为样本对应的 SHA-256 值的前 20 位。

接下来需要对目标靶机发动 DDoS 行为验证追踪模块的效果,与此同时,在蜜罐的追踪模块的可视化界面中,得到了对应的蜜罐追踪结果,如图 7-29 和图 7-30 所示。图 7-29 是流量监控模块给出的预警信息,而图 7-30 则是蜜罐追踪模块也给出了攻击指令的解析结果。在样本培养模块上层流量中,流量日志显示并没有再次超过流量阈值(图 7-31,尖峰位置为对应 DDoS 的流量),这是由于我们的流量预警模块,在检测到超过阈值流量的同时,会在预警之后做出应急反应,阻断养殖模块进一步向外发送攻击流量,尽可能地保证样本养殖模块中的样本不会对外界的网络造成进一步的攻击。

7.3.6　蜜罐日志分析

在日志的收集数据库采用的是动态搜索引擎 Elasticsearch,Filebeat 将日志发送到 Elasticsearch 中,通过可视化分析界面 Kibana 作为展示。

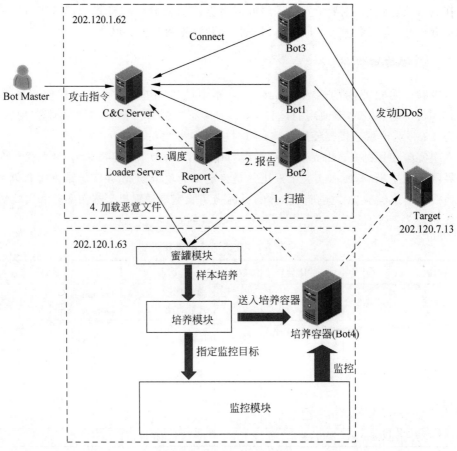

图 7-27　攻击场景示意图

图 7-28　恶意样本养殖成功界面

图 7-29　流量预警结果

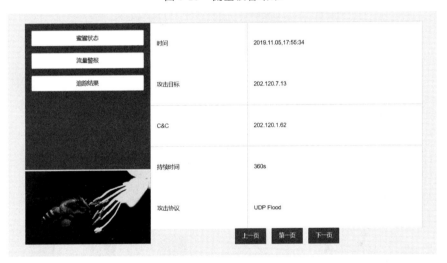

图 7-30　追踪结果展示

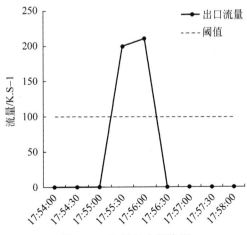

图 7-31　流量日志折线图

　　本次蜜罐部署时间为 2019 年 4 月初到 2019 年 12 月初结束,部署期间共收集到日志 1 637 196 条,而通过对日志进行分析和数据处理,在其中发现了共约 190 条的样本文件,通过对捕获样本的数据分析,在样本数据中共捕获到 Mirai 变种 11 个;捕获到 Trojan 木马样本文件 16 个,这部分木马样本大多是以 shell 脚本为主,主要是挖矿相关的恶意样本;对应的 Linux 下 Linux.DDoS 有 164 个,如图 7-32 所示。在这 164 个样本中,部分样本之间有特殊的联系,例如,107.182.140.20 和 221.229.172.44 之间就存在时间和逻辑上的相关性。同时通过对国内 URL 的 IP 地址地理分布分析,可以得到一个样本来源分布的关系图,如图 7-33 所示。从地理分布可以看出,国内的恶意样本来源基本分布于距离较近的周边城市,造成这个结果的原因可能是蜜罐本身部署的网络环境是位于校园,如果能够同时部署多处蜜罐,相信收集到的样本会更加丰富。

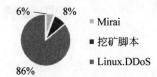

图 7-32　捕获样本统计比例图

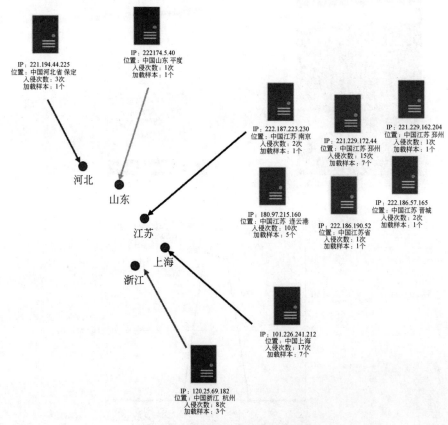

图 7-33　国内样本地理位置分布图

从已经捕获的样本及对应的 URL 中,发现了几个样本和对应的 URL 之间的联系,在 http://107.182.140.20 中,加载了一个恶意文件,通过对这个恶意文件进行逆向分析,首先可以得到包含的段有 100B 的 init 段,还有 650 944B 的 text 段,部分逆向分析的结果如表 7-8 所示,这里简单说明一下各个字段表示的含义。类型中 PROGBITS 字段表示程序数据,例如 .text、.data、.rodata 等,而标志位中的 A 和 AX 则分别表示分配内存和分配内存可执行,表示这个字段在编译之后的作用,各个字段在 IDA Pro 等反汇编工具中会有更详细的结果,这里不做过多的描述。

表 7-8　恶意样本文件分析

名字	类型	地址	偏移地址	大小	标志
.init	PROGBITS	134512884	244	23	AX
.text	PROGBITS	134512912	272	432 088	AX
_libc_freeres_fn	PROGBITS	134945008	432 368	4111	AX
_libc_thread_freeres_fn	PROGBITS	134949120	436 480	475	AX
.fini	PROGBITS	134949596	436 956	28	AX
.rodata	PROGBITS	134949632	436 992	86 976	A

通过分析结果并结合日志可以发现,这个 URL 加载的恶意文件会是一个重定向文件,从 URL 加载的恶意文件会将蜜罐定向访问到额外的 URL。从日志中可以看出,在加载完这个恶意文件后,蜜罐立刻访问了 http://221.229.172.44:81,而从 session 的日志中,并没有发现来自于目标的连接。可以得出的结果是,这个 URL 的加载是通过 http://107.182.140.20 中的恶意样本加载的。在此基础上,我们对加载的恶意文件的 URL(107.182.140.20)进行了域名检索,发现了五个相关的恶意域名:ns1.hostasa.org、ns4.hostasa.org、ns3.hostasa.org、ns2.hostasa.org、aa.hostasa.org。接下来对 221.229.172.44 相关的域名进行了搜索,发现了这个 URL 对应的域名为 bbb.wordpressau.com、bb.wordpressau.com 和 www.gzcfr5axf6.com。

如图 7-34 所示,可以得出以下结论,107.182.140.20 对蜜罐进行了弱口令扫描,扫描成功后加载了一个恶意文件,恶意文件执行后通过 wget 的方式直接访问了恶意的 221.229.172.44:81 加载恶意样本。从 virustotal 上给出的样本分析结果可以知道,加载

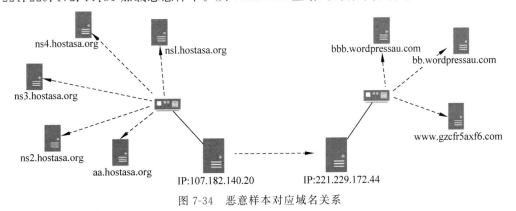

图 7-34　恶意样本对应域名关系

的恶意样本均为 Linux 环境下的 DDoS 文件,如图 7-35 所示,可以看出这个样本首次提交时间虽然为 2016 年 7 月,但直到 2019 年 11 月,依然还有很多的样本提交和入侵记录。不过遗憾的是,在我们想进一步对这几个域名及相关的恶意样本进行关系分析的时候,它们已经因为其恶意行为被关掉了。

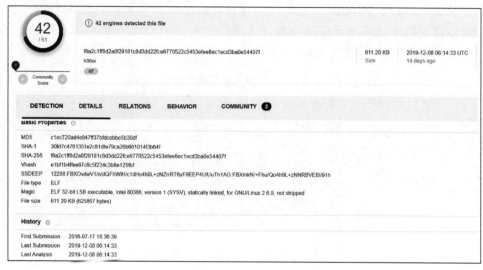

图 7-35 恶意文件样本的 virustotal 检索结果

小 结

本章介绍了目前主流的僵尸网络追踪溯源的三种方法,分别是基于流量水印、定位文档钓鱼以及基于蜜罐捕获的僵尸网络溯源。随着僵尸网络日益猖獗,定位追踪溯源攻击者的身份和位置是非常重要且有意义的工作。本章介绍的流量水印方法可以追踪僵尸网络的跳板机,定位文档方法可以追踪实施数据窃取的攻击者,蜜罐诱捕可以追踪溯源特定的 Mirai 物联网僵尸。

参 考 文 献

[1] SONG J,TAKAKURA H,OKABE Y,et al. Statistical analysis of honeypot data and building of Kyoto 2006＋ dataset for NIDS evaluation[C]//Proceedings of the First Workshop on Building Analysis Datasets and Gathering Experience Returns for Security. ACM,2011:29-36.

[2] Cowrie[CP/OL]. [2019-12-1]. https://github.com/micheloosterhof/cowrie.

[3] Dionaea honeypot[CP/OL]. [2019-10-1]. http://dionaea. carnivore. it/.

[4] Elastichoney[CP/OL]. [2016-2-1]. https://github.com/jordan-wright/elastichoney.

[5] SENTANOE S,TAUBMANN B,REISER H P. Virtual machine introspection based SSH honeypot [C]//Proceedings of the 4th Workshop on Security in Highly Connected IT Systems. ACM,2017: 13-18.

[6] ANTONAKAKIS M,APRIL T,BAILEY M,et al. Understanding the Mirai botnet[C]//26th

USENIX Security Symposium，2017：1093-1110.

［7］　PRASAD K M，REDDY A R M，RAO K V. DoS and DDoS attacks：defense，detection and traceback mechanisms—a survey［J］. Global Journal of Computer Science and Technology，2014，14(7)：15.

［8］　马铮，张小梅，夏俊杰，等.基于 SDN 技术的 DDoS 防御系统简析［J］.邮电设计技术，2016，(1)：55-59.

［9］　RAD B B，BHATTI H J，AHMADI M. An introduction to Docker and analysis of its performance ［J］. International Journal of Computer Science and Network Security (IJCSNS)，2017，17(3)：228.

［10］　孙睿.基于恶意代码养殖的 DDoS 检测系统的设计与实现［D］.哈尔滨：哈尔滨工业大学，2017.